陈嘉庚的故事

洪永宏◎著

海峡出版发行集团 | 鹭江出版社

本书为纪念
爱国华侨陈嘉庚诞辰
150 周年献礼

华侨旗帜　民族光辉

陈　嘉　庚

目　录

CONTENTS

「 "嘉庚呀我的心肝，唯有你给了我安慰！"母亲失神地追到码头，喃喃："嘉庚！你就这样走了？"母恩深似海，父命不能违，陈嘉庚含泪下南洋。」

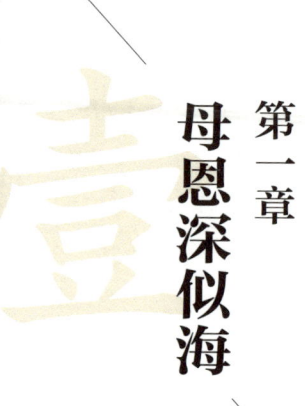

第一章
母恩深似海

清光绪十六年（1890），岁次庚寅。盛暑的七月已经过去，但依然烈日炎炎，酷热并不因秋天的来临而稍减其威。从厦门提督衙门到水仙宫，到处是炙人的气浪。

这一天中午，火红的太阳高挂在天空，烤得石头都冒起了烟，大街、小巷、城内、海边，再也不像上午时分那样熙熙攘攘，浮屿傍海的一段路上，行人更是稀少。这时，一个四十来岁的妇人，朝着码头方向匆匆赶来。她愁容满面，神色张皇，汗水沿着清瘦的脸颊汩汩而下，穿在身上的深蓝色麻纱衣裳几乎全湿透了。

拐过鬼仔源，妇人抬头望去，只见七八里长的海岸旁，码头一个接着一个，边上泊满大大小小密密麻麻的船只……

儿子离开家已经五天了，他是到厦门乘大船出洋的。他乘的是哪一条船啊？这船又泊在哪里？

妇人气急步疾，从典宝码头到打铁码头，到得胜码头，到磁街码头……逢人便问，逢人便问……

看来是没有希望了。隔了这么几天，船恐怕已经开走了。心肝骨肉就这样拆散了。悔不该呀悔不该，悔不该凭丈夫一封信就

陈嘉庚的故事
CHEN JIAGENG DE GUSHI

让儿子走。悔不该呀悔不该，悔不该没早两天追到厦门来……

妇人在岸旁马路上，失神地颠过来，晃过去，嘴里喃喃而语："嘉庚，你就这样走了？嘉庚，你就这样走了！"

稀疏的行人逐渐围拢过来，用好奇的眼光看着这个"癫妇"。

停泊在史巷码头的一艘三桅大帆船上，陈嘉庚正站在船头朝着集美方向遥望。他短小精悍，目光深沉，瘦削的脸上布满愁云。五天前，当那只舢板把他从集美送到厦门之后，他就开始懊悔，几次咬紧牙关想返回母亲身旁。可是父命难违啊！那封召他出洋佐理商业的信函，就像一副沉重的镣铐，锁住他的身心。他既没勇气，也没力量挣脱，在厦门客栈里住了三天，还是老老实实上了大船，几次咬紧牙关想返回母亲身旁。……

一上大船，陈嘉庚更是心翻肠绞，这一去是万里海路呀，就这样走了？

出生到现在十七年了，儿子靠母亲而成长，母亲为儿子而生存，母子一直相依为命啊！这一走母亲怎么生活下去呀？父亲长年在外，作为家庭的嫡长子，自当疼爱弟妹。这一走，年幼的弟妹怎能不难过呀？

他呆立在船头，凝望着那隐没在厦门岛后的家乡，直盼着能再见慈母一面。可这又怎么能见得着呢？

第一天就这样度过去了。第二天不知为什么，船还不开，陈嘉庚又登上船头，遥望集美，苦苦思念着母亲和弟妹。

海风柔和地吹拂着他乌亮的发辫，烈日无情地烤晒着他黝黑的皮肤，陈嘉庚忘了疲劳，忘了饥饿，呆呆地望着望着……

"嘉庚兄弟！"

陈嘉庚从一声呼喊中回过神来，朝甲板上一看，原来是一个上船后认识的年轻水手在喊他。

"什么事？"陈嘉庚问。

"磁街码头一个疯疯癫癫的妇女，嘴里直念着你的名字……"年轻水手说。

"啊？"陈嘉庚惊呆了。

"快去看看！"年轻水手催道。

◆ 陈嘉庚诞生地——集美颖川世泽堂

陈嘉庚从船头跳下，跑过前舱，越过船舷，踩过跳板，一踏上岸就直向磁街码头奔去……

一群行人正围着那"癫妇"品头评脚……

陈嘉庚拨开人群，冲了进去。只见母亲坐在地上，浑身是汗，满脸是泪。

"阿母！"陈嘉庚扑跪在母亲跟前。

"你……你……你是嘉庚？"母亲不敢相信。

"是我，是我，阿母，船还没开，船还没开！"

"这可好了，这可好了！"母亲颤抖抖地从头到脚把儿子摸了一遍。

"咱一起回集美去吧！"儿子恳求道。

"好，好！回集美去，回集美去。"母亲的泪脸绽出了笑容。

集美原名浔尾，又称尽尾，是陈氏单姓聚居的村落。

集美开基祖陈素轩原籍河南光州固始县，宋末因避
兵乱，举家南徙，日行夜宿，直下东南边陲福建，来到
泉州府同安县，卜居苎溪上庐，整地建屋，开荒垦田，
并到十里外的浔尾海边放养鸭群。数年后，陈素轩的儿
子陈基长大成人，娶了与浔尾隔海的嘉禾里（厦门岛）林
氏女为妻；因苎溪与嘉禾里相距较远，来往不便，陈基
就在浔尾渡头择地定居。

◆ 陈嘉庚的父亲陈杞柏

这浔尾地处同安县陆地的尾端，南望厦门岛，北枕
天马山，东邻金门港，西濒杏林湾，具襟带之要，兼海
陆之利。陈基秉性聪明，熟谙地理，他在放养鸭群时走
遍了浔尾的山坡、平地、礁石、滩涂，认定浔尾是一块
宝地，于是除渡头外，又在浔尾东坛求地盖房，繁衍子孙，
就此建立了家业。至明朝天启年间，也就是陈素轩南迁
开基三百多年之后，第九世族人陈文瑞中了进士。陈文
瑞感到"浔尾""尽尾"之称不雅不吉，遂依闽南方言
谐音改称为"集美"。

村名集美，既吉利又文雅。但陈氏家族并没由此发
展成为名宗望族，族亲们一直是以农、渔和海蚝养殖为业。
除陈文瑞之外，上下数百年间再没有出过第二个进士，
也没出过什么名人。在闽南，向来又把"村"叫作"社"。
地处海隅的集美社，依然不为人知。

尽管默默无闻，集美陈氏自开基以来，却一直生气
勃勃。宋末陈素轩的万里跋涉，元初陈基的开创家业，
都体现了中华民族艰苦奋斗、锐意进取的坚韧。明末延
平王郑成功雄踞金厦，兵屯集美，扬威左海，收复台湾，
不少集美村民参加了义军，更发扬了中华民族尊宗爱国、
英勇果敢的精神。到了清朝中叶，集美社人口已达一千

多人，并拥有田地千余亩，养蚝涂滩数百亩，置备渔船数十艘，成为同安县大村社之一。

清道光二十年（1840）的鸦片战争，给中华民族带来了深重的灾难，集美当然不能幸免。厦门被开为"通商口岸"之后，集美和其他闽南农村一样，村社日益凋敝，生计日益困蹙。一些村民逼不得已背井离乡，漂洋过海到南洋谋生。1870年，陈嘉庚的母亲孙氏嫁到集美的时候，社里已经有不少人侨居异邦。她的丈夫陈缨杞就是其中的一个。

陈缨杞又名杞柏，字如松，是陈素轩第十八世孙，少读于乡，稍长即出洋到新加坡，先从伙计做起，继而自己经营，十九岁回乡完婚，婚后半年又出洋去，把孙氏一人留在家乡集美。

"嫁工一身脏，嫁农饿肚肠，嫁渔遭风浪，嫁侨守空房。"对于当年闽南妇女命运的这一真实写照，孙氏当然不会不知道，怎奈为了生计，只能让新婚不久的丈夫再次远别。年纪轻轻的少妇，过着孤寂的生活，那日子比原先想象的要难熬得多。但她秉性善良，从小又受过不少妇道教育，对三从四德、礼义廉耻以及忠孝仁爱、温良恭俭让等中华传统美德，一直铭刻在心，对丈夫自是忠贞不渝，只是日夜思念，盼望夫君早日回家。

一个月，两个月，一年，两年……正当她焦思苦盼之时，忽然听说陈杞柏在南洋另娶了偏房。孙氏乍闻之下，心如针刺。其实这类事并不稀奇，当年华侨由于恋乡怀土，不管怎么困难，都要想法回家乡娶个正配。但他们的生计在异邦，婚后总还要出洋。青年男子，单身在外。所以华侨在客居地另娶偏房，极为普遍。这点孙氏多少也是知道一些的，只是因为对丈夫情太深意太切，所以一下子受不了，渐渐地，渐渐地，在操持家务和辛勤劳作之中，心情也就平静下来。

从当时的情况来看，陈杞柏勉强还算得上是个好男人，在外娶了偏房，并没忘记原配。出洋三年后又回到了家乡，与孙氏共度一冬一春，就在那恩恩爱爱的半年里，孙氏有了身孕。

可是陈杞柏虽乐于居乡，却挂念店业，在孙氏怀孕之后又要出洋。孙氏用尽办法挽留不住，最后只能强忍痛楚，送走丈夫，并在临别时求得丈夫一句金言："生

◆ 集美海边延平王郑成功故垒

个男孩就起名嘉庚。好给咱家带来好年好月。"

"嘉庚！嘉庚！"丈夫走后，孙氏日日夜夜默默呼唤着腹中的胎儿。

二月雨涟涟，三月清明天，四月耘田草，五月爬龙船，七月做普渡，八月月团圆……

同治十三年九月十二日，即公元 1874 年 10 月 21 日，经历十月怀胎的孙氏临盆，那阵阵剧痛穿心透肺，到了最难忍受的时刻，"呱，呱，呱！"婴儿坠地了。

接生婆高声报喜："男孩！男孩！"

"嘉庚，嘉庚……"孙氏惨白的脸上露出从未有过的笑容。

陈嘉庚一出世，果真给全家带来了好年好月。那独守空房的母亲欢悦喜乐，自不待言；就是在南洋的父亲，也由于有了嫡长子而神情振奋，小店铺的生意越做越兴隆了。因此，孙氏对小嘉庚更是倍加疼爱。白天背背上，夜晚搂怀里，未饿先喂食，未寒先添衣。那小嘉庚也善解母意，十分听话，叫吃就吃，叫睡就睡，从不瞎哭胡闹。

岁时依序，节令交替，这小嘉庚一年年长大。他身架结实，手脚伶俐，而且秉性诚实憨厚，喜爱劳作，七八岁就成了母亲的好帮手。春季栽种时，他帮提种子，帮抱藤苗；秋季收成时，他帮扯花生，帮掘番薯；夏季天热时，他背个小鱼篓跟伙伴到海边讨小海抓虾摸蟹；冬季天冷时，他冒着寒风随母亲到涂滩剥蚝。父亲在南洋虽然也赚了点钱，但毕竟是个普通侨商，而且汇来的钱时断时续，他和母亲在家乡不勤作俭用，日子就不好过喽。

由于家庭经济并不富裕，陈嘉庚直到九岁才入集美社的南轩私塾读书。塾师陈寅学识浅薄，教起书来只是领着学童念书歌，从不加以解说；而且三天打鱼，两天晒网，时常旷席。在馆学童多数十分顽皮，最喜老师不来，好耍闹一番。闽南俗话"先生不在馆，学生搬海反"说的正是这种情形。陈嘉庚却专心好学，对这样时学时辍总感到很可惜。

第二年，陈嘉庚的伯父陈缨节自南洋回归故里，办了个家塾，聘上龙詹某为塾师。陈嘉庚转入家塾就学，以"四书"为课。"四书"就是我国儒家经典《大学》《中庸》《论语》《孟子》的合称。可是这位詹先生和陈寅一般，执教一个月就休假一个月或半个月，授课时依然只教背诵，不作讲解。陈嘉庚勤学了几年，对书中意义仅略懂而已。直到十四岁那年，颇有才气的本县秀才陈令闻主持陈氏家塾，改授南宋理学家、教育家朱熹编注的《四书章句集注》，并对课文详加解说。陈嘉庚勤勤谨谨地学了两年，学业大有进步，其他书籍一经浏览就能知其大意。

但是，给陈嘉庚以最好最多教育的并非陈令闻先生，而是他的母亲。

从呱呱坠地那一天起，母亲就用厚爱，一点一点地把他的胸怀拓宽；从呱呱坠地那一天起，母亲就用赤诚，一点一点地把他的肝胆染红；从呱呱坠地那一天起，母亲就用智慧，一点一点地把他的眼睛擦亮；从呱呱坠地那一天起，母亲就用坚忍，一点一点地把他的骨架炼硬。

是母亲牵着他走遍集美的秀丽山川，使他尽享家乡的钟灵毓秀；是母亲给他讲述岳飞和郑成功的故事，勉励他长大后要做个忠于祖国的人；是母亲带着他下田下海，教给他生产劳动的本领；是母亲领着他探访集美纯朴的乡亲，培育他对

◆ 童年就读的南轩私塾（鳌园石雕）

同胞同族的骨肉亲情。

　　他十四岁那年冬天，集美社村民为了建屋争议竟酿成械斗。同宗宗亲，自相残杀，毙命者十余人，房屋焚毁十数间。社里无人敢管，只有母亲挺身而出，报告地方官加以遏阻，事态才没扩大。第二年秋天，乡人又进行械斗，打死多人，这次纠纷遭到官府派兵弹压。乡亲们都明白，这只是一时的制止，兵退后势必再斗。正当上下苦无良策之时，又是母亲把自己二十年勤作俭用积蓄下来的数百金，拿出来抚恤双方死难者的家属，代赔双方遭受的损失，并要双方具结了事。此后多年，社里再没发生械斗。

　　母亲啊母亲，你的乳汁把儿子哺育，你的怀抱把儿子温暖，你的心血伴随儿子长大，你的品德照亮了儿子成长的道路。在你身边，儿子就心胸开阔；在你身边，儿子就稳实有力；在你身边，儿子就欢悦舒坦；在你身边，儿子就诸事顺遂。母亲啊！你坚韧、勤劳、善良、宽厚的品德，滋润着儿子！你的恩德，九世难报啊……

因此，在塾师陈令闻先生疾卒，父亲来信叫他离开母亲，出洋去佐理商业时，陈嘉庚惊呆了。而陈母心灵上所受的震撼，则比陈嘉庚更为剧烈。

但是，三纲五常中的"父为子纲"，陈嘉庚怎敢不遵，父亲要他出洋，他怎敢违抗。而"出嫁从夫"的习俗，孙氏也牢记在心，丈夫要儿子出洋，她怎敢不从。经历难以言喻的痛楚折磨，陈嘉庚终于遵从父命，拜别慈母，到厦门乘船出洋。

陈嘉庚一离家，陈母胸中立即掀起了滔天的波澜。这位平凡的闽南妇女，恪守中国古老的传统道德，对丈夫、对夫家一片忠贞。丈夫婚后半年就把她丢在家乡，让她独守空房，她忍受下来了；丈夫出洋后说都不说一声就另娶偏房，她忍受下来了；为丈夫生下嫡长子嘉庚，多年之后又生下女儿仙女和次子敬贤，历尽了艰辛，她心甘情愿；而婚后二十年，丈夫只回过四次家，她独自挑起养育子女的重担也毫无怨言。

眼下这桩事可不一样啊……

嘉庚呀我的儿子，嘉庚呀我的心肝……多少年来，唯有你给了我安慰，唯有你给了我帮助……我心里的话也唯有向你倾诉……你是我在这世上最亲最亲的人……

现在丈夫又把嘉庚夺走了……

不行，不行！要追，要追！要把嘉庚追回来……

陈母追到厦门，果真把陈嘉庚追回来了。但她心绪不仅没有好转，反而更加抑郁。本来她对儿女十分慈爱，从没厉声苛责，现在却动不动就发脾气，甚至一天之内责打仙女后又责打敬贤，弄得两个小孩哭哭啼啼。又过了一个月，孙氏性情变得更怪了，整天缄口不语，见到陈嘉庚老是躲开，渐渐地眼眶下陷，颧骨高突，眼珠里布满血丝。陈嘉庚暗暗叫苦，生怕母亲出事，为此日夜焦心。

这一天夜里，陈母把仙女和敬贤安顿睡觉之后，突然把陈嘉庚唤到跟前，开言问道，"你从厦门回来已快两个月了，眼下有什么打算？"

"孩儿已决定不去新加坡了。"陈嘉庚恭谨地回答。

"为何不去？"陈母又问。

"孩儿舍不得离开母亲。"陈嘉庚从实答道。

"唉！"陈母叹息道，"你是在厦门码头上看到为娘疯疯癫癫才舍不得离开么？"

　　"阿母你疼我爱我才追到厦门去，怎能说是疯疯癫癫？"陈嘉庚说着，不禁泪水盈眶。

　　陈母一听，心头一热，忍着泪又问道："你怨不怨你阿爸？"

　　"孩儿哪敢埋怨父亲，只因阿母生我、养我、教我、育我，孩儿能有今日，全是母亲一人之功，深恩至今未报，孩儿怎忍心离开……离开……母亲……"陈嘉庚说到这里，噙在眼里的泪水猛然夺眶而出。他噗的一声跪了下去，连声唤着母亲，就伏在母亲怀中大哭。

　　陈母至此也无法再忍，她紧抱着陈嘉庚，连声唤着儿子，泪如泉涌。

　　过了片刻，陈母先忍住了泪，她慢慢地捧起陈嘉庚的脸一再端详，然后把他扶将起来，说道："莫哭了，孩子，你好好坐着，娘还有话要同你商量呢。"

　　陈嘉庚遵命在一旁坐定。

　　陈母问："你真的不去新加坡？"

　　陈嘉庚："真的不去。孩儿明日就给阿爸去信。"

　　陈母："娘也实在舍不得你走，但这两个月思来想去，又觉得不妥。"

　　陈嘉庚听了母亲的话，不觉一愣，疑惑不解地问道："怎么不妥？"

　　陈母："你阿爸既然来信叫你去，你违抗父命，那就是不孝……"

　　"违抗母命难道就不是不孝？"陈嘉庚反问。

　　陈母："父命母命应以父命为先。你饱读经书，难

◆ 陈嘉庚童年参加农业、渔业、养殖业劳动的情景（鳌园石雕）

道不懂？"

　　陈嘉庚无奈，只得答道："孩儿晓得。"

　　陈母又说："你阿爸已经四十出头了，孤身在外，身边没有个亲生骨肉。要你出去佐理商业，平心而论，并不过分。你看是不？"

　　陈嘉庚想了想，答道："母亲所言是实。"

　　"既然如此，我看你还是遵从父命，去新加坡。"陈母说道。

"啊？"陈嘉庚听到此言，心中一震。他仔细看了看母亲，但见她颜面清癯，目光慈祥，神志显然十分清楚。

陈母看出陈嘉庚尚有疑虑，当即又说："娘这次是经过几番深思，才决定让你出洋的。这次娘不会再反悔了。"

"但孩儿确实不愿离开母亲。"陈嘉庚执拗地说。

"怎么不愿？"陈母显然有些不满。

"适才孩儿全都说了。"陈嘉庚答道。

陈母叹了口气，劝道："我生你养你，是尽天职，本无所求。你果真想要报答，今后自有时日，现在还是先出洋为要。"

"孩儿只怕这一出洋，就……"陈嘉庚说到此，顿感失言，不敢再说下去。

陈母一听，呵呵地笑开来："别担这份心了，娘的身架够硬的哩……"

陈嘉庚忙说："阿母一定长寿。"

陈母笑声未停，继续说道："况且现在有敬贤和仙女在家，你就放心去吧！"

陈嘉庚至此，无法推托，只得说道："孩儿谨从母命。"

陈母见儿子已答应，随之交代："到南洋后要守职勤俭，千万不要沾染恶习，一切照你阿爸的吩咐去做，只是你的婚姻大事，还得由我主决。"

陈嘉庚脸一红，答道："孩儿记住了。"

「新婚妻子舍不得丈夫
用积蓄下来的两千银圆
办学塾。 陈嘉庚用"钱
财如泉水"开导她，她
的重重忧虑顿时消解。」

第二章 『钱财如泉水』

光绪十六年（1890）深秋，陈嘉庚首次出洋，来到新加坡。新加坡，原意为"狮城"，又名"星洲""石叻坡"，位于赤道附近，当时面积仅有五百八十平方公里。因地处马来半岛南端，扼欧洲通往东方的孔道，地理位置极为重要；而且港湾优良，腹地富庶，气候甚佳，宜垦宜殖。十九世纪初，英国人莱佛士爵士看出它的发展前景，就使用种种手段，在1819年予以占领，并招徕以勤俭耐劳著称的华人移民，加以开发。

当年，华人来到新加坡，既不需持有护照，也不要办理繁杂手续，男女老少，春夏秋冬都可以入境。来了之后，或寄居亲朋之家，或租赁旅社客栈。新加坡地近赤道，有热无寒，时有风，而无飓风；时有雨，而无淫雨；卯初日出，酉末日落，终岁不改；中午虽热，夜晚则凉，四时皆然。只要一领单衣、三餐米饭就可度日，对穷人十分有利。中国沿海一带，特别是福建、广东两省出洋的人，自然喜欢到新加坡来。开埠两年后，华人就由原来的三十人增加到一千一百五十九人，八年后更猛增至六千零八十八人，超过了马来人。陈嘉庚首次到来时，这里十八万总人口中，

◆ 陈嘉庚

华人有十二万，占三分之二。其他三分之一绝大部分是马来人，还有少数印度人和欧洲人。作为英国殖民地的新加坡，它的开发，主要依靠华人啊！

华人移民中的一分子，陈嘉庚的父亲陈杞柏，在新加坡吊桥头开设一家顺安米号，常年向暹罗（今泰国）、安南（今越南）和缅甸等产米区采买大米，从海路运来，然后售给当地的零售米店，供给日益增加的居民食用。因为经营的是生活必需品，利润较有保证，陈杞柏在有一定积蓄之后，就购置一些地皮屋业，并办起一家制作"西谷米"的硕莪厂。

陈嘉庚一到新加坡，就在顺安米号学做生意。父亲先叫他经管领货并司货账。他领起货来又快又稳，记起账来清清楚楚。几个月后，父亲就调他管理外柜银项。大小交易，各项收付，他接手经管，笔笔准确无误。父亲十分高兴，叫他兼管书记，他又把所有函件单证处理得妥妥帖帖。而且，从习商那天起，陈嘉庚对珠算的加减乘除，簿记的借贷原理，以及做生意必须掌握的资金周转、银关账期、采购销售、利润核计、行情探听、店务管理等知识，全都勤学勤问，潜心钻研。两年后，担任顺安经理的族叔陈缨和回乡，父亲干脆就叫刚满十八周岁的陈嘉庚代任经理，把十余万元的店业全交给他掌管。

当年新加坡使用的货币称"叻币"，币值很高，一元叻币可以买到八百平方米的空置山地。顺安商行那十几万元的店业该有多大呀！

十八岁的陈嘉庚掌管了顺安店务，在父亲的指导下，各业并进，上任一年多，就为商行获取纯利数万元，开始显示他的经商才能。

陈嘉庚 的故事
CHEN JIAGENG DE GUSHI

就在这时，母亲为他选定好了一位新娘。她叫张宝果，是同安县板桥乡秀才张建壬的女儿。母亲随即发信召陈嘉庚回乡完婚。

光绪十九年（1893），岁次癸巳，十月小阳春，集美后尾角一座大厝张灯结彩，正在迎亲。但见大门内外，人进人出，忙忙碌碌。大厅里，新郎官陈嘉庚身穿长衫马褂，肩披鲜红的绣球绸带，坐在母亲的身旁。他天庭饱满，两颊丰润，一腔喜气，满面春风，与三年前出洋时相比，简直换了一个人。

秋天的太阳高挂蓝天。忽然远远传来了鼓乐声，陈母和陈嘉庚立即紧张起来。大门内外，人们翘首远望。过一会，红灯引路，伴着鼓乐队，领着一顶四人抬的大红轿来到了大厝门前。按照闽南礼俗，陈嘉庚手拿竹筛，遮在新娘头上，引新娘出轿，然后并肩步入大厅，交拜天地，再行合卺之礼。陈嘉庚一见新娘，身腰壮实，仪态端庄，肌肤丰腴，杏眼含春，心中不禁怦怦直跳。婚后夫妻千恩万爱，如胶似漆。

第二年冬天，集美社的气候比往年暖和。南下的寒流显得格外疲软无力，亚热带和煦的太阳时常高挂在碧蓝的海空。天气虽然有时也转阴，偶尔还下过一两阵小雨，但雨后的村社却更加葱郁蓬勃。那房前屋后的梅花，绽开含烟的红蕊，摇动柔软的枝条，像刚出浴的美女；那长满胡须的榕树，在树冠上抽出整片整片翠绿的嫩叶，展现自己的活力。

南国之冬，饱含春意。陈嘉庚一家，喜上加喜。他刚给母亲做过生日，不几天长子厥福（又名济民）就呱呱坠地。转眼间，除夕又快到了。

这一天，夜幕在雨丝的伴随下悄悄地降临。去年新婚的洞房，现在依然点着大红烛。十九岁的张宝果抱着婴儿，坐在床沿，丰腴秀丽的脸庞在烛光映照下显得更加妩媚。在那个年代，一个妇女为夫家生个男孩，往往比洞房花烛夜更叫人心醉。就因这样，她沉浸在洋洋的喜气里，好一会儿才眨了眨那对聪慧的眼睛，柔声地唤着坐在桌旁的丈夫："该歇了！"

想得入神的陈嘉庚被妻子的唤声叫醒了。"唔……唔……"他口里答着，身子却依然坐在椅上。

看到丈夫那副样子，张宝果忍不住了，她抱着甜睡的小厥福走过来，娇声地

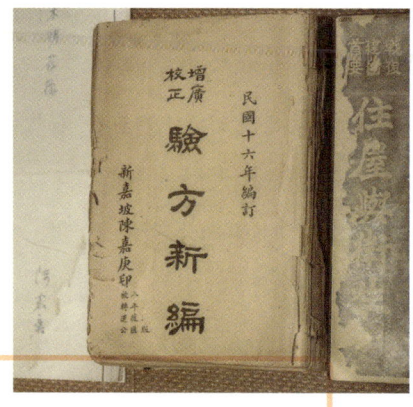

祈求："婴囝已经睡好久了，我们也睡吧！"

陈嘉庚伸开双手，接过裹着襁褓的婴儿，亲热地叫了一声："宝果！"然后又凝着神，半似回答，半似自语，"我正在想一件事。"

"什么事？"

"我想用积蓄下来的那两千银圆办个学塾。"

"什么？"

"我想用积蓄下来的两千银圆办个学塾。"

"啊？"张宝果十分惊讶，当即问道，"你问过母亲没有？"

"钱本来是要给母亲的，可她执意不受，所以才留到现在。"陈嘉庚说。

"哎……哎……就剩这两千元了，咱们的阿福才刚满月呢。"张宝果好舍不得。

"老吾老以及人之老，幼吾幼以及人之幼！"陈嘉庚感慨地说，"社里的学塾停办好几年了，贫苦乡亲的孩童求学无门，这样下去，岂不都成了蔽眼盲牛？"

张宝果不作声了。她出身书香门第，父亲中过秀才，学问渊博，却在乡里设

陈嘉庚的故事
CHEN JIAGENG DE GUSHI

馆教书，传文播道，那无意仕途的豁达气度，早就熏陶着她。结婚这一年多来，已经二十一岁的丈夫像个蒙馆学童，整天跟着邻乡的塾师补习"四书""五经"，那如饥似渴的好学精神，使她深受感动。她理解丈夫想办学塾的心意，也熟知丈夫乐善好施的天性，只是对捐尽积蓄感到忧虑。

陈嘉庚看到心爱的妻子低下了头，知道她的心已经动了，连忙热切地劝慰："宝果，咱们日子过得还算宽裕，阿爸在南洋的生意又一年年兴隆。母亲一生不知行过多少善，咱们也该学学她，为乡里做点好事。"

"你想办个学塾，这当然好。"张宝果说，"只是……要不要花那么多钱？"

"两千元哪算多呀。要修塾馆，要聘塾师，还要留一笔钱作常年经费。"

"那两千元是你出洋三年辛辛苦苦积攒下来的，就这样全数用掉？"张宝果还是舍不得。

"用掉怕什么。"陈嘉庚答道，"钱财是流动的，有来有去，有去有来，好比掘井得泉，今日去，明日则依然流满。"

"钱财能像泉水一般？"张宝果反问说。

陈嘉庚笑了笑："你该知道吧，古代'钱'叫'泉'，'钱币'叫'泉币'，这说明我们的祖先已经认定'钱财如泉水'。"

"噢！钱财如泉水……钱财如泉水……"张宝果聪慧的眼睛闪烁着光芒。她连连颔首，频频微笑，重重忧虑，顿时解消。

越年春天，学塾开馆了。陈嘉庚在学塾大门两旁的石柱上刻下两副对联。一曰："惕厉其躬谦冲其度，斋庄有敬宽裕有容"；一曰："春发其华秋结其实，行先乎孝艺裕乎文"。他希望集美的孩童经过教育，能够严于律己、谦以处世，成为讲文明、讲道德的一代新人。于是，蒙昧的村社又现出了文明的曙光。

到了夏天，囊底空空的陈嘉庚告别了年老体弱的慈母和温柔美貌的贤妻，告别了快长成大姑娘的妹妹仙女和八岁的胞弟敬贤，到厦门搭上出洋的帆船，在郁闷不堪的船舱里度过了呕胆熬肠的三十天，在漫无边际的大海上漂过摇晃颠簸的七千里，再次来到新加坡，仍在顺安号任经理。

他首先着手扩展米行业务，兼营外埠生意；接着在与新加坡隔水相望的柔佛增开一家黄梨罐头厂，同时还经营数百亩黄梨园；收入较差的硕莪厂则承包给别人。这样精明运筹，加上地皮屋业涨价，顺安的营业就越来越发达了。作为顺安号经理的陈嘉庚，月薪花红也随之不断增加。

"钱财如泉水。"

首次行善时劝导妻子的话开始得到应验，捐出去的钱果真"流回来了"。

钱财一"流"回来，陈嘉庚又把它散了出去。

一天晚上，他在忙过店务之后，来到一位友人家中，看到案头放着一本《验方新编》，注明"版存日本横滨中华会馆，任人印送"。他顺手翻开一看，序言上写着："凡人不能不病，病必延医服药。然医有时而难逢，药有时而昂贵，富者固无虑此，贫者时有束手之忧。为方便计，自莫良于单方一门矣。单方最多，选择宜精，果能方与症对，则药到病除，无医亦可……"

陈嘉庚的眼珠一下子亮了起来，他把这本《验方新编》捧在手上，认真地翻阅下去。只见书中从头、面、眉、目、耳、鼻、唇、喉，到胸、乳、手、足、心、肺、脾、胃，以至虫病、疟疾、劳伤、吐血、前阴、后阴、泄泻、痔疮，无一不列；从胎前、产后、惊风、麻痘，到中风、中毒、中暑、感冒，以至痈疽诸症，烧伤烫伤，铁木入肉，跌打损伤，无一不备；症状描述简要明了，有病就有方，有方就有药；而且所开药物，既无参茸，也无珠麝，全是平常药和易得之物，虽穷乡僻壤之区、劳动行旅之时，也可仓促立办，不需多费银钱和时间。

陈嘉庚早年对医药颇有兴趣，一见书中不少都是民间流传确有应效的验方，不禁如获至宝，心想八闽乡村关山阻隔、缺医少药，如果全省每村都有这么一本《验方新编》，岂不是对劳苦大众大有裨益？于是，陈嘉庚立即按照书中所注地址，先后汇出三千余元，向日本横滨中华会馆定印一万多册。随后他又登报征集良方，并花五千元向上海世界书店定印《增补验方新编》二万本，半数在闽省分送，半数放在新加坡以应各处索求。

这是青年陈嘉庚的又一感人善举。

「远在新加坡的陈嘉庚扑跪在父亲跟前恸哭："阿母啊！你怎么不等我呀！"母亲就是祖国，祖国就是母亲！」

第三章

痛悼亲娘

依然是集美社后尾角惕斋学塾近旁的那座大厝，四年前张灯结彩为长子陈嘉庚喜迎新娘，三年前高擎红烛庆贺长孙出世，现在却一片萧索。

可怖的瘟疫侵入集美社，夺走了多少人的性命，也把不幸带进了陈家。

一辈子勤勤谨谨的陈母孙氏躺在病床上，连续十天的高烧已经把她折磨得只剩一把骨头一张皮，而且那张皮也已枯槁焦黄。

天天请医生，天天服药，可是烧一直不见退，病情一直不见好转。

张宝果心中如焚如燎，她和十六岁的妹妹仙女日夜轮班守护在婆母身旁。而十岁的弟弟敬贤又死活要跟心肝阿母睡在一起，任人怎么劝也劝不动。

如今，陈母昏迷不醒已经两天了。仙女和敬贤整天哭泣，不知该怎么办才好。张宝果依然每天一早去请医生，每天为婆母煎药。

已经记不清陈母服了多少服药。这回，药又煎好了，张宝果捧着药汤来到床前，和仙女一起把药一匙一匙地灌进母亲口中。

灌着，灌着，母亲的脸色慢慢地转好了，紧闭了两天的眼皮也慢慢地睁开来。

"阿母，阿母！"张宝果、仙女和敬贤高兴得齐声喊道。

陈母吐了一口大气，颤抖抖地举起右手，摸了摸床前敬贤的头，问道："是敬贤吗？"

"是啊，是啊，阿母，我是敬贤。"敬贤边擦着泪边答。

"我是仙女！""我是宝果！"仙女和宝果也紧接着说。

"宝果……仙女……敬贤……你们都在呀……"陈母费了很大气力，一字字地说着，但神智看起来倒十分清楚。

"是啊，我们都在。"三个人高兴地连声应道。

"嘉……庚……呢？"陈母又问。

"他……"张宝果欲说又止。

"他……他不是回来了吗？"陈母枯瘦的脸上，露出一丝笑容。

"他……"张宝果真不知该怎么回答才好。

"阿兄没有回来。"敬贤老老实实地说。

"不！"陈母口气十分肯定，"他……回来了，他……回来了，快，快叫他……来见我。"

"阿母，"张宝果赶紧劝慰，"我已经托人到厦门拍电报叫他回来。"

"什么……什么托人……拍电报？他已经……已经回到家了！"陈母边说边微微地笑着。

"没有，阿母，阿兄还没回来。"仙女再次劝道。

"乱讲！"陈母厉声斥道，"我刚刚……亲眼看他……回到家的。你们把他……藏到哪里去？"

"阿兄还没回来，阿兄还没回来！"敬贤小孩心急，边说又边哭起来了。

"我……刚刚亲眼……看他回到家的。快……快叫他出来……见我。"陈母拼命想坐却坐不起来，浑身发颤地喊着。

张宝果赶紧把她扶住，劝慰："阿母，嘉庚他很快就会回来，你先歇一歇吧！"

"不！不！"陈母声嘶力竭地喊道，"我刚刚亲眼看到他回家的，快叫他出来见我，快叫他出来见我……"喊着，喊着，突然手脚发直，脑袋滑落到枕头下。

"阿母，阿——母！"敬贤、仙女和宝果一起跪在母亲床前呼喊着……

新加坡。

陈嘉庚手里拿着一张电报，狂奔上楼。

"阿爸，母亲她……"陈嘉庚扑跪在父亲跟前，放声恸哭。

陈杞柏接过电报纸一看，叹了口气，惋惜地说道："前天才来电报说病重，怎么今天就……"说着，眼泪不禁滴了下来。

"阿母啊！……你怎么不等等我呀……"陈嘉庚手掩着脸哀号。

听着儿子那样悲伤的哀号，陈杞柏又禁不住泪珠滚落。少顷，他摇了摇头，止住了泪，劝慰儿子："嘉庚，别哭了，你自己也得保重啊。"

"阿爸，让我回去吧，让我回去吧！"陈嘉庚缓缓地抬起头，泪痕满面地说。

"这……"陈杞柏担心他回去也染上瘟疫。

"前天接到母亲病重的电报，我就该回去呀，阿爸，如今母亲仙逝了，你就让我回去奔丧吧！"陈嘉庚哀求。

"你的孝心我知道。"陈杞柏答道，"可是你缨和叔还没回来，这店务没人主持怎么行啊！"

"店务就由阿爸你自己来主持吧。"陈嘉庚恳求。

"唉！"陈杞柏擦去脸上的泪痕，"你知道我已经多年不直接掌管店务了。你一走不都乱了吗？嘉庚，阿娘她去世，你心里悲痛，我也很难过。可是一趟水路那么远，就是乘火轮也要十几二十天呀……"

"十几二十天我也要回去。"陈嘉庚咬着嘴唇说。

"你回去有什么用呢？"陈杞柏显然有点不高兴，"目下正是盛暑季节，人过世一两天内总得入殓，你回到家也见不到遗体，为何非要回去不可？"

陈嘉庚一时说不出话来反驳父亲，只是把牙齿咬得嘎嘎直响。

"嘉庚，"陈杞柏继续劝慰，"你一向谋事尽忠，事亲尽孝。现在店务离不开你，为父在新加坡也离不开你。你应该节哀尽职，把店务掌好才是。"

父亲讲得也有道理，可是陈嘉庚就是听不进去。他猛站起身，扭过头奔回自己的卧室……

一年后，也就是光绪二十四年（1898），在族叔到新加坡接理店务后，陈嘉庚回乡来了。

当他踏上集美龙王宫码头时，心里就像被刀绞着一般。

母亲深恩未报啊！

母亲去世又未能奔丧！

胞妹仙女跟着母亲一病身亡！

两个至亲就这样走了，连一面都没再见到。

出洋的人为什么这般痛苦呀！

他把手强按在心头，拖着沉重的脚步，踏过凌乱的石阶，踩过田间的小路……

家就在前面了，两扇大门的螺碗上钉着白麻布……

陈嘉庚忍着泪走到门前，举目一看，厅堂正中摆着一口漆红描金的灵柩，灵柩两侧地面上还铺着草荐，草荐上放着土块。一个蓬首垢面的男孩正坐在草荐上抽泣。

陈嘉庚再也忍不住了，他跨进大门，扑向草荐，抱着那男孩放声痛哭……

"阿兄，阿兄……"陈敬贤失声惊叫，一头栽进哥哥的怀中。

"啊？"张宝果听到敬贤在叫喊阿兄，急匆匆地从房间里跑出来，一看到果然是丈夫陈嘉庚回来了，止不住跌坐到草荐上，和他们兄弟俩抱头痛哭……

不知哭了多久，陈嘉庚、陈敬贤、张宝果渐渐地听清楚一些邻居族亲的话了。

"好啰，好啰，不要再哭了。哭多了伤身体啊！"

"嘉庚啊，你一路多劳累呀，刚一回到家你怎么能这样哭呢？"

"宝果啊，你也该懂个长短，嘉庚刚回来就让他这样哭，你不心疼，我们心疼啊。"

在族亲们劝慰下，三个人渐渐抑住心中的悲痛，站起身来到房间里。当晚草草吃过饭，三人沐洗更衣，连同小厥福一起，在草荐上宿夜守灵。

补行七天守灵仪礼之后，陈嘉庚开始着手整顿家务了。

由于母亲猝然去世，一家人过于哀痛，家事未免凌乱，卫生也不注意了。这样极容易引起疾病。胞妹仙女继母亲之后病逝，给陈嘉庚的教训是极深的。他既然回来了，就不能再看着这种局面延续下去。于是"守七"一过，他立即带领宝果、敬贤，把屋内屋外打扫得干干净净，三餐也按时进膳，衣服则要求常洗常换，发辫也要求定时洗净梳理。敬贤生性至孝，但有时也顽倔，特别是不让嫂嫂替他梳洗发辫，弄得满头乱蓬蓬的。现在陈嘉庚回来就好了。一个家很快就整理得清清楚楚，既表达了对死者的哀念，又照顾到生者的健康，邻里族亲对明理通情的陈嘉庚咸加赞扬。

　　自此，陈嘉庚对母亲满腔的爱和孝，进一步转化为改造家乡、振兴祖国的坚强决心。

　　母亲就是祖国，祖国就是母亲。从此，这种坚定不移的信念，像一根红线贯穿了陈嘉庚的一生。

「老舟子连声对青年番客啧啧："这位陈嘉庚竟敢和日本浪人打官司，一寸土都没让鬼仔尖占去……"这位朴素的番客就是陈嘉庚。」

第四章
番客搭渡

1902 年 10 月 3 日，厦门"火烧十三街"。1903 年，厦门提督码头附近新填的滩地上，出现四十多间新建的店屋。那是灾后重建鹭岛的建筑群之一，相对并列的两排商用房仿照新加坡的样式，整齐美观，朴素实用。

暑月里一天中午，从这片建筑物的一间店屋里，走出一个青年番客。他身穿一套白洋细布衫裤，手提一只半新不旧的皮箱，一条乌黑溜光的发辫留在脑后，一顶上粉刷白的壳帽戴在头上。青年番客走出店屋，迈起稳实的步子，沿着海边大路朝南走去，片刻之间来到港仔口码头。码头旁十几只舢板的舟子一见来了番客，争先恐后地招呼："先生，搭我的船。"青年番客下了码头石阶，就近跨入一条小舢舨，客气地向舢板上的老舟子说："上金鹰轮。"老舟子解开前缆，人站在船头，手按着石阶一推，把舢板推离码头，然后转过身，走到船舶，荡起双桨，朝着泊在虎头山下海面的金鹰轮划去。

太阳高挂在空中，潮水刚从九龙江口退下来，舢板顺潮而下，舟行甚速。

"顺流呵！"青年番客高兴地说。

"划回去就逆流喽。"老舟子应道。

青年番客回头瞥了一眼老舟子，只见他红铜色的脸上含着一丝亲切的微笑，禁不住说："老渡伯所言极是，行舟不能单看顺水。"

老舟子见这青年番客尚能以礼相待，便壮起胆子，边划边问："先生是出洋还是到香港？"

"出洋。"青年人回答。

"看你一个人上船，是老过番的喽？"

"这回是第四次了。"

"听先生口音，该是同安人吧？"

"小弟是同安仁德里集美社人。"

"我是同安石浔乡人。"老舟子自报乡籍。

"那贵姓是吴。"青年番客说。

"不错。"老舟子看他这样熟悉同安乡情，十分高兴，接口问道，"先生贵姓陈？"

"正是。"青年番客点了点头。

"集美社有一位陈嘉庚，先生该认识他吧！"老舟子兴致一来，又问。

青年人一听，笑了笑，反问，"老渡伯问这位陈嘉庚做什么？"

"啧啧啧，厦门通街都传遍了，你还不知道？"老舟子连声啧啧，接着打开话匣，大讲起来，"这位陈嘉庚财势不大，可胆量不小，如今日本仔在厦门如此猖獗，他竟敢和日籍浪人鬼仔尖打官司，而且还打赢了。他买下的那片打铁路头新填地，一寸都没让鬼仔尖占去，现在盖起了四十多间店屋，一式都按新加坡的款式，真是了不起啊……"

"这有何了不起，"青年人接口说，"日籍浪人岂能随便霸占我中华之地。"

"先生，你说得太轻巧了。"老舟子连连摇头，"鬼仔尖是谁呢？是日本领事上野的干儿子，厦门的头号恶棍，通街的店家见到他，腿小肚就弹三弦。陈嘉庚呢，刚回乡的普通侨客，在厦门一无势力，二无靠山……"

"无势力无靠山就该受日籍浪人欺侮？"青年番客又插嘴说。

"你知道个啥？"老舟子对青年番客的插话显然很不满，"鬼仔尖心狠手毒啊！庚子年冬厦门那场大火听说就是他放的。"

"噢？"青年番客很想把事情的根由弄个明白。

"庚子年厦门真惨啊！"老舟子痛心地说，"讲起来真叫人心惊。那年七月三十，日本仔住的本愿寺布教所被人放火烧了一次。上野诬赖是中国人放的火，调来军舰和陆战队，扛了大炮登岸，炮口对准提督衙门和道台衙门，日本兵在街上横冲直撞，厦门有四五万人逃到内地。本愿寺的火到底谁放的？就是上野指使鬼仔尖放的啊！贼喊抓贼，真是无耻。到了冬天，鬼仔尖又放火烧咱们老百姓的房子了！"

"当真是这样？"青年人问道。

"我骗你干什么？"老舟子说，"因此呀，陈嘉庚同鬼仔尖打官司，开头好多人都替他捏一把汗。鸡蛋磕石，必惨无疑。没想到这番客兄拼出性命，四处告状，足足闹了一年多，鬼仔尖总算给闹怕了……"

"这些恶棍就是欺软怕硬。"青年番客接上他的话。

"正是，正是。"老舟子频频点头，"现在厦门通街都在谈论陈嘉庚。我年岁大了，不爱多嘴。其实，对陈嘉庚呀，我知道的比他们都详细。"

"噢？"青年番客大感兴趣，他索性转过身，面对老舟子坐着，亲热地说，"那就请讲一讲给小弟听听。"

"哈哈！你这番客喜欢听故事，那我就说了。"老舟子一边荡着桨，一边说了起来，"你要知道，陈嘉庚首先是个孝子，特别孝顺母亲。前年回乡就是来葬母的。这话说起来叫人心酸啊！他父亲在南洋开米店，自从娶了个年轻貌美的番婆，家里就不管不顾了。陈嘉庚是他母亲一手养育成人的，母子一直相依为命……"

青年番客听到这里，禁不住酸楚涌上心头。

"……可是儿子一长大，父亲就叫他出洋，硬把母子拆散……唉！"老舟子深深叹了口气，继续说了下去，"丁酉那年，集美社闹瘟疫，他的母亲和胞妹相继身亡……你说可怜不可怜啊！"

"唔，唔……"青年番客一边应道，一边悄悄地抹着眼角。

老舟子有点奇怪，忙问："番客兄，你眼睛怎么了？"

青年番客咬了咬唇，勉强一笑："没什么，没什么，你讲下去好了。"

老舟子咽了咽口水，继续说道："陈嘉庚在新加坡接到凶电，日夜哀号，死活也要回乡奔丧。他父亲却借口店务无人料理，不许他走，真太无情了。都是因为娶了番婆，心都被番婆勾去了。陈嘉庚真是伤透了心，直到前年，父亲才准他回乡葬母，那灵柩入土的时候啊，陈嘉庚痛心啊！哭得死去活来，社里不少乡亲都跟着掉了眼泪……"

老舟子说着说着，自己也有点伤心。而青年番客听到这里，却再也抑制不住，眼泪一颗一颗簌簌地掉了下来。

"哎……哎，番客兄，你怎么了……"老舟子颇感惊愕，他瞪着眼睛，注视着面前这位青年番客，忽然双手猛地一按，停下双桨，呐呐地问道，"先生……你莫非就是……就是……陈嘉庚？"

青年人眼含泪珠，点了点头。

"哎呀呀，陈嘉庚先生，你看我胡说些什么……"老舟子慌得不知所措。

"老渡伯，你没胡说。"陈嘉庚强压内心的激动，诚挚地说，"不过，我对母亲并没有恪尽孝道，与鬼仔尖诉讼也只是为自身争利。今天，你这一席话使我悟到不少道理。真该感谢你啊！"

"哎……哎……"老舟子听他这一说，更是羞得满面通红。

陈嘉庚定下心，转身一看，金鹰轮已在前面，他提醒老舟子："老渡伯，快到了。"

老舟子抬头望去，连忙把双桨插进水中，用劲直划，舢板被潮水和桨力猛推，瞬间就接近火轮，靠上舷梯。

陈嘉庚站起身，把衣袋里三枚银圆和八枚银角全掏出来，塞进老舟子的手心，亲热地说："多谢你了，老渡伯！"

老舟子眼里闪着泪花，深深地鞠了一躬：

"陈嘉庚先生，一路顺风！"

「父亲破产。陈嘉庚对印度债主说：“哈利先生，我父亲欠你的十万元我来还！”三年后陈父去世。四年后陈嘉庚把十万元还给也已破产了的哈利。」

1903 年 7 月，回乡三年的陈嘉庚再次奉召出洋，来到新加坡。当他一踏进顺安店门，但见店里一个顾客都没有，店员们几乎全在柜台内打瞌睡，满店上下则凌乱不堪，而掌管店务的族叔却不在店中。

他正要发问，忽听到楼梯声响。早他一年来到父亲身边的弟弟敬贤边喊着哥哥边从楼上跑下。

陈嘉庚迎上去，把陈敬贤紧紧抱住，亲热地唤道："敬贤……"

陈敬贤仰起脸，眼含泪水："哥哥……"

陈嘉庚："阿爸呢？"

陈敬贤："在楼上，印度债主又来逼债了。"

"啊！"陈嘉庚大吃一惊，急忙奔上楼去。

顺安号二楼客厅里。

陈嘉庚的父亲陈杞柏面容憔悴，两眼无光，垂着双手站在桌旁。

债主印度人哈利坐在椅上，盛气凌人地说："不能再延期了。"

陈杞柏恳求："请哈利先生高抬贵手。"

哈利沉下脸："你到底还不还？"

急步上楼的陈嘉庚，听到哈利恶声恶语，停下脚步，呆立在厅外。

在厅内的陈杞柏被迫无奈，咬着牙说："好，我还，我把产业房屋全抵给你。"

哈利逼进一步："那就交出来。"

陈杞柏跌跌撞撞走进房中，取出一叠房契地契，交给哈利。

哈利翻看契卷，掐指计算，摇了摇头："不够啊，现在房产跌价了。"

陈杞柏声音发颤："那你要我怎么样？"说着连声咳嗽。

站在厅外的陈嘉庚再也忍不住了，他猛然推门而入，奔到父亲跟前："阿爸！"

陈杞柏见陈嘉庚到来，悲喜交集，老泪纵横："嘉庚……"

哈利见陈嘉庚突然闯入，恶声问道："这是谁？"

陈杞柏收住泪，自豪地回答："这是我大儿子。"

哈利盯着陈嘉庚，蔑视地笑道："哦，你还有这么个大儿子。可是大儿子有什么用，又不能卖钱还债。"

陈嘉庚强忍心中的气愤，昂起头问："哈利先生，我父亲到底欠你多少债？"

哈利抖了抖手中的契卷："把这些业产全抵给我，还差十万元。"

陈嘉庚毅然地说："还差十万元我来偿还。"

哈利感到有点奇怪，他站起身，朝着陈嘉庚看了再看，问道："你父亲欠的债和你并无关系，你来替他还？"

陈嘉庚郑重地说："对。"

哈利冷冷一笑："你有钱还？"

陈嘉庚诚挚而又坚决地说："我现在没钱，但我会赚到钱的。今生今世我一定把我父亲欠下的债款还清。"

"啊！"哈利感到十分惊奇。

对哈利许下诺言的陈嘉庚，虽然已届三十的而立之年，但几乎是双手空空，

陈嘉庚的故事
CHEN JIAGENG DE GUSHI

◆ 当年的新加坡河

◆ 新加坡港口的中国式帆船

而且不得不搬出顺安米行，住进棚屋，过着艰难困苦的生活。

但他并没有被困难压倒。

经过一冬的思索和筹划，隔年一开春，血液里注满中华民族锐意进取精神的陈嘉庚，即以龙腾虎跃之势，投身于新加坡的实业界，展开他那艰辛的、充满传奇色彩的创业活动。

首先，他筹集了七千元，在距新加坡城区十英里的淡水港山地，着手建造一所黄梨罐头厂。

黄梨者，凤梨也，又称菠萝，是热带和亚热带最大宗的水果之一，适宜于制罐头。当年新加坡盛产黄梨，因此，黄梨罐头业一年出产一百七八十万箱，运销欧洲及美国、加拿大等地，利润甚丰。陈嘉庚就是选择这一行业作为他进入实业界的突破口。

资金只有那么一点点，实在少得可怜，陈嘉庚只能因陋就简。你看那厂房，是用木料、茅草搭盖的；你看那机器，全都买人家淘汰的二手货。这么做，别说洋人，就连华侨资本家看了也嗤之以鼻。陈嘉庚不去理会这些，他现在最重要的是抢时间，一切必须在两个月内完竣，以便在夏初凤梨产季来临时开始生产。

十六岁的胞弟陈敬贤，十八岁的族侄、原顺安伙计陈友德，成了他的得力助手。"初生牛犊不畏虎"，这两个小青年以其勇敢的精神和充沛的精力，和陈嘉庚共同挑起重担。他们日夜浸在山地里，坚决执行陈嘉庚的指令，参加建厂，指挥建厂，使陈嘉庚能够抽出较多时间进行全盘考虑。

就在他们共同努力下，这黄梨罐头厂如期建成了。陈嘉庚把它命名为"新利川"。

一切省了再省，省了再省。筹集的七千元用来建厂总算勉强够了。开工生产还要不要流动资金呢？

不需要。

原来，当年在新加坡，商家为了推销货品，多数允许赊账。制作黄梨罐头所需的白铁、白糖，都可向市面华、洋商人赊取。开工后制成黄梨罐头，又可卖得现金，正因为这样，陈嘉庚才看上这一行业。现在工厂既已如期盖好，开工也就没有问题。四月黄梨一上市，新利川就开始生产了。尽管厂房和设备简陋，但陈嘉庚对产品的品质要求甚高。他明白，品质就是信誉，品质就是生命，只有品质优良，才能赢得市场。到六月底止，三个月时间，日拼夜博，制成了上万箱黄梨罐头，核算结果，获净利九千余元。

秋天产季，陈嘉庚把这九千元全数投入再生产，再把他父亲与他人合伙的日新黄梨厂经营好，加上下半年新开设的谦益米店，全年共获利二万七千元。经济效益之大，着实惊人。

一切都在顺利地进行着，可以用"心想事成"来描述陈嘉庚此时的事业和心情。

但宏图初展的陈嘉庚，心中却还压着一块大石头，一块十分沉重的大石头，这就是他向哈利许下的诺言：替父亲偿还十万元债款。

十万元，这在当年是一笔多么大的款项啊！其实这笔债款，在英帝国的体系里，不论在法律上或道义上，都和陈嘉庚没有关系，也就是说，无须父债子还。

然而，陈嘉庚却认为，既然自己许下诺言，就一定要做到。这个"父债"，子是一定要代为偿还的。陈嘉庚坚持这样一条准则：中国人要取信于世界，决不能在外国人面前丢脸！

因此，从独立创业开始，他就月月积蓄代还父债的能力，年年为早日清还父亲欠下的债款而努力。

第一年旗开得胜，"然创业伊始，尚难清还旧债也"。

第二年日夜拼搏，"获实利四万五千元，然大多垫作资本，仍无力清还父债也"。

第三年艰辛奋战，"但实利仅三万余元，故尚无力偿还……"①

到了第四年，收益是一个月胜过一个月。年终结账那一天，陈嘉庚一边翻着账本，一边噼里啪啦地打着算盘，最后把指头一收，高兴地拍起桌子："今年又获净利五万元。"

"啊，五万元！"站在他身旁的陈敬贤激动万分，"这样，咱们总共已经有十五万家财了！"

多年跟随他们的陈友德也欣喜难名："是啊，十五万还多上几千呢。"

陈嘉庚长长地舒了口气，大声说道："钱终于够了，钱终于够了！"

陈敬贤看他那样子，疑惑地问："哥哥，人家是百万富翁，千万富翁，咱们才十五万就够了？"

"我不是说那个，我是说阿爸生前欠哈利先生的十万元，现在够还了。"陈嘉庚答道。

陈敬贤、陈友德同时从椅上跳起来："你说什么？"

"我说阿爸生前欠哈利先生的十万债款，现在够还了。"陈嘉庚认真严肃地说。

族侄陈友德不解地问："哎呀呀，嘉庚叔，杞柏叔公去世三年了，这笔账早

---

①均根据《南侨回忆录》。

就勾销了，你还想它干什么呀？"

陈嘉庚心平气和地解释："不，家父欠哈利先生的钱，属于正常借贷，本应偿还。当时他无力清偿，拖欠下来，现在我们既然有这能力，自当将债款还清。"

陈友德万分焦灼："嘉庚叔，新加坡法律规定，父子债不相及，父亲欠人的债，儿子不负任何责任啊！"

陈嘉庚诚恳地强调："英国法律确是这样规定的，可是我们中华乃礼仪之邦，家父一生恪守信义，当年我又向哈利先生许下诺言……"

陈友德又气又急："嘉庚叔，目前这十五万家财，小贤叔也有份，你可不能一个人独断专行啊。"

陈敬贤听陈友德这一说，几番思量，欲言又止，最终对着陈嘉庚，毅然决然地说："哥哥，这十万元我们一起来还。"

商海浮沉往往突如其来，不以人的意志为转移；机遇就在不慎之隙滑过而酿成终生遗憾。

◆ 1930 年代的新加坡牛车水（唐人街）

陈嘉庚的故事
CHEN JIAGENG DE GUSHI

陈嘉庚万万没有想到，就在他回乡三年之间，他父亲就因企业疏于管理和爱妾奢靡过度而招致家业破败。

曾几何时，以放债为业的印度富商哈利，也因投资失策和沉迷赌博，在向陈杞柏逼债三年后倾家荡产。哈利卖掉豪宅，和妻子搬到新加坡芋叶塘边一间矮屋里。

这一天黄昏，整日躲在屋里的哈利走出矮屋，和妻子悄悄来到门前，他是多么想呼吸新鲜的空气啊！忽然听到脚步声，他们抬头一看，只见一位衣冠整洁的华人正朝着这里走过来。

哈利急忙闪进矮屋。

来人是陈嘉庚，他几经周折才探听到哈利住在这一带。当他边走边探来到屋前时，哈利的妻子故意转过身，想躲过这位华人。

陈嘉庚向她鞠了个躬，问道："哈利先生住在这里吗？"

"没有，没有。"哈利的妻子紧张地应道。

陈嘉庚："我探问过了，哈利先生是住在这里。"

哈利妻更加紧张："不是，不是。"

陈嘉庚："我刚看到一位印度老人进到屋里去，好像就是哈利先生。"说着，迈起步要进屋。

哈利的妻子伸开双手拦住："你不要进去，你不要进去。"

陈嘉庚恳切地说："太太，如果哈利先生在屋里，你就让我进去见见他吧！"

哈利妻无可奈何地放下双手，朝着屋里骂道："死老头子，叫你不要出来，你偏要出来，现在可躲不了了。"

陈嘉庚看她那样子，不禁叹了口气，随即弓身进屋。哈利妻子也跟着他进来。

棚屋十分低矮。

哈利耷拉着脑袋，一声不吭地坐在竹凳上。

陈嘉庚语气谦和地问道："你就是哈利先生吧？"

哈利心有余悸，头也不抬，瓮声瓮气地："我没钱，我没钱。"

陈嘉庚："哈利先生，我不是来讨债的。"

哈利喃喃地说："不是讨债来干什么？我只剩下这把老骨头了。"

陈嘉庚："哈利先生，你还记得一位名叫陈杞柏的华人吗？"

哈利想了想，抬起头说："记得，记得。"

陈嘉庚："我就是他的大儿子陈嘉庚。"

哈利仔细端详着陈嘉庚："啊，记起来了，记起来了，是在顺安米行二楼见过你。"

陈嘉庚："对。先父五年前欠过你一笔债款……"

哈利满面羞惭，摆了摆手："别再提了。"

陈嘉庚："当年先父除了把全部业产抵还给你之外，尚差十万元……"

哈利感慨万千："是啊，整整十万元啊！"

陈嘉庚："现在我把这十万元还给你。"

哈利勃然大怒："你敢取笑我……"

陈嘉庚诚挚地说："哈利先生，请不要误会，我确实是来替先父还债的。"

哈利惊疑地大摇双手："不可能，不可能……"

陈嘉庚："哈利先生，请相信我……"

哈利依然不信："按照法律规定，父子债不相及，何况你父亲已经去世，债务早就勾销了。"

陈嘉庚："不，当年我答应过你，一定要替父亲还清债款。"

哈利惊愕地问道："十万元啊，你还得起？"

陈嘉庚郑重地说："我们华人一向言必信，行必果，这几年我和弟弟经营实业，有了盈利，已经有能力清还这十万元。"说着，从手提包里取出一个皮袋和一张银票。

哈利惊喜交集："你……你……"

陈嘉庚从皮袋里倒出数百枚金币，说："这些金币共值二万元。"然后递给银票："这是八万元的银票。"

哈利接过银票，看着金币，热泪滚滚而下……

「林文庆兴奋地说："噢！你就是重义轻财、代父还债的陈嘉庚！"陈齐贤：我精选十八万粒橡胶种子，五天内送达！」

二十世纪初年，新加坡的叻币币值很高，陈嘉庚用七千元就开设一家黄梨罐头厂。因此，当他信守诺言，拿出十万巨款代还与己无关的父债时，许多亲友都感到不可理解，认为他白吃了大亏。

但他这与众不同的行为，在新加坡和马来亚社会中，被认为是一桩了不起的义举。陈嘉庚由此获得了出乎他意料之外的信誉。

从那时开始，不论是华商还是洋商，都乐意同他交往，就连一般的居民，也都喜欢光顾他的店家。陈嘉庚经营的黄梨业和米业，生意一派兴隆。

可是他毕竟根浅底薄，拿出这么一大笔钱之后，想要有大的发展就受到许多限制。

这时，一项刚刚开拓但还没有引起人们重视的行业——橡胶业，给他带来了新的希望。

作为橡胶业基础的橡胶树，原是生长在南美洲巴西的一种野生植物，树干上滴下来的胶汁凝固后，具有极佳的弹性、可塑性、防水性和耐磨性。最初，当地人只是用这种胶汁来制作胶鞋、胶绳、胶球和胶袋。随着欧洲工业的发展，一些到过巴西的欧洲人

◆ 橡胶园内采胶忙

感到它在日用物品、机械传动和车辆轮胎方面用途极大，橡胶因之引起世人的瞩目。但是，当时巴西政府将橡胶视为国宝，采取严厉措施，禁止树种外流。1876年，英国人威克姆以研究热带植物为名，深入巴西亚马孙河流域，采集种子七万枚，藏在船底，偷运出境。他将这批橡胶种子种在伦敦植物园，成苗二千八百株，然后再移植到锡兰（今斯里兰卡）、印度、马来亚等地；其中有二十二株种于新加坡植物园，成活九株，供人观赏。

而在新、马地区把橡胶树作为经济作物加以大规模种植的，首推华人陈齐贤和林文庆。

先是新加坡植物园园长、英国人李德立，向留学英国的新加坡华人立法议员林文庆博士谈起种植橡胶的好处；林文庆就邀请马六甲富商陈齐贤合作，在新加坡杨厝港试种，效果很好。接着以陈齐贤为主先后投资二十万元，在马六甲种植三千英亩橡胶树；数年后售出二千英亩，卖得二百万元，仅此就是投入成本的十倍。

这桩事陈嘉庚曾经听人说过，当时因忙于黄梨业和米业而未及重视。代还父债之后，一位英国人有感于陈嘉庚的信义，向他介绍了种植橡胶的广阔前景，叫他赶紧去找林文庆。

当时的林文庆可是个大人物，陈嘉庚费尽周折，才在一次禁止鸦片的宣讲会上找到他。

一见到林文庆，陈嘉庚先自我介绍："林先生，我叫陈嘉庚，先父陈杞柏原在吊桥头开设顺安米行……"

林文庆一听，立即兴奋地叫起来："噢！你就是重义轻财、代还父债的陈嘉庚！"

陈嘉庚谦逊地说："那是我的责任……"

林文庆赞不绝口："了不起，了不起！"林文庆打心眼里为这位年轻的同胞深感自豪。

陈嘉庚受不了被人当面赞誉，急切转入正题："林文庆先生！前些天我听一位英国朋友说，林先生帮助陈齐贤先生种植橡胶，获得巨大成功……"

林文庆："哦，你也想种橡胶？"

陈嘉庚："对！"

林文庆："想当年，李德立园长为了推行树胶种植，衣袋里藏着种子，随时随地，逢人便送，逢人便介绍，经常说得舌燥唇焦，却被人讥为疯子。现在，想种橡胶者接踵而至，但多数人都因不善经营，半途而废，实在可惜。"

陈嘉庚："我不做则已，要做一定做好，绝不半途而废。"

林文庆认真地问道："你真有这个决心？"

陈嘉庚郑重地表示："我有决心。"

林文庆十分高兴："那我当然要帮忙。"

这一天下午，陈齐贤在自家别墅的网球场上，正与夫人蔡媛娘打网球。

场外忽然传来一阵爽朗的笑声，陈齐贤、蔡媛娘闻声相继停下球拍。

随着笑声，林文庆领着陈嘉庚来到网球场，脱口玩笑地说："你们活得真潇洒！"

蔡媛娘："下午没事，打打网球。"

林文庆："我看齐贤嫂球艺真不错啊！"

陈齐贤："不过老输给我。"

蔡媛娘："就是今天例外。"

陈齐贤："遗憾的是文庆兄没来当裁判。"

林文庆："改天再来吧，今天我给你们带来一位贵客！"

◆ 运载黄梨的牛车

◆ 新利川黄梨罐头厂内景

陈齐贤："哦，贵客？"

林文庆指着陈嘉庚："对，就是这位陈嘉庚先生。"

陈嘉庚向陈齐贤夫妇鞠躬。

林文庆继续说："前不久他拿出十万元，替父亲清还了债款，你们听说过了吧。"

陈齐贤夫妇连忙趋前与陈嘉庚握手："幸会，幸会！"

林文庆："齐贤兄，陈嘉庚先生决心要种植橡胶，你准备如何帮助他？"

陈齐贤："我可以给他精选特优种子。"

林文庆："价钱？"

陈齐贤："我可以无偿奉送。"

陈嘉庚："不，不，价款应该照算。"

陈齐贤："不要客气了，嘉庚先生。"

陈嘉庚坚持地说："齐贤先生供给特优种子已经是很大照顾，价款无论如何要算。"

林文庆："齐贤兄，嘉庚先生既然坚持，那就照算吧。"

陈齐贤摇了摇手……

林文庆："我看这样，齐贤兄，每粒种子就算一分钱，如何？"

陈齐贤只好依言而行："好吧，那就听你的。"

林文庆："嘉庚先生有五百英亩黄梨园，我已经建议他将橡胶树籽套种在园中，共需十八万粒。"

陈齐贤："那我就精选十八万粒特优种子，五天内送达。"

陈嘉庚："谢谢陈齐贤先生。"

陈齐贤紧握陈嘉庚的手："祝愿你种植成功。"

遵照林文庆的指导，陈嘉庚组织工人，在他的福山黄梨园里，每隔十五尺挖一土穴，穴深一尺，共十八万穴；每穴填满松土，在上面铺上沙子，浇上水；然后将浸湿了的橡胶种子，一粒一穴，精心下种。

这十八万颗橡胶树籽，得到天公赐予的阳光照耀，雨露滋润，经历发芽、生根、抽叶、拔节，很快就长成小树。

在陈嘉庚套种橡胶树一年之后，福山园附近也有人在数处黄梨园套种了橡胶，但因缺乏经验，不擅管理，黄梨、橡胶都长得不好，园主唯恐无利可图，愿意廉价出售。陈嘉庚抓住这一难得的机会，立即以每英亩五十元的价钱把五百英亩园地全买下来。陈嘉庚将这片园地里的黄梨及杂草清除掉，专门培植那些小胶树，并同福山园连成一片。这样，福山园的橡胶林就有一千英亩了。

不久，橡胶园的价格大涨。陈嘉庚当机立断，要求陈齐贤承接转售，一千英亩橡胶园开价三十二万元。

◆ 陈嘉庚公司橡胶厂

◆ 恒美米厂

当初买下福山黄梨园的五百英亩山地，只花二千五百元；买下十八万粒橡胶树籽，只花一千八百元；买下邻近的五百英亩旧胶园，只花二万五千元；加上开荒、垦地、播种、施肥、除虫以及培育等所需的费用，总成本至多是五六万元。

现在要价三十二万，会不会太高呢？

岂料陈齐贤一听这价钱，十分高兴地承接下来，转手一卖，竟卖得三十五万元。他经纪这笔生意也赚到三万元啊！

陈嘉庚卖掉一千英亩橡胶园所积累的资金，不但为他发展事业打下了坚实的物质基础，而且整个经营更"活"起来了。首先，他拨出十三万元，清还为解决各厂、店银根窘迫而借入之款；这又为这位代父还债而赢得崇高信誉的年轻华商增加了在整个商界的名声。

然后陈嘉庚又到马来亚南部的柔佛垦殖空置山地两处：一处专种橡胶，名曰"祥山园"；另一处种植橡胶，兼种黄梨，仍名"福山园"，转入新一轮更大规模的实业开拓活动。

到1911年辛亥革命爆发前夕，陈嘉庚除柔佛两处胶园外，还拥有恒美米厂、谦益行，以及新利川、日新、日春、谦泰等黄梨厂，并有流动资金四十余万元。此时的陈嘉庚，在新加坡可算得上是一位既恪守信义、又极富开拓精神的百万富翁了！

这就是陈嘉庚信守诺言、重义轻财获得的回报！

「林义顺向孙中山介绍："这位是我的挚友陈嘉庚。"陈嘉庚提笔，把内心激奋和深挚的情感倾注笔尖，用饱满的颜体字写下了加入同盟会的盟书……」

第七章
毅然参加革命

在故乡，因为国弱民穷，帝国主义分子和日本浪人欺压同胞的情景就像阴霾沉重地笼罩心头；来到南洋，还是因为国弱民穷，华人处处受洋人歧视……

不愿屈服的陈嘉庚犹如万箭穿心！

如今虽然远在异国他乡，但陈嘉庚无时无刻不在密切关注着祖国的命运和前途。

1840年英帝国发动的鸦片战争，引来西方列强相继大肆入侵我国，中国从此沦为半殖民地半封建社会。在1856年至1860年英、法发动的第二次鸦片战争中，在1883年至1885年的中法马江海战中，腐朽的清朝政府只能屈膝求和，签订卖国条约，割地赔款。中国，成了帝国主义列强任意宰割的羔羊，仅沙皇俄国在1853至1892年的四十年间，就侵占了我国一百五十多万平方公里的领土。

光绪二十年（1894），岁次甲午，日本发动侵华战争，史称"甲午战争"。在这场战争中，清政府投入巨大人力、物力、财力组建起来的北洋舰队全军覆没，清政府被迫签订了《马关条约》，割让台湾全岛、澎湖列岛给日本，赔偿军费库平银二万万两。

祖国遭受列强侵凌，四万万同胞无不义愤填膺。特别是割让家门对面的神圣领土台湾、澎湖，更使热血青年陈嘉庚感到切肤之痛。

1900年春，华北和东北广大地区爆发了声势浩大的义和团起义，矛头直指外国侵略者。为了镇压中国人民的反帝斗争，英、法、德、日、俄、意、美、奥八个帝国主义国家组成八国联军，对中国发动疯狂的侵略战争，六月间攻入北京。清廷当政的慈禧太后委派李鸿章向敌求和，于1901年签订了卖国的《辛丑条约》，把国家的政治、军事、经济等主权拱手相让，其中单单赔款一项竟达四亿五千万两白银，分三十九年还清，本利共九亿八千多万两。

中国岂能这样败亡下去？

神州上下响彻"救亡图存"的呼号！

"强国兴邦"成了爱国志士共同的目标。

但对如何拯救中国，却出现两种截然不同的主张。

以康有为、梁启超为代表的改良派，主张保留帝制，走君主立宪之路。

以孙中山为代表的革命派，则主张用革命的手段推翻帝制，建立民主共和国。

双方从海外到国内，进行了激烈的论战，并各自全力推行自己的主张。

新加坡地处南洋的中心，华侨众多，因此就成了双方争夺的重要地区之一。

先是维新变法失败而逃亡的康有为，在海外创立"保皇党"，并从加拿大转来新加坡，设立保皇党支部，由华人富商邱菽园担任支部主席，创办了《天南日报》，宣扬改良派的保皇观点，鼓吹"君主立宪"。他们认定因变法失败而被慈禧太后囚禁的光绪皇帝，是一位千年难遇的"圣主"；认为在尊崇皇帝的前提下制订宪法、实行"君主立宪"是最好的政治体制。他们极端反对国内兴起的革命运动，认为用革命手段推翻帝制，必将导致亡国灭种。这些观点，在长期受到封建观念影响的南洋华侨社会中，得到很多人的赞同。

但是，南洋华侨对清廷的腐败无能越来越感到气愤，特别是对八国联军入京和《辛丑条约》的签订，更是不能容忍。侨胞们看到祖国蒙受这样的奇耻大辱，莫不愤恨难平。不少上层人士常就国家大事和国内政治相互研讨，其中以陈楚楠、张永福、林义顺为代表的先进分子，开始对康氏的保皇改良理论产生怀疑，转而倾向革命，热心革命。1903年，自号"思明州少年"的陈楚楠偕老友潮籍富商张永福，将革命党人邹容所著的《革命军》，翻印五千册，改名《图存篇》，由张永福的外甥林义顺带回国内散发；其后，更出资创办《图南日报》，设立起南洋群岛第一个宣传革命的言论机关。孙中山得悉这一情况，十分振奋，在1905年7月乘船东返途中经新加坡时，会见了陈楚楠等人，对他们大加赞扬，并嘱尽快组建革命团体，为开展大规模的革命运动做好准备。8月，孙中山到达日本，在东京成立了具有伟大意义的中国同盟会，并于翌年亲临新加坡，建立同盟会分会，以陈楚楠、张永福为正、副会长，林义顺为交际干事。1907年更召集同盟会的主要干部黄兴、胡汉民等人，聚集在晚晴园，或撰文出报，或外出讲演，掀起宣传革命、批驳保皇谬论的热潮，吸引了一些华侨，其中包括陈嘉庚。

坐落在新加坡大人路左侧的晚晴园，原是张永福准备给母亲晚年休养的别墅。但自从孙中山在新加坡建立同盟会分会以后，这里就变成了革命党的机关驻所。

1908年初秋的一天傍晚，夕阳余晖中的晚晴园显得格外幽静美丽。

天色渐暗，主楼大客厅里亮起灯火。

孙中山与前来座谈的侨商一一见面握手。

陈嘉庚在厦门同乡陈楚楠、知交好友林义顺陪同下进入客厅。

林义顺向孙中山介绍："这位是我的挚友陈嘉庚。"

陈嘉庚趋前与孙中山握手，恭谨地说："孙中山先生！"

孙中山："欢迎，欢迎！"

陈嘉庚和十几位侨商簇拥着孙中山坐定后，孙中山先生开始聆听大家对南洋革命运动的看法与意见。

一位侨商首先发言："孙中山先生倡导国民革命，最近听说又提出'三民主义'，不知何谓'三民'？"

孙中山："'三民'指的是民族、民权、民生，'三民主义'就是民族主义、民权主义和民生主义。"

另一侨商问："为何要提出这三民主义？"

孙中山："因为这是中国独立富强的必由之路，也是清代革命党之变迁及进化的结果。"

又一位侨商请教："革命党有变迁？有进化？"

孙中山："是的。自甲申清兵入关到甲午中日之战，举凡郑成功、张煌言、朱一贵、洪秀全，皆树反清复明的旗帜，这是单纯的民族主义，又可谓之'一民主义'……"

陈嘉庚问道："那民权主义和民生主义呢？"

孙中山："甲午战败后，台湾被割占，革命志士愤于专制统治之腐败，乃提出废除帝制，建立共和。兄弟自兴中会开始，就极力提倡共和政制，赋民以权，使中国人民真正掌握自己的命运，这就是民权主义。至于民生主义，则是为了解决社会问题，防止产生贫富悬殊，以谋全体人民之福利，其第一步就是平均地权，这是兄弟鉴于世界形势的发展而提出的。"

陈嘉庚再问："这样说来，孙先生在《同盟会宣言》中所宣布的'驱除鞑虏，恢复中华，创立民国，平均地权'四大纲领，与三民主义的精神是一致的？"

孙中山："正是。不过三民主义比四大纲领阐述得更为详尽。"

与会者听得十分专注。又有一位侨商问道："孙先生领导国民革命，主张以武力推翻清廷，但自庚子年惠州起义至今，连续八次武装起义，包括去年在广西镇南关(今友谊关)以及今年的云南河口起义，均以失败告终，不知这国民革命要到何时才能胜利？"

孙中山充满信心地答道："失败乃成功之母。这几年每次武装起义都给清廷以沉重打击，现在光绪和慈禧太后相继病亡，清廷已是风中残烛，驱除鞑虏，指日可待，希望诸位能鼎力赞襄革命，促其早日成功。"

这位侨商不无遗憾地说："孙先生的精神实在令人敬佩，但小弟等整日忙于商务，真是心有余而力难及啊。"

孙中山热情而平和地说："国家兴亡，匹夫有责，如何尽责，因人而别。兄弟只希望诸位本爱国之心，树救国之志，今日赞襄革命义举，来年共谋中华富强。"

陈嘉庚听后，频频点头……

虽然孙中山亲自到南洋大力宣传革命，力图发展革命党队伍，但华侨中愿意参加同盟会者，为数仍然极少。其原因一方面是侨胞们都是为谋生而出洋，整日忙于自身生计；另一方面是参加革命党风险极大，被清政府查获不但要杀头，而且祸及族人。因此，同盟会一直处在秘密状态，参加者必须对革命有充分的认识，并愿意担待风险为革命而奋斗。

◆ 孙中山先生和早期同盟会会员合影

宣统二年（1910），岁次庚戌，某日，青草绿树环绕的晚晴园主楼，大厅里聚集着二十位革命同志。这些同志在华侨社会中都具有较大影响力。他们人人都已剪掉了那条象征驯服于清廷统治的发辫，个个脸上布满豪气，眼睛闪烁着光芒。

陈嘉庚就是其中之一。

庄严的时刻到了。

主盟人陈楚楠首先站起来，豪情满怀地发表演说："诸位同志，今天我们在晚晴园举行入盟宣誓仪式。诸位都知道，中国同盟会是孙中山先生创立的，是世界上最新之革命党。我们不但要驱除鞑虏，恢复中华以完成种族革命；不但要创立民国，实行共和，以完成政治革命；还要平均地权以推进社会革命；庶可建设一个世界上最良善富强之国家。因此，孙先生在亲自拟定入盟誓词里规定了党员必须为之终生奋斗的四大纲领，诸位有此决心，就请亲笔缮抄在盟书书笺上。"

陈楚楠致辞毕，就把书笺和誓稿分发给在座被批准入盟的新同志。

陈嘉庚接过书笺和誓稿，提起笔管，把内心的激奋和深挚的情感倾注在笔尖，用饱满的颜体字写下了盟书：

联盟人福建省同安县人，当天发誓：驱除鞑虏，恢复中华，创立民国，平均地权。

矢信矢忠，有始有卒，如或渝此，任众处罚。

天运庚戌年二月初五日

中国同盟会会员　陈嘉庚押

大家把盟书缮抄后，主人陈楚楠左手持盟书，高举右手，首先在新同志面前宣誓，然后新同志一一在主盟人和众同志面前宣誓。那一句句庄严的誓词，如同鼓声，如同雷鸣，冲出了幽雅的晚晴园，震撼了整个新加坡岛，以至整个南洋……

「1911 年 11 月某日，新加坡侨领陈楚楠向与会闽籍华侨宣读黄乃裳电文："全省已光复……唯军政府财政极困难，请速捐助，以稳局势。"会上，陈嘉庚被公推为新成立的闽籍华侨福建保安会总理。」

　　加入同盟会之后，陈嘉庚更加坚定决心，要为华侨利益、侨社进步而努力，要为建立民国、振兴中华而奋斗。1910 年 3 月，他发现清廷驻新加坡领事馆对侨民诉讼案办理不公，有违保护华侨宗旨，立即写信给新加坡中华总商会，要求总商会将相关事宜呈报国内农工商部及外部，训令新加坡总领事馆遇事公断。同年12 月，陈嘉庚即被选为中华总商会第六届委员会协理，成为"福建帮"四协理之一，开始跻身该"帮"的领导层。

　　"帮"是当年星马华人社会的基本组织，它的形成是与地缘和所操方言分不开的。由于中国地域广大，不同方言区的百姓，语言互不相通，交流甚感不便。来自中国的移民一到南洋，首先是找同乡或同一方言区的亲友，这样语言相通、习俗相同，才便于共同生活、共同劳作。同一地区和同一方言的侨民常聚在一起，无须多长时间自然形成帮群，并在帮内选出领导人员，产生领导机构，制订帮规、帮约，成为有组织的社会群体。

帮群虽然不是政权组织，却具有很大的权威性。举凡本帮人的生老病死、就业经商、回乡出洋、民事纠纷，等等，都能得到帮内的帮助，有的则可在帮内得到解决；一些公益事业，如学堂、会馆、寺庙、义冢等，也都先由帮群出面兴办；因此"帮"对整个星马社会的稳定与发展，起到了极为重要的作用。

按照新加坡当年的人口普查报告，1911年华人总人口中，福建帮人数最多，有91549人，占47%；其他依次为广帮，占21%，潮帮占18%，客帮占6%，琼（海南）帮占5%，其他省籍的合起来（称三江帮）仅占1%。操闽南方言为主的福建帮不仅人数最多，而且人才、资财也最多，因而成为新加坡华人社会中最强大、最富裕的帮群。陈嘉庚跻身该帮领导层后进行的第一件事，就是办好福建帮所属的道南学堂。

道南学堂是福建帮人士创办的、有别于旧学塾的第一所新型小学。陈嘉庚曾捐款一千元参与发起。该校于1907年11月正式开课，教师四名，学生一百人，课程包括修身（公民）、国文、算术、历史、地理、自然（科学）、音乐、图画和体操。由于课程的知识面较宽，符合现实生活需要，较之旧学塾课程中的《三字经》《幼学琼林》和"四书""五经"等，优越许多，因而深受侨众的欢迎，开学后学生数量逐年猛增，原校舍越来越显得局促拥挤。

1911年春，继出任中华总商会协理之后，陈嘉庚又被道南学堂董事会举为总理（董事长）。他首先带头捐资，大力劝募，得义款五万元，兴建起规模宏大的新校舍，并添置教学设备，为学校的大发展奠定了良好的基础。与此同时，他还孜孜督导校政，使道南的教学水准迅速提高，成绩在各帮兴办的新学中名列前茅。这样，陈嘉庚在福建帮内的地位也迅速提升。

1911年10月10日，岁次辛亥，神州中部的湖北省爆发了武昌起义，打响了推翻清王朝的头一炮，树起了第一面共和旗帜。消息传来，全侨欢腾。

就在武昌起义胜利后一个月，坐落在新加坡源顺街的天福宫被一阵喧腾的声浪所淹没。

这天福宫是新加坡福建籍华侨于道光十九年（1839）兴建的，用以供奉海神妈祖，第二年落成后，福建帮的领导机构就由恒山亭大伯公庙移来此地。1860年，福建会馆正式成立，这里便成为福建会馆的所在地，一直延续下来，新加坡福建帮的重要会议，都在这里举行；福建华侨的婚娶丧葬，也须在这里登记。

但是天福宫像今天这般热闹，却是前所未有。只见大门外停满了马车、黄包车，人们进进出出络绎不绝；大门内从前殿到后殿全挤满了人。每一个人都喜气洋洋，笑声朗朗，拍肩握手，相互庆祝。

忽然钟鼓楼鼓乐齐鸣，赴会代表四方五路熙熙攘攘地拥进会场。天福宫正董陈武烈、同盟会新加坡分会会长陈楚楠早已坐在主席台上。等到大家静下来后，大会主席陈武烈不急不忙地站起身来，用他那温婉的声调说道："诸位乡亲，武昌起义胜利至今，已经一个多月了，各省纷纷响应，我们福建情形如何，乡亲们都很关心。前两天路透社电传福建已经光复，我和楚楠兄他们，特意拍电去福州问黄乃裳先生，黄老先生已经回电……"

顿时，会场安静下来，等待着电文的内容。

陈武烈扫视会场一周后，说道："现在请楚楠兄向大家宣读回电。"

"哗，哗，哗……"会场上爆起了一阵热烈的掌声。

陈楚楠在掌声中走到台中间，一手拿着电报纸，一手示意请大家安静，然后高声朗读："全省已光复，都督孙道仁……"念到这里，会场的掌声、欢呼声翻江倒海般爆发起来。陈楚楠用手势请大会安静，继续念道："唯军政府财政困难。请速捐助，以稳局势。"

"啪，啪，啪……"会场上的掌声显然不如刚才热烈。

陈武烈随即走到台前，恳切地说："现在军政府财政困难，全省局势难以稳定，革命胜利就难以保障。况且泉、漳二府和厦门，素来土匪较多，我们的家乡如果不得安宁，诸位在新加坡也就无法安心。为此，我和楚楠兄他们商量，建议我们闽帮华侨立即组织福建保安会，赶紧筹款帮助福建革命军政府维持地方治安。大家说，好不好？"

"好噢！"陈楚楠讲的道理使大会的热情高涨起来，天福宫里又爆发出震耳欲聋的喊声。

"大家既然赞同，那就公举保安会的董事人员吧！"陈武烈一见乡亲们情绪激奋，便兴奋地高声喊道。

"武烈兄！"

"楚楠兄！"

……

与会的闽侨代表开始提名，并民主推选出陈武烈、陈楚楠、林秉祥、张永福、陈先进、殷雪村、薛中华、陈嘉庚、张顺善、陈祯祥、陈东岭等二十人为保安会董事。

二十位董事定下来后，还有一桩大事，就是谁来当总理？

这里需要说明一下，当年新加坡华侨泛用"总理"一词，不论是会馆、学堂、庙宇、坟山，或是临时组成的社会组织，其领导机构的第一把手，统称"总理"；而且，这"总理"通常由大会直接选举产生。

"现在推选总理。"大会主席陈武烈高声宣布。

"武烈兄是我们福建会馆的正董，资深望重，又是同盟会会员，中山先生的好友，这总理当然是武烈兄来担任。"有人提议说。

"楚楠兄早年热心革命，深受孙中山先生器重，从南洋到唐山，谁人不知，谁人不晓。他为革命倾家荡产，威望遍及七州府，他来担任保安会总理也很合适。"又有人提议。

"不，不！"陈楚楠一听有人提议他当保安会总理，立即表示异议，"大家相顾爱，兄弟领情就是。这保安会是要筹款的，兄弟担任总理不合适，不合适。"

"楚楠兄说的也是。"会场上又有人站起来发表意见，"我看林秉祥先生胸怀奇才大志，现在不仅富冠新加坡，而且还是太平局绅，中华总商会副会长，真是侨界之明星、闽侨之骄子，由他来担任保安会总理，最为合适。"

"对，对！林秉祥先生最合适。"会场上很多人附议。

"还有提议吗？"大会主席陈武烈问道。

"我提薛中华先生。"一位代表提出新的候选人。

"有没有人附议？"陈武烈再问。

"我附议！""我附议！"

"好，还有吗？"大会主席又问道。

"我提陈嘉庚先生。"另一位代表又提出新的候选人。

"有没有人附议？"大会主席问道。

"有，我附议！""我也附议！"……附议者不多，但声音都很响亮。

"好啦，还有提议吗？"

会场上一片寂静。

"如果没有新的人选，就开始表决了。"

"好！"代表们全都同意。

"每人只许举一次手。后提名者先表决。"大会主席照章宣布选举方法。

"主席先生，表决前我先说几句话行不行？"一位代表站起来高声请求。

大家一看，原来是初出茅庐的青年侨商周丹炳。

"行啊，你说吧！"陈武烈答道。

"武昌起义，福建光复，建立民国，指日可待，我中华民族从此就要复兴了。"周丹炳慷慨激昂地说道，"在此万民欢腾时刻，我们新加坡闽侨组织福建保安会，实为本世纪的大事，总理人选，自当慎重。小弟意见，应由一位既有一定财力，又能高度负责，既能慷慨捐输、又能统领侨众，最好还是同盟会会员来担任。这样才能使捐款源源不绝，输往福建，以期切实有助于稳定局势，振奋民心，维护治安，推进革命。"

大家听他这番议论，甚有道理，于是纷纷问道："丹炳先生认为谁来当总理为好？"

"我刚才已提议陈嘉庚先生。"周丹炳郑重地答道。

"陈嘉庚，资望不够吧！"一位代表坐在座位上表示异议。

"选这总理，不能单看资望，还要看对社会的贡献，看实际的领导能力。"周丹炳随即反驳说。

"陈嘉庚人倒是好，就不知道有什么大本事？"

"陈嘉庚去年初才参加同盟会，对国民革命不知有什么贡献？"

"他这两年来发财喽，还顾得上服务社会？"

……

部分代表先后提出疑问之后，被举为董事之一的陈东岭站起来说道："我赞同丹炳兄的提议。嘉庚兄重义轻利，诚信果毅。他代还父债，誉满星马，自不待言，就说去年被举为道南学堂总理以来，督办校政，成绩卓著；劝募捐款，更为突出。请看道南那规模宏大的新校舍，真是叫人欣喜万分……"

"是啊，是啊！"一位身材瘦小的代表接过陈东岭的话，"这两年道南学堂办得很有起色，孩子们书都读得很好。"

"办好咱们的学堂可是一桩大事。"一位胖乎乎的代表接着说道，"咱们子孙的贤愚优劣，全看学堂办得好不好啊！"

"请不要插话。"大会主席提醒道，"陈东岭先生还没说完呢。"

"我只剩一句话。"陈东岭拔高声调说，"嘉庚兄谋事忠恳，并善于统领全局，担任保安会总理，确实合适。"

陈东岭是道南学堂董事，素以热心义举、自奉俭约著称，他这一说，立即赢得不少代表的赞同。但还有一些代表感到陈嘉庚的资历、财力、声望都还不足膺此重任。会场上赞同的，犹豫的，你一言，我一语，议论纷纷。

这时，同盟会宣传机构星洲书报社的创办人郑聘廷站立起来，朗声说道："嘉庚兄论资历不如武烈先生，论革命不如楚楠先生，论声望、财力不如秉祥先生、俊源先生，但他这几方面都兼而有之。况且他热心公益，从不后人，自从加入本书报社，就不断捐款资助，尤以去年和今年为多，使本社社务得以扩展。他还经常来社宣传革命，与社友共议国是，力倡国民教育，其论述精辟，见识之卓异，深得社友膺服。依我看，他是可以胜任保安会总理的。"

"嘉庚兄经商办事，敏锐果断，确有许多长处。"被举为董事之一的富商陈祯祥紧接着说道，"他甲辰年白手起家，到今年辛亥，仅仅八年时间，资财已达百万，由此应邀加入怡和轩俱乐部，并被举为中华总商会协理。其才能卓越，并非一般，我赞成由他来董理保安会。"

星洲书报社是宣传革命、推进公益的重要媒体机构，影响巨大。怡和轩俱乐部外号"百万富翁俱乐部"，成员都是有财有势的头面人物。这一社一部向来受到侨众们的敬重，郑聘廷、陈祯祥如此推崇陈嘉庚，真是大出某些代表意料之外。

正当这些专看资望的侨商颇感不解之时，主席台上的陈楚楠与陈武烈商议了一下，随之走到台前，高声说道："陈嘉庚担任保安会总理，必能不负众望，我和武烈均表赞成。"

"哦……"整个会场顿时响起一片赞同的掌声……

"大家还有什么意见？"

"没有，没有……"

"现在表决，每人只许举手一次。按后提名者先表决的顺序，赞成陈嘉庚的请举手。"

陈武烈话音刚落，"刷"的一声，会场里举起了上千只有力的手臂。

主席台上的陈武烈与陈楚楠相对一笑，同时举起右手，郑重地宣布："绝大多数通过，公举陈嘉庚先生为福建保安会总理。"

陈嘉庚一下子被推到与陈武烈并列的"闽帮"帮主地位。一个是处理日常工作的常任"帮主"，一个是领导支援祖国光复事业的专任"帮主"。

这是陈嘉庚料想不到的。

现在既然已经被推举为保安会总理，就不能辜负乡亲们的厚望，不能辜负同志们的托付。血液里注满先辈锐意进取精神的陈嘉庚，对"总理"一职既不谦虚推让，也不趾高气扬，而是大胆地、实实在在地负起责任。他首先提议把福建会馆所属的慈善机构——厦门平粜局所存款项二万余元立即拨汇福州，作为首批保安捐，得到与会代表的一致支持；接着他自己就领头认捐二千元。

闽侨爱国保安捐运动就此开始了。

一周后，新加坡的广府帮、潮州帮、客家帮、琼帮也联合组织广东保安会，举罗卓甫为总理，廖正兴、沈联芳、张永福、陈楚楠、林义顺等二十余人为董事人员，大力开展广东保安捐运动，极力与福建保安会"竞赛"。

遇到了广东保安会的"挑战"，初任"总理"的陈嘉庚更是把他的全副身心投入到保安劝捐运动中。继闽侨代表大会之后，他又召开多次小会，商讨募捐办法，并选拔出一批既热心又能干的劝捐人员，在闽帮商号和各界轰轰烈烈地开展募捐活动。

一个月下来，在陈嘉庚强有力的领导下，福建保安会共募得二十万元，及时汇给福建革命军政府，对维护家乡治安，推进全省革命，起到了重要作用。

同年十二月间，武昌起义爆发时尚在海外的孙中山乘船回国途经新加坡，探知福建保安会一个月就募到二十万元，不禁惊喜交加。因为他从年初赴北美洲为革命筹款，费时九个多月，跑遍美国、加拿大几十个城市，作了上百次募捐演说，仅筹到十万元，只等于新加坡福建保安会一个月募得捐款的一半。他在赞叹之余，向这位福建帮"帮主"、保安会总理提出：如果自己回到国内组织中华民国政府，需要用款的话，能否帮忙？

陈嘉庚当即一口承诺。

过了十四天，孙中山被南方十七省代表会议公推为中华民国临时大总统。即将到南京就职的孙中山急需用款，他便一封电报拍到新加坡。

陈嘉庚接到电报，立即如数电汇五万元给孙大总统。孙中山对此感动不已。

陈嘉庚，果真不负众望。

「回祖国去！回故乡去！报答母恩！报效祖国！陈嘉庚办厂失败，兴学一举成功。」

　　福建保安捐运动刚刚结束，陈嘉庚就被一股澎湃的心潮所冲击。这股心潮来源于慈母的恩情，来源于家乡的吸力，来源于领袖的叮嘱，来源于祖国的召唤。

　　回祖国去！回家乡去！报答母恩！报效祖国！

　　如何报效呢？

　　自己不懂党务政务，又没有专门学问……

　　看人家林文庆先生已经到南京出任卫生部的司长了……

　　悔不该来新加坡之后一直埋头做生意。现在可以贡献给祖国的只是一点资财，还有就是董理道南学校的一点办学经验……

　　一点资财就一点资财，一点经验就一点经验，只要尽心就好喽。

　　陈嘉庚想到这里，心平气和，但又热血沸腾。对！回祖国去，回家乡去，办厂办学，报效祖国！

　　家乡的山水村舍，田野海湾，又在脑子里出现了。那山坡上的榕树，屋宅前的梅花，水田里的嘉禾，旱地里的地瓜；特别是那一直快伸延到厦门高崎的广阔滩涂，每年出产多少海蛎啊！如果回乡创办一所海蛎罐头厂，岂不很妙……

小时候在家乡塾馆就学的情景，又在脑子里重现了。那课业的刻板单调，塾师的不学无术，真是误人子弟啊。道南学堂则完全不一样，课程既有国语，又有算术，既有自然，又有史地；课时一节连着一节，课业一级一级升高，孩童们学到的知识多丰富啊。集美如果有这么一所学校，岂不很好……

陈嘉庚想着，想着，就与胞弟陈敬贤商量："敬贤，我要回祖国去，回家乡去……"

"我也想回去啊，阿兄。"陈敬贤兴奋地打断他的话。

"你也想回去？"陈嘉庚感到有点意外。

"正是。祖国光复，前程无量。我想回家乡去，为乡亲们办点有益的事，以略尽国民一分子的天职。"陈敬贤认真地说。

"你，你怎么也想到这桩事？"陈嘉庚既欣喜又惊诧。

"我自从加入了同盟会，时常听到你和楚楠兄、义顺兄谈论革命，我就一直想要回唐山去报效祖国。只是觉得自己年纪尚轻，才疏学浅，所以不敢讲出来。"陈敬贤答道。

"你回乡想办些什么有益的事？"陈嘉庚又问。

"我想回乡办一所像道南这样的学校。"现任道南董事的陈敬贤说着，脸上焕发出自豪的神采。

"啊！"陈嘉庚内心十分激动，"你也想回乡办学！"

"怎么？回乡办学不好吗？"陈敬贤反问。

"好，好！"陈嘉庚激奋地说道，"敬贤啊，你和我想到一起啦！"

"你回唐山也是要去办学？"陈敬贤显得十分高兴。

"对。"陈嘉庚答道，"除办学之外，还想办一家海蛎罐头厂，然后一步步发展家乡的实业和教育。"

"你想得比我周到，阿兄。"陈敬贤自愧不如。

"敬贤，我本想举家迁回祖国。"陈嘉庚感慨地说，"但是现在我们的家业全在新加坡，一时收束不起来，目前两头都得兼顾啊。"

陈嘉庚的故事 CHEN JIAGENG DE GUSHI

"阿兄说的极是。"陈敬贤接过话头，"咱们在新加坡有十来家店、厂和种植园，每年获利不少，阿兄当然要继续经营下去。回乡办学办厂的事，我去好了。"

"不，不。"陈嘉庚忙截住他的话，"回乡办厂办学，还是我去，新加坡的企业由你来主管。"

"不行，我从商时间短，经验少。"陈敬贤推辞。

"自开办新利川至今也有八九年了。"陈嘉庚劝说，"况且你好学勤问，这几年已大有进步，现在各厂、店经理人员也都忠实可靠，你主管同样能管好。"

"阿兄，我已经三年多没回乡了，你就让我先回去吧！"陈敬贤辩不过他哥哥，只好借题恳求。

"我最后一次离开家乡距今十年了，敬贤，我们兄弟俩都思乡心切呀！"陈嘉庚恳切地说，"只是这头一次回乡创业，还是我去为好。下一趟一定让你回去，好吗？"

陈敬贤看哥哥归意已决，不敢再执拗，于是说道："那就阿兄先回去好了。"

兄弟一商妥，陈嘉庚就把企业的事权交付给陈敬贤，自己则转去筹备回乡开办海蚝罐头厂的事务。他先买进几听外国生产的蚝罐头，打开一尝……噢，不错，口味虽不及生蚝原质，但气味尚好，只是每枚有拇指那么大，肉质显得较粗，显然比不上集美的海蚝那样鲜嫩。

集美的蚝大小适宜，肉质细嫩，做起罐头来必定更佳，将来准能在各国畅销。

陈嘉庚考虑对比之后，立即动手筹办设备：蒸煮机、空罐机、实罐机，再加上作为动力的蒸汽机。

可是，单有设备还不够，还要有技术。做海蚝与做黄梨可不一样，没有熟练的技师是做不成的。但制作海产品罐头的技术人才新加坡却没有。陈嘉庚不得已，只好打电报给日本的朋友，请代聘一位熟练的技师，许以月薪大洋二百元。

1912 年初秋，陈嘉庚完成了建厂的准备工作，带着家眷，押着七千余元的机器设备，意气风发地从新加坡回到故乡集美。

这位新加坡黄梨罐头业的泰斗，对食品罐头业的各个环节真是了如指掌。按照他的意图，两个月就盖起了厂房，很快就安装好了机器设备。入冬，集美的海蚝大量上市，日本技师也如期前来报到，闽南乃至福建有史以来第一家海蚝罐头厂开工了。

蒸汽机呼哧呼哧地喘着大气，把那巨大的飞轮推得直打转。大飞轮上那条宽幅皮带又带动起装满小飞轮的动力主轴，然后通过一条条传动皮带，带动起空罐机和实罐机。蒸煮车间里，一批批洗净了的集美鲜蚝倒进了高压锅，锅底下的煤火喷出腾腾的烈焰……

集美社乡亲们的心，比那炉中的烈焰还要红火。他们和邻乡闻讯涌来的乡民，成百上千地围在工厂外边，观看那从未见过的钢铁巨牛推弄一台台从未见过的机器，最后接连不断地送出一个个封得严严实实的圆筒白铁皮罐子。

第二天一早，陈嘉庚亲自来到工厂。日本技师献上头天制成的罐头。陈嘉庚打开一看，啊，怎么一个个海蚝缩得像虾米一般？他舀起一汤匙尝了尝，唔，不好！味道变了。

形体变，味道也变，这显然是煮过火了。不行。

陈嘉庚当即要求日本技师用不同的火候进行蒸煮，试制出各种火候的罐头，经过品尝、鉴定、筛选，再成批生产。

十天后，各种火候的罐头全都制出来了。陈嘉庚一罐罐打开，一罐罐品尝，不禁皱起了眉头：所有试制出来的罐头，不是火候不够变质发臭，就是火候过头变形变味，从中根本选不出一种可以投入成批生产的规格。

"把火候规格分得更细一些，重新试制。"陈嘉庚再次下令。

那日本技师虽然工作认真，但经验并不丰富，重新试制出来的罐头，同上次情况一样，毫无改进。

原因何在呢？陈嘉庚一边和日本技师研究，一边向海外食品罐头业的技术专家请教。原来外国蚝罐头的原料，是在海中生长两年的大蚝，能耐高温而不变其形体；集美蚝在海中只生长八九个月，无法经受高温，而海蚝不经高温蒸煮则容易变臭。

至此，陈嘉庚首次在家乡兴办实业的计划只好宣告失败。

准备了半年多，跨越重洋回到故乡，原想为祖国、为家乡多做点有益的事，以尽国民一分子的职责，没料到实业报国的计划一开始就受挫。现在剩下的计划就是办学了。

办什么学呢？办新学。

当年在国内办新学可是一桩大事呀。

我国原来只有旧学，其中包括官办的太学、书院和民间办的私塾，课业主要是"四书""五经"和《幼学琼林》等，根本不学科学技术。鸦片战争后，清政府对外连吃败仗，亲身领教到洋枪、洋炮、洋舰、洋车的厉害，于是从19世纪60年代开始，掀起洋务运动，在购买外国器械、创办武备、工矿诸业的同时，兴办了一批洋务学堂，号称"新学"。这些洋务学堂，为数既少，基础又差，办了二三十年，依然不见成效。清光绪二十二年（1896），刑部左侍郎李端棻奏请推广欧美的学校制度，建议各府、州、县设立学堂(相当于欧美的高等小学)，选民间十来岁的俊秀子弟入学；各省设立省学(相当于欧美的中学校)，选二十五岁以下的学堂生入学；京城北京设立京师大学，选三十岁以下的贡生入学。这三类学校的课业，均以三年为期，希望通过建立这样的新学学制体系，培

◆ 陈嘉庚亲撰亲书的《集美小学记》

◆ 集美小学师生在第一座新校舍前合影

养出于国有用的人才。

一个县办一所小学，一个省办一所中学，全国办一所大学，现在看起来实在少得不可思议，但在当时确是学制上了不起的大改革。清廷总理衙门在《议复推广学校折》中，以"似此兴作，所费必多"为由，不予采纳。后虽经戊戌变法，新学学制却一直未能推广。直至光绪三十年（1904），慈禧太后迫于各方面的压力，才通过学部下达咨文，全面改革旧学制。于是，同安县才出现第一所新制的县立小学校。随后县里士绅又陆续办起四所新制的私立小学。

同安县的新学，表面上是办起来了。但那所公办的、经费最多、条件最好的县立小学却办得很糟。学校权力全在县长手中，由县长委派一位绅士担任校长，教员、学生则全由这位绅士招来。清朝末年，政局动荡，县长经常更换。县长一换，校长也换，原来的教员、学生也一哄而散，另由新县长任命的新校长再去聘请新教员，招收新学生。十年间这样全面更换了许多次，因此始终还没有一班毕业生，真是可悲可叹。至于其他四所私立小学，因为经费很少，全都办得很差。

陈嘉庚立志彻底改变这种落后腐败状况，决心在集美创办一所全同安县最好的新学校。

当时的集美社已经发展到两千多人口，分为七个房头，划地而居；各房头都办了一个塾馆，每个塾馆有男生一二十人，女童则不许入学。七个房头又分成两大派，屡次械斗，双方死伤数十人，结下了仇。要创办新式的学校，必须全社一致合作，停办各房头的私塾，共办新学。

陈嘉庚先对社里各房房长进行恳切的劝说，晓以大义，使之明了同宗相亲的道理和兴办学校的好处，同时表示愿意担负学校的一切经费。二十五年前母亲为消弭社里械斗的慷慨捐输，这时起到作用了。各房长一听陈嘉庚的劝说，立即回想到当年的情景，他们怎么好意思拒绝呢？

社里乡亲意见一致了。陈嘉庚立即转而为聘请校长、教师奔忙。要办好学校，没有好的老师不行啊。这一点他可是有切身的体会。但当时的同安，二十多万人口中，师范生（包括简易科毕业者）仅有四人，其中一人已改业经商。陈嘉庚费尽口舌，不惜重金聘来两人，以洪绍勋为校长，另外再聘三位教员，组成了全县各校中最强的教学班子。

1913 年 1 月 27 日，"乡立集美两等小学校"暂借集美大祖祠正式开学，学生共一百三十五名，分为高等一级，初等四级，集美社各房塾馆的学童全部进入学校读书。

接着，陈嘉庚又投入资金，购买村西一口面积数十亩的大鱼池，挖沟排水，移土填地，建起了新校舍，辟出了大操场，为集美学校创立一处永久性的校址。

嗣后，陈嘉庚为这所具有开创性意义的集美小学立碑，恭诚地在碑记上写道：

余侨商星洲，慨祖国之陵夷，悯故乡之哄斗，以为改进国家社会，舍教育莫为功。

「福建教育腐败，以致集美学校聘不到好校长，请不到好教师。陈嘉庚返回新加坡，赚钱为了兴学，可是举步维艰……」

第十章 为了失学孩童

集美小学开学后，陈嘉庚更感到师资的重要。他听说省府直属的师范学校经费充裕、设备完善，是全省办得最好的一所学校，便亲自奔赴福州，希望能有所收获。不料实地一考察，这所学校却是腐败透顶。

原来该校是清末学制改革时开办的，创立已经十二年，学生常年有三百余名，一概免收学费、膳费、宿费，条件极为优厚。该校学生自以为是在一所全省唯一的"省学"就学，所以在校时就已经风度翩翩，好像是科举时代的"秀才"。读完四年毕业后，就相当于旧时的"举人"，因此求学的人争先恐后。但它每年招生两班八十名，却不公开招考，名额全被省城的官僚豪绅子弟占满。师范学校是培养教师的，可是这些学生都是纨绔子弟，根本没有执教的意愿，而且不是经过考选合格，程度参差不齐，学业好坏更无所谓，毕业后谁还肯去充任小学教师？

作为省府直属的师范学校都如此腐败，省内其他师范学校的状况可想而知，难怪福建各地的教师如此奇缺。

省城教育部门的腐败，叫陈嘉庚痛心不已。但令陈嘉庚更为震惊痛心的，却是闽南乡村失学孩童的惨状。

请看陈嘉庚在他所著《南侨回忆录》中的相关实录：

> 我于（按：1913年）夏秋之间，出游闽南各处乡村，目睹儿童成群嬉游赌博，衣不蔽体，且有赤裸全身者，询之乡长有无设教，咸云旧学久废，新学师资缺乏，经费奇重，无力创办云。

> 失学孩童，遍地皆是，顽劣万状，几将回复上古野蛮状态……

孩童是民族的未来，中华民族的未来难道就是这样的吗？

陈嘉庚"触目心惊，弗能自已……"

这时，孙中山又在强大的封建势力煎逼下被迫下野，北洋军阀头子袁世凯当上了中华民国大总统。

这样的民国政府怎么能靠得住？一切还是要自己努力啊！

陈嘉庚于是默默对天发誓：

> 只要我力能办到，一定要先办师范学校，收闽南贫寒子弟才志相当者，加以训练，不断扩充师资队伍，以普及新教育，挽救颓风。

怀着对失学孩童的挚爱，担起对民族未来的责任，陈嘉庚于1913年秋返回新加坡。他必须努力经营实业以获取更多盈利，来实现他的兴学计划。

可是回到新加坡，生意却越来越不好做。

先是在暹罗（今泰国）创设的谦泰凤梨罐头厂，因地处海边，所用的水源由淡变咸，经理人员疏忽，事先没有采取预防措施，以致大批产品报废，损失三万余元，只好将厂房、机器廉价出让，结束经营。

接着，为了扩大生产规模，提高市场占有率，他出资买下新加坡两家凤梨厂，使公司凤梨罐头年产量达八十万箱，占新加坡凤梨罐头总产量的一半。没料到这样一来，其他厂家更同他展开激烈竞争，凤梨罐头的价格反而下降。公司的市场占有率虽然提高了，却赚不了多少钱。

橡胶种植方面，在柔佛笨珍港新开辟的橡胶园，因遭受病虫害袭击没有及时抢救，最后也不得不放弃，损失了五万余元。

企业在艰难困苦中勉强维持了半年，陈嘉庚千方百计寻找转机，可是1914年爆发的第一次世界大战，却把他推入到惨苦的深渊中。

由于英、法、俄对德、奥、意宣战，欧洲到亚洲的海路受阻。为保证军事运输，英国政府严格控制民用船运。

陈嘉庚在新加坡、马来亚所经营的凤梨、熟米两大产业，过去产品一概销往外地，而且一概依靠船运。现在船运被控制，所产凤梨罐头运不出去，各洋行不但停止采购，以前所订的货也不肯来领，全部积存在厂内。销往印度的熟米，同样无法发运，存货堆积如山。陈嘉庚正发愁时又传来消息，说德国战舰在印度洋攻击了许多商船，使得船运更显艰难。

拥有新加坡凤梨业百分之五十、熟米业百分之六十市场份额的陈嘉庚，在如此严重的形势下，想方设法摆脱困境。他竭力同相关的洋行交涉，要求按照合同缴交货款，甚至将缴交数降至十分之一。可是，这些洋行全都拒绝，推说战争期间汇款不通，无钱可交。

但是，陈嘉庚为采买原料、组织生产，先期已欠下许多商家的钱款，而且已经陆续到了还款期限。现在他应收的货款分文都收不到，而要账的人却接连前来讨债……

更严重的是，原有的产品销不出去，已经堆积如山；如果再继续开工生产，那就连堆放产品的地方都没有了……

陈嘉庚别无他法，只得忍痛决定：

所有凤梨厂全部停工；

所有熟米厂全部停产；

所有商号店面全数关门；

所有市账任其催逼，一概暂时停还。

只是，工人生活不能置之度外，还得千方百计艰难维持啊。

企业的困境和国家的苦难使陈嘉庚痛彻心肠。他连日拄着手杖，来到海港码头……

仰天遥望，万里之外的祖国，满目疮痍……闽南乡村失学孩童的惨状，又在脑际浮现……

举目扫视，百步之内的海面，货轮禁运……那仓库里堆积如山的存货，就像万斤巨石再次压上心头……

陈嘉庚在码头上来回踯躅，专神苦思，对越来越近的雷声竟然听而不闻，直至一记震天的霹雳在头顶上炸响，他才猛醒过来。

接着，瓢泼大雨泻落在他身上。

暴雨中，陈嘉庚依然痴恋着那海港，两眼盯着停泊在港内大大小小的货轮，嘴里喃喃而语："船都停在这里……多可惜呀……"

忽然，一道耀眼的闪电划开重重乌云，陈嘉庚眼睛为之一亮，深埋在胸中的灵感一下子被焕发出来。他再次看了看那些停泊在海港内的货轮，然后提起手杖，匆匆赶回家中。

冲过澡换过衣服，陈嘉庚稳步走进书房，从书橱里取出一幅世界地图，摊开在书桌上，再取出前几个月的报纸，堆在桌旁。

他一会儿查看那一幅地图，一会儿翻阅那一摞报纸；一会儿用铅笔涂涂写写，一会儿用手指比比画画……

"海战是在地中海和大西洋，陆战是在欧洲、北非和西亚……印度洋怎么会有德国军舰攻击商船？"陈嘉庚费解了。

陈嘉庚连忙再翻阅报纸，找到一则报道，一字一句、反反复复地读着……读着……突然拍案而起："攻击商船的，分明只是这两艘从东亚撤往欧洲的德国军舰……它们早该到欧洲参战了吧……印度洋上该不会再有德国军舰了吧……"陈嘉庚慎重地分析着。

正当陈嘉庚为他的新发现而自我陶醉之时，陈敬贤喜匆匆地跑进书房，边跑边喊："阿兄，阿兄，有救了，有救了！"

陈嘉庚转过身，问道："什么有救？"

陈敬贤："白铁片的价格猛涨了。"

陈嘉庚急切地问："涨多少？"

陈敬贤："今天一天就涨了三成。"

陈嘉庚惊喜万分："噢！"

陈敬贤："本来只是传说，战争爆发后，钢铁类的物品都成了战略物资，价格将会上涨，没想到今天我们制作罐头的白铁片也涨了。"

陈嘉庚："我们凤梨罐头停产后还剩多少白铁片？"

陈敬贤："还剩三万五千箱啊！"

陈嘉庚："核实过没有？"

陈敬贤："核实过了。阿兄，看来这价格还要再涨……"

"当然。"陈嘉庚随即吐出一口闷气，"哦……真想不到今天会双喜临门！"

陈敬贤："双喜临门？还有一喜是什么？"

陈嘉庚："船运问题也可以解决了。"

陈敬贤："如何解决？"

陈嘉庚说出了一个令弟弟深感惊喜的计划："自己经营船运。"

大胆作出经营船运的决策之后，陈嘉庚趁着南洋所有船东还在担惊受怕的机会，以低廉的价格租赁了两艘轮船：一艘名"万通"，载重一千三百吨，租期两年；一艘名"万达"，载重二千五百吨，租期一年。

两艘轮船租用后行驶了几个月，一切顺利，除了自己运送原料和产品外，还为英国政府承运枋木片前往波斯湾。到这时，运力已感到不够了。陈嘉庚放开胆子，再向香港租入轮船两艘，载重量都是两千吨，租期一年。就这样，1915年单单经营船运一项，他就获得净利达二十余万元。

另外一项大宗收入是转售白铁片，也获净利二十万元。加上打开了凤梨、熟米的出口通道，陈嘉庚单在1915年就获净利共四十五万元。

陈嘉庚展现出他高超的经商才华，终于冲出严重困境。

初次投资船运业就获得巨大效益，陈嘉庚极受鼓舞。但据殖民地政府规定，经营船运业的船东必须是英国人或英国籍民。在这种情况下，陈嘉庚只好申请加入英国籍，因而取得了英国护照，成为具有双重国籍的华侨。

1916年，陈嘉庚在船运经营上又跨前一步，自己购置轮船一艘，号名"东丰"，载重三千吨，船价三十万元。租用的轮船，有三艘已经到期，因租金提高不再续租，仅留下"万通"轮继续营运。

熟米业由于米粟原产地暹罗、仰光等处增设了许多厂家，竞争激烈，新加坡本地不产米粟，很难同他们竞争，利润急剧下降，陈嘉庚便采取暂时维持的对策，不再扩张。

凤梨罐头自欧战爆发以来，销路减去了十分之六；但是所定购的白铁片价格不断提升，转售出去比用来制罐头更为有利。陈嘉庚于是决定削减黄梨产量，压产后空出的土桥头凤梨厂，则改作树胶厂，添置绞压机械、热风设备及吊栈，每月可绞出生胶片五六千担，利润甚丰。

经过结构调整，1916年全年，陈嘉庚公司共获实利五十余万元。

企业经营突破了大难关，迎来了大发展，获得了丰厚的利润，陈嘉庚便请胞弟陈敬贤出马，回乡创办集美师范和中学，以实践自己救助失学孩童的誓言。

陈敬贤偕夫人王碧莲一抵达集美，立即全面展开工作。

当时中国的封建思想根深蒂固，歧视妇女的现象极为普遍。为打破封建观念、提倡男女平等，以推动社会进步，陈敬贤夫妇在筹办师范、中学二校的同时，先创立了集美女子小学，使集美和周边地区的女孩有机会进入学校读书。该校于1917年2月正式开课，成为当时中国较早的女校之一。

接着，他们集中全力，投入师范和中学的校舍建设工作中。

由于陈嘉庚决心将学校切实办好，因此计划中的师范、中学二校校舍规模相当宏伟，所需要的地皮很多；而集美的乡民却固步保守，迷信风水，给建校征地造成很大困难。

陈敬贤在回国前因商务繁杂，积劳成疾，时常咯血。他不顾病体，日夜操劳，苦口婆心、不厌其烦地劝说乡民，并以高出通常地价一倍的价款购买学校所需地皮，公私坟墓还酌情另加迁移费。经他不懈努力，征地大事终于办妥。

◆ 科学馆（摄于 1922 年）

◆ 美术馆

◆ 延平楼（摄于 1922 年）

◆ 约礼楼（摄于 1920 年）

◆ 崇俭楼（摄于 1926 年）

◆ 1916 年陈嘉庚委托陈敬贤
回乡筹办师范和中学，学生
尊称陈嘉庚（右 1）为校主、
陈敬贤（左 1）为二校主

　　盖建校舍同样遇到很多困难。因为图样是从新加坡带来的，是经过陈嘉庚审定的，国内工匠要达到要求需要经过多方努力。为使工程顺利进行，陈敬贤和王碧莲每天清晨五点就起床巡视工地，遇到问题及时解决，严冬酷暑，从不间断，一年多时间里先后建起大礼堂和居仁、立功、尚勇等五幢教学楼和宿舍楼，以及膳厅、浴室、电灯厂、自来水塔、温水房、大操场、储藏室等设施；连同集美小学的校舍、操场，两所学校占地总面积达一百余亩。这在当年的中国私立学校中，堪称规模最大。

新校舍即将竣工之时，陈敬贤按照陈嘉庚的安排，亲自前往江西、浙江、江苏、安徽、山东、河北、湖北等七省考察教育，收获很大，但没有聘请到师范和中学的校长。

与此同时，远在新加坡的陈嘉庚，也为聘请合格的校长和教师而操心。他考虑到福建缺乏师资，又听说江苏教育发达，便找上一位新加坡道南学校从上海聘来的优秀教师，问他的学校出身。这位教师答说自己毕业于上海江苏第二师范学校。陈嘉庚立即写信到上海，拜托该校校长代聘集美师范、中学二校的校长和教职员。江苏第二师范校长复函表示愿意尽力帮助。陈嘉庚通过信函与这位校长多次磋商后，同意他推荐的江苏人王绩担任集美师范、中学校长，并由王绩负责组织教学班子。1917年12月，王绩带他所聘请的教职员到达集美，筹划开学事宜。

招生方面，为防止出现省城师范学校的弊端，陈敬贤按照陈嘉庚"严求师范生毕业后人人须能实践教职"的要求，从严招考。他先发函给闽南三十余县的劝学所所长，请在每一大县代选贫寒学生五六名，小县三四名，详细填报入选学生的家庭情况和个人经历，推荐来校；到校时再由校方予以复查、复试，凡违背定章或成绩不及格者，决不收容。经过如此严格的考选，最后录取196人，根据程度编为三年制师范讲习科甲、乙两班，五年制师范预科甲、乙两班，中学一班。

陈嘉庚还鼓励海外侨生到集美升学，并作出规定："南洋华侨小学毕业生，如有志回国升入中学者，则由新加坡本店予以介绍函，概行收纳。到校时如考试未及格者，则另设补习班以教之。此为优待华侨派遣子弟回国而设，此例永存不废。"

对录取的学生，学校给予十分优厚的待遇。中学生只需交膳费，不必交学费和宿费；师范生连膳费也免交。两校学生全部寄宿在学校里，所需的被子、席子、蚊帐，一概由学校供给。每年夏冬两季，学校还发给学生统一的制服各一套，夏服用灰色棉布，冬衣则用黑色粗呢制成。当时，闽南地区缺少粮食，普通老百姓的生活水平还很低，每天伙食一般是三餐稀饭，而集美学校供应学生的伙食是两餐干饭一餐稀饭。为了鼓励贫寒青年入读师范，学校还特地规定，师范生三餐都吃稀饭者，节省下来的膳费，学校按每人每月两元返还给个人。而当年的两块银圆在闽南乡村，除粮食、菜蔬自给不计之外，足够一家人一个月的现金花费。

民国初年的新式学校，特别是中学以上的新学，都是为有钱人办的。公立学校的招生名额常被豪门子弟占满；私立学校则收费很重，一般人家是负担不起的。陈嘉庚兄弟则完全是为国家、为民族而办学。他们拿出巨额家财，无偿供给集美学生，特别是师范生，只要求师范生毕业后一定要充任教职，以普及教育，挽救失学孩童，这在当年的中国是绝无仅有的。他们这样做还给贫苦的有志青年创造了极为难得的就学机会。许多才志相当的贫寒子弟考入集美师范后，不但可以免

◆ 居仁楼（摄于 1918 年）

◆ 敦书楼（摄于 1925 年）

陈嘉庚的故事
CHEN JIAGENG DE GUSHI

◆ 集美学校校训

费读书，而且可以将每月节省下来的两元膳费寄回家，补助家用。怪不得当年穷苦青年接到集美师范录取通知时个个热泪盈眶。

在陈嘉庚、陈敬贤的努力下，1918年3月10日，集美师范、中学两部同时开学。这一天就被定为集美学校校庆纪念日。

开学式上，公布了陈嘉庚兄弟为集美学校亲订的校训——诚毅，并由陈敬贤将陈嘉庚亲笔题写的校训匾额授予王绩校长和师生代表。

"诚"和"毅"是中华民族的传统美德，早在两千年前的春秋战国时期就被广泛传扬。"四书"对"诚"作了这样的解释："诚者，天之道也。至诚如神。"意思是说，诚是做人的基本原则，一个人如果有至诚之心，就能产生无穷的力量。《左传》对"毅"则解释说："毅者，坚韧不拔也。志决而不可摇夺者谓之毅。"意思是说，一个人想要把事情做成功，必须要有坚强的意志和坚毅的精神。

陈嘉庚兄弟之所以将"诚毅"定为集美学校的校训，是要求全校师生发扬中华民族的传统美德，以"诚"立身，以"毅"处事，坚定不移地为振兴中华而奋斗。

「风雨中，陈嘉庚以一把不起眼的雨伞结识了英才李光前。一样爱惜人才的庄希泉理解陈嘉庚,欣然忍痛割爱……」

第一次世界大战期间，陈嘉庚突破大难关，迎来大发展。特别是从单纯的垦殖橡胶园转到制作生胶片，使他的企业经营提升到新的、更高的档次。这时，他才破天荒买下一辆美国制造的福特牌轿车。

原先，生性节俭的陈嘉庚怎么也不肯花钱买车。但一来事业发展迅猛，工作极度繁忙，乘马车实在应付不过来；二来，他已经计划要开设胶品制造厂制造各式轮胎，这福特汽车的轮胎正好可供借鉴；三来，他一向崇尚科学技术，这轿车集现代科学和先进技术之大成，驾车显然可以增长知识；四来，他对美国"汽车大王"福特素来仰慕，买福特汽车表达了他与世界比肩的情怀。

当他学会驾驶并将那辆福特轿车沿着马路快速开回家时，那股兴奋的劲儿，真非言语所能形容。

于是，不论是例行巡视胶园，还是定期深入工厂；不论是参加公益活动，还是应邀发表演讲，他都亲自驾着这辆牌挂 1314 号的福特轿车前往。

这一天清早，天气晴朗，陈嘉庚驾着车来到饼干厂花了整整一个上午，对新投产的夹心饼干进行仔细的检查，直到工人们都严格按照所订的规范操作确保了产品的质量，他才停下来吃午饭。

午饭刚用过，陈嘉庚又驾着车，来到土桥头的生胶厂。

开设这生胶厂是他在橡胶业经营上的第一次飞跃。

以往，陈嘉庚只是借助热带的地理条件，开辟橡胶园，垦殖橡胶树。但橡胶园里采割到的一桶桶白色的胶乳十分笨重，不好直接供欧美的胶品制造厂制作轮胎、水管、胶鞋、雨衣等产品，必须先压制成生胶片，才便于运往各先进工业国，作为新兴橡胶制品业的原料。

生胶片虽然仅是胶乳的初加工，但仍涉及化工领域，因此，当年新加坡生胶片的生产以及销售几乎全部掌握在欧美厂商的手中，利润十分丰厚。

陈嘉庚是东南亚华人企业家中第一个开设生胶厂的，头一年每月所获实利就达一万余元，引起华人商界的轰动。为了将这生胶厂办好，他几乎每天都要到厂里来。

这天他一进厂，首先来到凝固车间，视察胶乳冲稀、筛滤杂质、添加醋酸、入槽凝固等工序，然后对压片车间的双辊压片机、清洗车间的胶片清洗池，以及风干场的通风、熏胶房的温度，一一进行检查，直到天黑下来，他才掏出怀表。

"啊，快七点了！"陈嘉庚一惊，随即将怀表放回内衣口袋，转过身朝着胶厂大门，快步走去。

"哎，哎……嘉庚先生，"胶厂经理看他像是要走，连忙喊道，"嘉庚先生，晚饭准备好了……"

陈嘉庚像没听见似的，匆匆直往前走，很快就走出厂门。

这时，天空阴云密布，飘飘洒洒的雨丝给人带来稍许凉意。

胶厂经理追到厂门外，伸出双手恳求道："嘉庚先生，这么晚了，吃过饭再走吧！"

"来不及了。"陈嘉庚边说边走到轿车旁。

胶厂经理赶紧跑上前去，再次恳求道："嘉庚先生……"

陈嘉庚拉开车门，坐进驾座，"突，突，突……"汽车启动后掉转过头，沿着胶厂门前大路，飞奔而去……

陈嘉庚要赶往天津水灾筹赈会。

前些日子，天津遭受特大水灾，新加坡华侨破天荒打破地域和帮群的界限，联合组织天津水灾筹赈会，选举陈嘉庚为主席，募款赈济受灾同胞。几天来，在全体侨胞的热情支持下，已经募到七万余元。为了进一步推进募捐活动，陈嘉庚跟筹赈会诸董事约好今天晚上七点半，在秘书处开会研究相关事宜。想不到在生胶厂竟耽搁到现在……

陈嘉庚驾着车直往前赶。可是，随着他超越一辆辆马车和黄包车，自己的肚子也叽里咕噜地响了起来。

"饿了，肚子是饿了……"陈嘉庚掏出怀表瞥上一眼，"唔，还来得及吃碗面。"

他开始放慢车速，沿着马路拐进一条小吃街，将汽车停放在街口。

小吃街两旁，摆满各式各样的小吃摊，摊子上撑着帆布棚，用以遮风挡雨。

这时，天空中小雨霏霏。陈嘉庚打开车门，迎着雨丝跑到一家面食摊，坐在最靠外边的小桌旁，叫了一碗虾面，急匆匆地吃了起来。

邻桌一个宽额浓眉、英姿潇洒的华侨青年，见到陈嘉庚也来到小吃摊，不禁一愣。他一边吃着面，一边悄悄地端详这位刚来的食客。

雨越下越大，正在吃面的陈嘉庚毫无察觉，等到他吃完后，小雨竟成了瓢泼大雨。

陈嘉庚望着大雨，十分焦急，两次想冒雨冲向汽车又缩回来。

邻桌的青年人见状，拿起随身所带的雨伞走到陈嘉庚跟前："陈嘉庚先生，这雨伞你先用吧！"

陈嘉庚匆匆接过伞，连声说道："谢谢，谢谢！明天请到里巴巴利路谦益行找我取回。"说着，撑开雨伞，跑到车前，迅速登上驾位，发动引擎，驱车急驰而去……

谦益行是陈嘉庚所有工厂、胶园和商店的总收支机关，也是他的总办事处。

第二天傍晚，他在自己的办公室里翻阅一份美国商人留下来的商贸文件，边看着边自言自语道："济民的英文水准还不够呀……这……这难道要请林文庆来

◆ 李光前

帮我翻译？……"说着，长长地叹了口气："人才啊，人才……"

忽然有人敲门，陈嘉庚随口应道："进来！"

来人是昨日借给他雨伞的那位华侨青年。

陈嘉庚一见是他，客气地说："哦，你来取回雨伞。"

"是的，嘉庚先生，是你交代我来取回的。"青年人应道。

"没错，没错……"陈嘉庚回想起昨天初夜时分在小吃街的情景，忽然感到有些疑惑，"哎，你是谁？怎么知道我是陈嘉庚？"

青年人："我名叫李光前，在中华国货公司任英文财库，前几天陪庄希泉先生参加天津水灾救济会，听过你的演说。"

陈嘉庚猛记起来："噢，对了，对了。"他睁大着眼睛，仔细端详着面前这位年轻人，见他身材魁梧，满脸英气，眼镜后面的那双眼睛，既炯炯有神，又谦和可亲。

李光前被他看得有点不好意思，悄悄地低下了头。

陈嘉庚微微一笑："那天，希泉兄跟我说，你读过'红毛书'，当过工程师，还是暨南学堂和唐山路矿学堂的高才生，是不是这样？"

李光前谦逊地说："我从小喜欢读书。"

"喜欢读书，好啊，请坐，请坐！"陈嘉庚说着，从茶壶里倒出一杯茶，端给李光前，"吃茶，吃茶！"

李光前受宠若惊："嘉庚先生……"

陈嘉庚："坐吧，坐吧！"

李光前不安地坐下。

陈嘉庚也在办公椅上落座，问道："你读过好几年'红毛书"，英文能看能写吧？"

李光前："能。"

陈嘉庚："这是一份美国商人留下的商贸文件，请你翻译给我听听，好吗？"说着，将桌面上那份英文文件递给李光前。

李光前读过第一页，说："这是要求供货的清单，包括各个等级的烟胶片、白绉片和褐绉片，价格在每次交易之前议定，然后签订合同；包装上要求用白色棉布裹密，包布上标明品种、等级和重量……"

陈嘉庚点头："唔。"

李光前再读过第二页："这是发货的方式，要求由我方按合同规定的品种、等级和数量，配货下船，直接运往美国，并将领货单证交给他们驻新加坡的代表……"

陈嘉庚再点了点头："嗯。"

李光前又读了第三页："这是结算方式、期限和担保……货物到岸时，对方将在三天内领出，领到货物后一个月内定将货款全数电汇给我方……"

陈嘉庚："担保人呢？"

李光前："美国花旗银行新加坡分行。"

陈嘉庚兴奋地站起身："很好，很好！"说着，走到李光前身旁，谦和地说："哎……李光前先生，我想……我想……"

李光前见他欲言又止，连忙说道："嘉庚先生尽管吩咐。"

陈嘉庚："我想请你帮我跟这位美国商人接洽，把这宗生意做成。"

李光前："我很愿意为嘉庚先生效劳，只是我在庄希泉先生手下任职，这件事得先向他请示。"

陈嘉庚："没问题，我和庄希泉先生是老朋友，明天我亲自去找他。"

第二天正好是星期日，一大早，陈嘉庚驾着福特汽车来到庄希泉寓所门前，下了车，按响门铃。

庄希泉的太太余佩皋打开门，见是陈嘉庚，颇感意外："嘉庚先生，是你？"

陈嘉庚风趣地向余佩皋鞠躬："余校长！"

余佩皋惶恐地："不敢当，不敢当，快请进吧！"

陈嘉庚边进门边说："堂堂的中华女校校长，有什么不敢当。"

余佩皋："女校刚刚创办，还望嘉庚先生多加指教……"

庄希泉闻声出迎："嘉庚先生，真想不到……真想不到……"

陈嘉庚："想不到我会来？"

庄希泉："你如此忙碌的人，竟然亲自光临寒舍……"

陈嘉庚："你这寒舍并不寒，男女主人心肠都很热。"

庄希泉笑道："要说热，新加坡本来就热，想必……"

陈嘉庚："好了，闲语少说，我是有事相求而来的。"

庄希泉："哦，什么事？"

陈嘉庚："你那中华国货公司有个英文财库名叫李光前的……"

庄希泉："有啊，他是我们公司里的顶梁柱。"

陈嘉庚："噢……"

庄希泉："你因何问起他？"

陈嘉庚："是这样，昨天美国底特律一家公司到谦益行同我洽谈直接供货事宜，留下一份英文文件，碰巧光前君去找我，帮我翻译出来……"

庄希泉听出话意："你想借用李光前，是吗？"

陈嘉庚连忙应道："是的，是的，我想借他帮我把这笔生意办成。"

庄希泉："我公司可是一天也缺不得李光前呀！"

陈嘉庚："希泉兄，我知道光前君在贵公司身任要职，但是我这笔生意太重要，太重要了……"

庄希泉暗自一笑："你重要，我也重要呀。"

陈嘉庚："是啊，是啊，贵公司的业务当然重要。不过，希泉兄，这回你务必帮忙。借用期间贵公司蒙受的损失，我一定加倍偿还。"

庄希泉看他那么认真，颇感诧异："哦，嘉庚兄，你非借李光前不可？"

陈嘉庚恳求："确实非借不可，请希泉兄帮兄弟一把。"

庄希泉开口笑道："好啦，好啦，李光前就借给你。借用期间薪水你发，赔

偿损失就不必了。"

陈嘉庚高兴地握起庄希泉的手:"多谢希泉兄,多谢希泉兄!"

借到李光前,陈嘉庚立即委以重任,带他参加与美国商人洽谈供货、签订合同的全过程。

根据这一合同,陈嘉庚的生胶厂进一步扩大生产,出品的各种规格的胶片一批一批运往美国。这是陈嘉庚,也是南洋华商头一回不经当地洋行之手,直接同欧美厂商进行橡胶贸易,在南洋华商发展史上具有重大意义。李光前在这过程中,贡献出了他的聪明才智,深受陈嘉庚赏识。

生意做成了,陈嘉庚实在舍不得李光前,他开始筹划如何争得这个人才。

这一天,1314号福特轿车又在街上出现,驾车者为李光前,陈嘉庚坐在他身旁。

沉默片刻之后,陈嘉庚先开口:"光前君,你还是到我谦益行来!"

李光前:"不行啊,嘉庚先生……"

◆ 陈嘉庚与李光前合影

◆ 陈嘉庚（左二）与庄希泉（右二）合影

陈嘉庚的故事
CHEN JIAGENG DE GUSHI

陈嘉庚："我反复考虑过，你到谦益行来能更好发挥才能。"

李光前："我是庄希泉先生一手提拔的，而且还跟他订了合约。"

陈嘉庚："正因如此，今天我才再次亲自去找他。"

李光前："我就不陪你去见他了。"

陈嘉庚拍着李光前肩膀："怕什么，我们一起去见他，我把人交了，等你走了以后再求他。"

李光前："这……"

这时，汽车已驶到中华国货公司门前。

陈嘉庚与李光前一起下车，步入公司，来到总经理室前敲门。

室内传来庄希泉的声音："进来！"

陈嘉庚与李光前入室，庄希泉一见，连忙站起身："嘉庚兄，把人送还了！"

陈嘉庚："是啊，有借有还，再借不难嘛。"

庄希泉："咦，你还想要再借？"

陈嘉庚："先还再说，先还再说。光前君，你可以向庄老板报到啰。"

李光前向庄希泉鞠躬："希泉先生，我办公去。"

庄希泉："好，你去吧。"

李光前退下。

庄希泉："请坐，嘉庚兄。"

陈嘉庚坐定，开口道谢："希泉兄，真感谢你，这次多亏光前君帮忙，生意算是做成了。"

庄希泉："钱额多少？"

陈嘉庚："二十万元。"

庄希泉暗吃一惊："二十万元！"

陈嘉庚："重要的还不在这二十万元，而在于这是华人胶商破天荒直接同欧美厂商做成的生意，真谢谢你，谢谢光前君。"

庄希泉："嗯，这倒是不简单。"

陈嘉庚："跨出这一步真不容易啊，我决心以此为开端，摆脱掉新加坡洋行的控制，直接打入欧美市场。"

庄希泉不由赞道："嘉庚兄真是雄才大略。"

陈嘉庚："可是兄弟手下，就没有一个熟悉中英文、能与洋人打交道的职员……"

庄希泉故意沉下脸："哦，嘉庚兄莫非想来把李光前挖走？"

陈嘉庚连连摇手："不是，不是，希泉兄……"

庄希泉："怎么不是呢？我一眼就看出来了，今天你分明是来要李光前的。"

陈嘉庚："是啊，是啊，但这不能说是挖走……"

庄希泉故作愤怒："不算挖算什么？"

陈嘉庚恳切诚挚地说："我想希泉兄经营的是中华国货，主要销给华人。兄弟经营的是橡胶，几乎全部销往欧美。像李光前这样的人才在兄弟手下……"欲言又止。

庄希泉："在你手下怎么样？"

陈嘉庚："发挥的作用更大。"

◆ 李光前与陈爱礼的婚礼

陈嘉庚 的故事
CHEN JIAGENG DE GUSHI

庄希泉戏谑地笑道："这样的人才你懂得用，我就不懂？"

陈嘉庚急忙辩道："希泉兄当然十分爱惜人才，善于使用人才。我现在是饥渴难忍才来求你的啊！"

庄希泉见他急得那样子，故意沉吟片刻，然后问道："嘉庚兄果真要聘用李光前？"

陈嘉庚诚挚地："当然是真的，恳望希泉兄玉成。"

庄希泉哈哈大笑，亲热地拉起陈嘉庚的手："给你，给你，李光前给你！"

陈嘉庚聘到李光前，很快就把他提升为谦益行经理；随后，又任用他为新注册的陈嘉庚公司经理。

1920年，李光前与陈嘉庚的长女爱礼结婚。

在20世纪20年代，李光前为陈嘉庚公司的飞速发展立下汗马功劳。

1927年，李光前独立创办南益胶厂，经二十余年奋斗，终于在20世纪50年代成为东南亚的"橡胶大王"和最著名的华人企业家之一，并荣任新加坡大学首任校长。他捐献巨资创立的"李氏基金"，惠及新加坡、中国和东南亚各国，是世界著名慈善基金之一。

陈嘉庚和庄希泉也由此结成莫逆之交。

1949年新中国成立后，陈嘉庚、庄希泉相继当选为中华全国归国华侨联合会第一、二届委员会主席，共同为团结、组织归侨、侨眷和海外赤子参加祖国建设，推动祖国和平统一，作出了巨大的贡献。

陈嘉庚识才与庄希泉让才的故事，因之成了当代美谈。

「陈嘉庚大胆聘用洋人
并委以重任，成为华人
企业家中"吃螃蟹"第
一人。爱德华不负重托，
终于拓宽了美国市场。」

摆脱对当地洋行的依赖，直接和欧美厂商往来……

企业的规模不断扩大，员工的人数急剧增加……

为了适应形势的快速发展，凭着胞弟陈敬贤的极力支持，陈嘉庚将谦益行升格，注册为陈嘉庚公司。

陈嘉庚公司成立后头一项重大举措，既不是增添设备，也不是扩建厂房，而是广招人才。

招聘人才的办事机构很快就设立起来，陈嘉庚把招贤纳才的重任交给长子陈厥福（又名济民）具体负责。

于是，陈嘉庚公司的《招聘启事》，接连在中英文的报刊上刊出；陈嘉庚公司的《招聘传单》，广泛在星马和南洋各地散发……

报名期限截止的第二天，陈嘉庚来到招聘办公室。

熟谙父亲脾性的陈济民早就做好了准备。

陈嘉庚一坐定，便开口问道："这一个月来报名者共有多少？"

陈济民："二百一十八名。"

陈嘉庚："其中华人多少？"

陈济民："九十六名。"

陈嘉庚："印度人多少？"

陈济民："四十二名。"

陈嘉庚："当地人多少？"

陈济民："三十三名。"

陈嘉庚："洋人呢？"

陈济民："四十七名。"

陈嘉庚："没超过半百？"

陈济民："是啊，这已经很好了。"

陈嘉庚反问道："很好？"

陈济民："对。这么多洋人报名，大大出乎我们的意料。"

陈嘉庚一听，颇感兴趣："哦，出乎你们的意料？好，好！你说说看，怎么出乎你们的意料？"

陈济民看到父亲如此高兴，不禁精神振奋，他仿效起父亲，侃侃而谈："自鸦片战争以来，洋人凭借其现代科学技术，在用枪炮打开我国门、残杀我百姓的同时，开设了许多公司、洋行，用经济侵略的手段，掠夺我资源，剥削我人民。五六十年来，在中国的洋行是高楼豪宅，卫兵把门，汽车汽船，电话电灯。我们华人，包括那些书院、大学毕业的，想到洋行做事，可谓十分困难；一旦进入洋行，立即西装笔挺，娱乐宴饮，极尽荣华富贵，成为高等华人。至于那些在中国的洋人，更是一身傲气，四处横行，就连中国的官吏，都要低他三等，简直成了中国人的太上皇……"

听陈济民说到这里，陈嘉庚点了点头："唔，不错……"

得到父亲的赞许，陈济民备受鼓舞，他呷了口茶，清了清嗓子，继续说道："因此，阿爸决定招聘对象要包括洋人，我们就感到有些意外。后来经阿爸开导，才认识到招聘洋人不但可以利用他们的科学技术，还能够大长我们华人的志气……"

陈嘉庚摆了摆手："这些就不必说了。"

"是，是，"陈济民连忙应道，"不过，当招聘启事发出后，我们还是担心洋人不会来报名，即使有人来报名，人数肯定很少。想不到洋人报名者竟有四十七个。"

陈嘉庚："洋人也是人嘛，当老板的毕竟少数，多数人总得找个职位，谋份薪金……"

"对，对。"陈济民紧接着说，"我们招聘启事许诺给予高薪，确实起到很大作用……"

"好啦，"陈嘉庚打断他的话问道，"这些报名的洋人都有哪些特长？"

"真正有特长的还不到一半。"陈济民答道，"按照报名表所填履历和提供的证书，化学工程师有三名，机械工程师有四名，园艺师有五名，食品、砖瓦、制药、制革等各类技师有十一名。已经准备通知他们来参加面试。"

"除这些有特长者外，其他还有些什么样的人来报名？"陈嘉庚再问道。

陈济民："其他……有的在工厂做过工，有的在船上当过水手，有的开过小店铺，有的弄过小修配，还有一个简直是来跟我们开玩笑……"

陈嘉庚："开什么玩笑？"

陈济民："这报名者说他当过美国陆军少将。"

陈嘉庚颇感意外："哦？"

陈济民："我们是公司，又不是军队，他一个陆军少将来干什么呀？"

"不，不，"陈嘉庚猛然从座椅上站起，"美国退伍的陆军少将，这对我们可是大有用场啊。"

"大有用场？"陈济民感到疑惑难解。

陈嘉庚指着办公桌上那叠报名表，郑重地说："一定要通知这位陆军少将前来参加面试。"

面试的考场设在陈嘉庚公司总办事处，并按语种分为"华语""英语""印度语""马来语"四批。

今天由陈嘉庚亲自担任主考，陈济民协助，李光前翻译。

应考者都是说英语的白种人。

他们坐在总裁办公室外的长椅上，依次等待召见。

一位中年应考者接受面试后走出总裁办公室，接下来是一位二十七八岁的白人青年。他从长椅上起立，满怀信心地走进考场。

陈嘉庚一见到他进门，立即用犀利的目光，从头到脚扫视一番，然后向陈济民点了点头。

陈济民随即指着办公桌前一张椅子："请坐。"

白人青年按指定位子坐下。

陈嘉庚用闽南话问道："你名叫什么？"李光前立即翻译成英语。

白人青年用英语答说："丹尼斯·福斯特。"李光前立即翻译成闽南话。

陈嘉庚："你有什么专长？"

福斯特："我毕业于英国赫尔大学化工系，曾在兀也轮胎厂任职，熟悉橡胶化工，擅长胶品制造。"说着，将大学毕业文凭和兀也轮胎厂证书交给李光前。

李光前一边翻译，一边把两份证书转呈陈嘉庚。

陈嘉庚仔细看过证书，继续问道："在轮胎厂任职几年？"

福斯特："三年。"

陈嘉庚："你能制造汽车轮胎吗？"

福斯特："我在厂里主要参加轮胎制造，充任化学师。"

陈嘉庚："对胶品厂的生产管理熟悉吗？"

福斯特："在大学里修读过工业管理课程，但实际经验较少。"

陈嘉庚再次端详福斯特的脸庞，然后朝陈济民领首。

陈济民用英语告知："福斯特先生，你可以走了，录用与否，五天之内我们会通知你。"

福斯特起立，用英语道谢，然后欣喜地离去。

下一名应考者是一位五十岁左右的白人，他稳步走进总裁办公室。

陈嘉庚与陈济民、李光前相视一笑。

陈济民用英语对应考者说："请坐！"

这位应考白人安详地坐下。

陈嘉庚同样用闽南话问道："尊姓大名？"李光前立即翻译成英语。

"约翰·爱德华。"应考者用英语答说。李光前立即翻译成闽南话。

陈嘉庚："请问有何学历？"

爱德华："毕业于美国西点军校。"

陈嘉庚："经历如何？"

爱德华："在美国陆军服务二十七年。"

陈嘉庚："请问你的官阶？"

爱德华："陆军少将。"说着，递上授衔证书。

李光前仔细看过证书，转呈陈嘉庚："是退伍的陆军少将。"

陈嘉庚："嗯。退伍后从事什么职业？"

爱德华："我是去年退伍的，还没有找到新的职位。"

陈嘉庚："为何要到本公司应聘？"

爱德华："最近我到新加坡找一位英国朋友，看到贵公司的招聘广告，经查问，才知道贵公司是当地的大企业，信誉卓著，产品质优价廉，还同美国有直接贸易关系。如果贵公司要在美国进一步拓展业务，本人愿意效劳。"

陈嘉庚听完李光前的翻译，大感兴趣，继续问道："你一个陆军少将，退伍后到亚洲的一家华人私营公司任职，不会有失面子吗？"

爱德华听了李光前的翻译，恳切地答道："不会，不会，这在我们国家很正常；而且让更多的美国人获得质优价廉的产品，对社会也是一种贡献。"

"好！"陈嘉庚听后十分高兴，随即转对陈济民，"问一问他要求什么报酬？"

陈济民用英语问道："爱德华先生，请问你对报酬有什么要求？"

爱德华："可以固定月薪，也可以按实绩抽成。"

陈济民翻译后，陈嘉庚再次仔细端详爱德华，然后点了点头。

陈济民当即用英语告知："爱德华先生，今天先谈到这里，录用与否，我们将在五天之内通知你。"

陈嘉庚聘用爱德华后，立即在美国旧金山设立分公司，任命爱德华为分公司经理。

爱德华则尽心尽职，为陈嘉庚公司在美国拓展业务作出许多贡献，而且每年都到新加坡公司总部述职。

1919年9月12日，陈嘉庚在集美学校秋季始业式上的训词中，曾提到此事：

> 余在新加坡设橡胶厂，曾聘一美国人为经理。此人为美国陆军少将，既受余聘，驻美经理贩卖橡胶事务。于二年前曾至星洲与余接洽，某日闲谈，谓彼来东方所见，最奇之事即东方人之健于饮食，每日除三餐外，沿街食物杂陈，坐而食者，立而食者，触目皆是。余殊为之赧然。本人今日言此，未免过于鄙俚，因视学校如家庭，视学生如兄弟，故不容不告也。

由此可以看出，陈嘉庚聘用美国陆军少将爱德华之后，两人关系十分融洽。

「 "人谁不爱其子，唯别有道德之爱，非多遗金钱方谓之爱。" 陈嘉庚立遗嘱，将 200 多万元家产拨充集美学校作永久基金，不留钱财给子孙。」

再来说说陈嘉庚的办学故事。

从董理道南学堂，到创办集美小学，到兴办集美师范、中学，陈嘉庚越来越深切地认识到教育的重要性，他说：

> 教育为立国之本。
>
> 教育不兴则实业不振。
>
> 国家富强，全在乎国民；国民之发展，全在乎教育。
>
> 吾人捐金以补助国家社会之发达，最当最有益者，莫逾于设学校与教育之一举。

基于这样深切的认识，陈嘉庚在兴学的事业上，是越干越想干，越干越敢干，越干越大干！

1917年初，他在派遣胞弟陈敬贤回国兴学的同时，自己在新加坡也为兴办南洋第一所华文中学而奔走呼号。

原来，当年南洋的华文教育长期停留在小学这一层次，一直没有提高，地人多数华侨子弟十三四岁小学毕业后，就失去继续升学的机会。陈嘉庚认为这对南洋华人事业的发展很不利。早在 1913 年初，他在集美创办小学时，就曾郑重其事地致函新加坡中华总商会，建议兴办华文中学，可惜总商会的董事们却反应冷漠，婉言推辞。

陈嘉庚遭到冷遇，并不气馁，1913 年秋他从集美返回新加坡，再次提出倡办华侨中学的意见书，广为散发，但依然没有人响应。至此，陈嘉庚才清楚地看到，广大侨众对创办华文中学的重要性缺乏应有的认识，困难比他原先想象的要多得多。

第一次世界大战爆发，他处境艰难，这件事暂时被搁置下来。现在企业经营已经摆脱困境，陈嘉庚便决心将这件事办成。

他首先进行认真的调查研究，弄清楚侨众对兴办华文中学缺乏热情的原因：

一是各帮自行创办，缺乏人力财力；

二是各帮联合兴办，意见很难统一；

三是小学程度不齐，合格生员难招。

这些问题的关键，就是各帮群之间的隔阂。

于是，陈嘉庚便在华侨教育界进行一系列的串联和商议，他首先支持道南校长熊尚父调查新加坡和马来亚各埠小学毕业生的状况。结果显示：单单新、马两地，具备入读正规中学资格的学生就有一百多名。这一调查结果，打消了人们对中学创办后难招合格生员的顾虑。

接着，他四处奔走，亲自拜访了新、马各帮几十所小学校，最后得到十五所著名学校董事会总理的支持，他们是：

养正小学吴胜鹏、端蒙小学陈若愚、启发小学何仲英、爱同小学林推迁、兴亚小学林启图、崇正小学陈东岭、宁阳小学吴召南、应新小学陈梦桃、育英小学黄有渊、崇文小学薛中华、光亚小学石蔼云、南强小学雷善甫、通德小学苏双泮、南明小学林其当、培风小学曾江水。

1918 年 5 月，陈嘉庚先捐款三万元，并联合同德书报社募得五万余元。有这八万余元为基础，陈嘉庚便以道南学校总理名义，联合以上十五所华文小学总理，共同发起筹办南洋华侨中学，于 6 月 8 日发出《实行筹备南洋华侨中学的通告》，呼吁说：

"南洋华侨中学不容不办，不容不亟办，而尤不容不合办！"

6 月 15 日，众发起人在新加坡中华总商会召开特别大会，通过决议案和董事会组织章程，定校名为"新加坡南洋华侨中学校"，推举五十五名董事，并公推陈嘉庚为董事会总理，吴胜鹏为副总理。

大会上，陈嘉庚慷慨陈词：

我国政府既不注意教育，国民复自顾私利，视财如命，互相推诿，袖手旁观，以致教育不兴，实业不振，奄奄垂危，以迄于今日。此诚堪痛哭流涕者。我侨胞久慕文明，号称爱国，而富商巨贾又不乏人，万勿放弃天职，坐待沦亡也。

故有财宜输教育为急务。诚以救国既乏术，亦只有兴学之一方。纵未能立见成效，然保我国粹，扬我精神，以我四万万民族，抑或有重光之一日。

世界无难事，唯在毅力与责任耳。夫公益义务，固不待富而后尽，如欲待富而后尽，则一生终无可为之日。况属救亡图存，而可不猛然省悟乎？设输出百分之五，或百分之三，试问何损于富。

同侨诸君，若不以余之言为过当，请各抒毅力以图之。他日者莘莘学子，进步有期，上足以谋国家之富强，下足以造社会之福利，是则鄙人所朝夕馨香而祷祝者也。

在陈嘉庚兴学报国的精神感召下，新、马各帮侨众纷纷捐款给华侨中学，首期得款四十九万四千元，用以先购买一座大洋楼加以整修，作为校舍，并于 7 月

15 日发出招生广告招收学生；同时由陈嘉庚写信给他的好友、江苏教育会会长黄炎培，托请代聘校长及教员。

各项筹备就绪后，1919 年 3 月 21 日，南洋华侨打破地域和帮群界限联合创办的第一所华文中学——新加坡南洋华侨中学正式成立。

南洋华侨中学的成立，对培养侨居南洋的华人人才，推动东南亚各地的华文教育，都起到了巨大的作用。新加坡第五届总统王鼎昌就毕业于这所学校。

在倡办南洋华侨中学期间，还有一则值得一提的事。

那是 1918 年 5 月，陈嘉庚突患阑尾炎。当年这种病还属于致命险症，陈嘉庚在病危中召来律师和知交挚友，预立遗嘱，将他拥有的房屋、地产共一百五十万平方米及七千英亩橡胶园，共值二百余万元，拨充集美学校作永久基金，以保证在他死后学校能够继续发展下去。

幸而，立下了遗嘱，陈嘉庚并没有就此去世，在医生的救治下病情一天天好转，不久病愈。这时，有人劝他修改遗嘱，以适当照顾子女。他却回答：

父之爱子，实出天性，人谁不爱其子，唯别有道德之爱，非多遗金钱方谓之爱。且贤而多财则损志，愚而多财则益其过，是乃害之，非爱之也。

陈嘉庚非但不改遗嘱，反而对兴学更热心。他从以往办学的实践中深切体会到，中学师资和各类高级专门人才的培养，都要依靠高等教育。因此，他在捐款十万元支持新加坡英华中学校长那格尔筹办星洲大学的同时，开始考虑家乡福建也应该有一所自己的大学。

1918年底，第一次世界大战结束，陈嘉庚对四年来所经营的橡胶、船运、凤梨等实业进行结算，实有资产总额已增加到四百万元。企业的巨大成功使他十分感奋，于是他下定决心回国，大举兴学。

◆ 新加坡南洋华侨中学初创时校景

陈嘉庚的故事
CHEN JIAGENG DE GUSHI

1919 年四五月间，日本帝国主义妄图在巴黎和会上合法化其对我国山东省的侵占。中国作为第一次世界大战的战胜国之一，竟任凭列强摆布，这叫陈嘉庚无比愤恨。"五四"爱国运动爆发，陈嘉庚在愤慨之余看到了民族的希望。他说：

> 彼野心家（指日本）能剜我之肉，而不能伤我之生；能断我之臂（指割占台湾），而不能得我之心。民心不死，国脉尚存，以四万万之民族，绝无甘居人下之理。今日不达，尚有来日；及身不达，尚有子孙；如精卫之填海，愚公之移山，终有贯彻目的之一日。

他认定回国大举兴学的时机已经成熟，便同胞弟陈敬贤及公司经理李光前商量好，将全部企业交付他们负责经营，自己则点束行装，拟订计划，并在离开新加坡之前设宴招待公司高、中层职员，筵席之间发表演说，郑重宣布：

> 余不日将回祖国办学，此次回国四五年或五六年方能再来一游耳……此后，本人生意及产业逐年所得之利，除花红外，或留一部分添入资本，其余所剩之额，虽至数百万元，亦决尽数寄归祖国，以充教育费用。

陈嘉庚素来说到做到，现在他说的是要将公司所有盈利，尽数拿回国办学，这可是天大的事；而且这次他回去，要长期住在国内，只打算五年左右才再来新加坡"一游"，这能做得到吗？

一百多名公司职员颇感惊愕。

陈嘉庚看出大家的反应，继续说道：

> 本家之生意产业，大家可视为公众之物，学校之物，勿视为余一人之私物。设有花红不满意者，乃被公益所屈，学校所屈，非被余一人之所屈。如或有做欺负之事，乃欺负公益，欺负学校，非欺负我一人。

照这样说，私人公司已变成公众之物，经营盈利全是为了给学校提供经费，这已经不是通常的公益事业，也不是平常所说的捐资兴学了。

参加宴席的公司职员更感到不可理解。

陈嘉庚知道大家一时难以相信，便一再强调说：

> 望诸君深信余之所言是实，勿误会为欺瞒之语。
>
> 祈诸君明白此义，切信余言。
>
> 临别赠言，千祈留意。

陈嘉庚还恳切地请求在座的同人给他以真诚的支持：

> 故本晚不得不与诸君通，征求诸君之同意，若能如愿，则大众一心协力进行，以此营业，何业不成；以此图功，何功不就。余既得诸君之赞助，供给源源之资财，实行素志，虽免在南洋受谋利之苦，亦须在祖国任义务之劳，绝不敢偷安一日，有负诸君代表之职。

最后，他勉励大家说：

> 本晚席设中字形，饮中国之酒，食中国之菜，愿诸君勿忘中国，克勤克俭，期竟大功。

陈嘉庚告别了公司的同人，告别了新、马的亲友，1919 年 5 月下旬回到祖国，回到故乡，7 月上旬即发出《筹办福建厦门大学校附设高等师范学校通告》，然后在厦门陈氏宗祠邀请各界举行特别大会，当场宣布为创办厦门大学认捐开办费一百万元、经常费三百万元，总共四百万元洋银。

1919 年的四百万元洋银，是一笔多么大的财富啊！

决心在兴学事业上大干一场的陈嘉庚，慷慨倾囊。

陈嘉庚 的故事
CHEN JIAGENG DE GUSHI

「厦门大学开学才一月有余，首任校长便因办学意见分歧而辞职。孙中山支持林文庆主持厦门大学校政，陈嘉庚提出教育为立国之本，科学之源。」

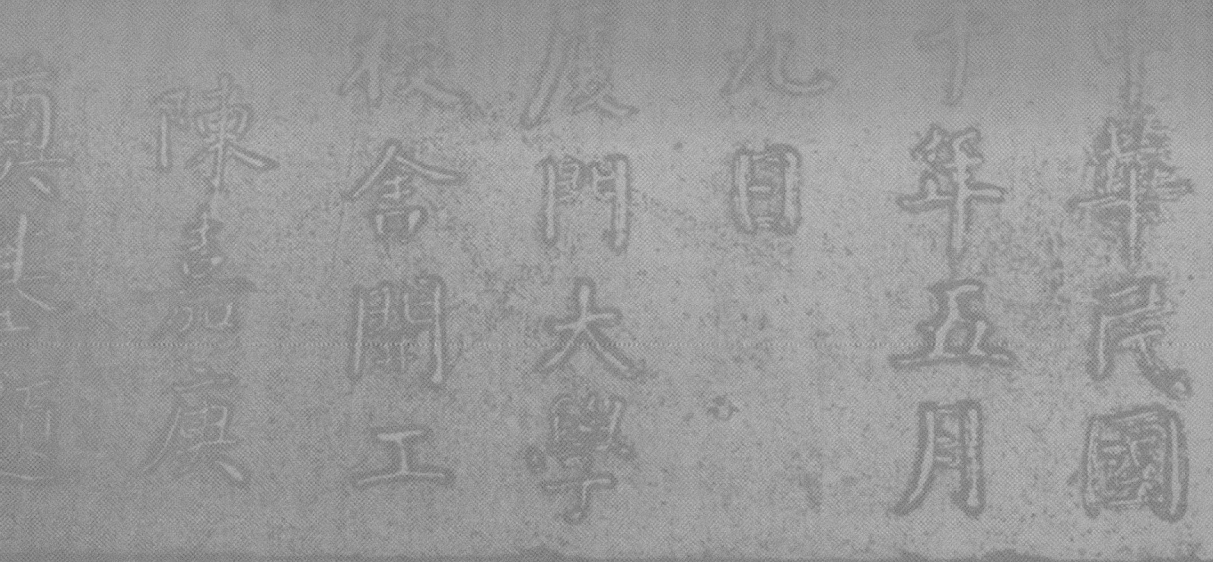

第十四章
创办厦门大学的风风雨雨

建校初期，千头万绪，陈嘉庚为使厦门大学建校工作不致中断，当即奔赴上海，与江苏教育会会长、挚友黄炎培商议，决定组织厦门大学筹备委员会，聘黄炎培及国立北京大学校长蔡元培、国立东南大学校长郭秉文、全国青年会总干事余日章、私立上海复旦大学校长李登辉、私立上海大同大学校长胡敦复等教育界名流为筹备员；福建省立第十三中学（即厦门省立中学）校长黄琬、新任集美学校校长叶渊，虽然资历较浅，但两人都是陈嘉庚所信任的闽省教育界新进人士，所以也邀为筹备员；最后一位参加筹备委员会的邓萃英，当时任北京政府教育部参事，刚从美国修业归来，由黄琬介绍与陈嘉庚相识，也被聘为厦大筹备员。

在这些筹备员中，最具权威的是蔡元培。蔡氏曾任国民政府首任教育总长，1916年出任北京大学校长以来，整顿革新校务，实行"思想自由，兼容并包"的方针，素为陈嘉庚所敬仰。但蔡元培对陈嘉庚急于创办厦门大学持保留态度，主张"不宜速办"，

陈嘉庚 的故事
CHEN JIAGENG DE GUSHI

并通过毕业于北京大学的叶渊"力劝"陈嘉庚。陈嘉庚认真考虑后，针对蔡元培的意见给叶渊复信，说明必须立即兴办厦门大学的理由及条件：

一、凡事非财不举，"以华侨之富，决可源源而来"，不必为厦大的经费问题担心；

二、厦大创办后可作为福建中等学校的"企望及借镜"，对提高全省中等教育水准大有好处；

三、现中学毕业生程度不够，无法出国留学，厦大成立后，有利于输送人才出国深造；

四、福建贫穷落后，但闽侨之富却"冠称全国"，只是他们不少人"乐不思蜀"，"兹要望其改易心肠，舍此高等学校设于厦门外，决难收美满之效果"；

五、厦大及早创办，可以及早培养一批中学师资，以普及福建教育，提高民众素质。

陈嘉庚不为蔡元培的劝告所动摇，仍然坚持自己的意见，加紧筹办厦门大学，于1920年10月在上海召开厦门大学筹备委员会第一次会议。

会议首先研究了厦门大学的组织机构和学科设置；然后对教职员的聘任、免任、待遇、薪俸，学生的招考、录取、学业、毕业等项作出规定；最后公推邓萃英为厦门大学首任校长。

邓萃英1885年出生于福建闽侯，曾以最优成绩毕业于全闽师范学堂，两度留学日本，在东京高等师范学校加入同盟会，先后担任过福建省视学、北京高等师范学校教授等职，再由教育部咨送美国留学，师从著名学者杜威研究

◆ 邓萃英

◆ 陈嘉庚亲自题写的厦门大学校舍开工奠基石

◆ 厦门大学校徽

教育哲学，当时为教育部参事。

在闽籍的教育界人士中，邓萃英的资历是比较深的，出任厦门大学校长也还合适。陈嘉庚当即表示同意，只要求邓萃英辞去教育部的职务，以专心主理厦门大学校政。

为了吸引著名教授、学者和优秀人才到厦门大学，陈嘉庚还同邓萃英商妥，采取高薪礼聘的做法。当时私立上海复旦大学校长及专任教授每月薪金是二百元，陈嘉庚则决定：厦门大学校长月薪五百元，教授月薪最高可达四百元，讲师可达二百元，助教可达一百五十元，行政秘书可达七十元，事务员最低月薪为二十五元。

不要小看这最低月薪。须知当年的币值很高，月薪二十五元就足够养活一个五口之家。

这样的薪俸和条件，使邓萃英深感难得。他在上海接受聘约后，立即推荐闽籍留日学者郑贞文为教务主任、何公敢为总务主任，委托他们先到厦门筹备，自己则赶回北京，准备向教育部辞职。岂料他抵达北京尚未开口，就被部务缠住；接着，因北京高师（现北京师范大学）校长陈宝泉调部任司长，教育部便任命他代理北京高师校长。邓萃英原由部里咨送留美，又被简任为参事，对部属的北京高师代校长一职，确实无法拒不到任；于是便采取两头兼顾的方策，并电告郑、何二人，将厦门大学的筹备工作全盘托付给他俩。

郑贞文与何公敢一向在文教部门任职，对大学校务尚称熟悉，二人接受委托后，原定半年为筹备期，待翌年即1921年暑假才进行招生。岂料他们11月底一到厦门，报上已登出厦门大学将于1921年4月开学的启事，连忙拜见陈嘉庚，提出时间过于紧迫，筹备工作恐怕来不及，要求延至9月开学。

陈嘉庚一口回绝，坚持说消息已经发表，不能改期。郑贞文、何公敢无可奈何，一面日夜忙碌，加紧筹备；一面写信给邓萃英，要他拿主意。邓萃英当即匆匆南下，按照陈嘉庚的意见，首先决定在4月开学时，先设师范、商学两部，师范部下分文、理两科，学制预科两年，本科四年；从1921年2月1日开始，在上海、厦门、福州、新加坡等地招生，录取新生一百一十二名，其中商学部二十八人，师范部八十四人。

1921年4月6日，厦门大学在集美学校举行开校式。

为使厦门大学的创办在海内外产生影响，发挥其革新华侨社会风气的作用，陈嘉庚把开校式组织得十分隆重、热烈。他提前以个人名义柬请福建及厦门官、绅、商、学各界人士前来与会，并备汽船接送。会场的布置高雅别致，门首悬挂中华民国五色国旗，门柱扎满绿叶红花；场内讲坛上方用色彩斑斓的鲜花结成"厦门大学开幕纪念"八个大字，下悬校训"自强不息"四字。

这一天，鼓乐喧天，嘉宾盈门；厦门大学教职员及新生、集美各校师生、厦门省立中学童子军共三千余人参加大会。

正在中国访问的美国著名哲学家、教育学家杜威及其夫人，专程从北京来到厦门，表示祝贺。

开校式上，陈嘉庚与杜威相继发表演说。杜威在演说中祝愿中国"人才辈出，如太阳经天，光照世界"，并对陈嘉庚创办厦门大学表示由衷的敬佩。他说："到会诸君，须景仰陈君。中国人多自私自利，唯陈能公而忘私。中国人人能效陈君之公，则救国何难之有。"

自强，自强，学海何洋洋！

谁欤操钥发其藏？

鹭江深且长，致吾知于无央，

吁嗟乎南方之强！吁嗟乎南方之强！

自强，自强，人生何茫茫！

谁欤普渡驾慈航？

鹭江深且长，充吾爱于无疆，

吁嗟乎南方之强！吁嗟乎南方之强！

在高昂的校歌声中，中国第一所海外华侨创办的大学——厦门大学宣告诞生。举行开校式的这一天，便定为厦门大学校庆纪念日。

对于厦门大学的正式成立，陈嘉庚和全校师生及至闽省各界都极感振奋，大家都希望新办的厦门大学顺利发展，为国家和乡梓培育出众多的人才。

令人意想不到的是，创办初期的厦门大学却危机频仍，几至停办。在接二连三的重大事件中，首先发生的是邓萃英校长的辞职。

习读教育，留学日、美，一向从事教学工作的邓萃英，对教育行政是熟悉的，如能专心主理校务，当能称职。他在两头为难的情况下不得已身兼北京高师及厦门大学两校校长，主观上是想把两校的工作都做好的。但北京与厦门相距数千里，两校并重根本办不到。他原在北京任职，社会基础在北京，自然而然便流露出以

陈嘉庚的故事
CHEN JIAGENG DE GUSHI

北高师为主、以厦大为次的心态，而这是陈嘉庚所无法容忍的。于是，邓萃英与陈嘉庚便产生了尖锐的矛盾。

为了缓和矛盾，邓萃英作出一些努力，如积极招聘教师、请人设计校舍、邀请杜威来校访问讲学，等等。其中他自认为最满意的一项，是求到当时北京民国政府"大总统"徐世昌亲笔题赠厦大的一个匾额和一副对联，对联还署上徐世昌的雅号"水竹村人"。可是，邓萃英想不到的是，陈嘉庚十分鄙视北洋官僚出身的徐世昌，自己的一番用心竟告落空；加上校舍设计、校费运作等项均遭陈嘉庚否定，于是开始萌发辞意。

厦门大学开学后，邓萃英送走了杜威，便主动找陈嘉庚商谈，但双方在关键问题上意见无法统一。邓萃英考虑再三，终于在5月3日向陈嘉庚提出辞职，并致函给厦门大学筹备委员会委员。

新开办的厦门大学刚成立不到一个月，首任校长便提出辞职，这消息不能不引起全校师生的极大惊诧。郑贞文、何公敢出于对学校的关心，力劝邓萃英继续留任，并请求陈嘉庚予以挽留，但调解终因双方矛盾无法调和而宣告失败。陈嘉庚接受邓萃英的辞职，旋即任命校长秘书兼理科主任的刘树杞教授代理校长职务，并电邀新加坡的挚友林文庆博士出任厦门大学校长。

这时，国内的政局正出现新的转折，孙中山已新组了中国国民党，创办了黄

◆ 首批校舍

◆ 林文庆

埔军校，并在广州就任中华民国非常大总统，着手组织政府各部，决心推翻由北洋军阀控制的北京民国政府。

就在这一非常时期，林文庆在收到陈嘉庚电邀出任厦门大学校长的同时，也接到孙中山电召回国襄赞外交邀请。林文庆为此特地拍发电报到广州，请非常大总统代为决定。

出于对教育事业的关怀，孙中山给林文庆复电，赞成他到厦门大学主持校政。同时，林文庆的夫人殷碧霞又渴望回到家乡鼓浪屿，侍奉她年老卧病的母亲。于是，林文庆很快给陈嘉庚回电，接受聘请，只要求给他一个月的时间，以做好行前准备。

陈嘉庚不等林文庆正式到任，自己继续抓紧推进厦门大学校务，首先是校舍的建设。

1915年5月9日凌晨一点，袁世凯北洋军政府的外交总长陆征祥亲往日本驻华使馆，呈递复文，对在此之前日本要求在四十八小时内对其"二十一条"作出答复的"最后通牒"表示承认。为保卫国权，抗议袁世凯卖国罪行，上海各界举行盛大示威。全国教育联合会由是决定"5·9"为国耻纪念日。邓萃英辞职后的六天，也是5月9日，即袁世凯公开卖国的国耻纪念日。那一天，厦门天气不好，满天乌云翻滚，风雨交加，陈嘉庚冒着风雨，带着全校师生，从集美乘船来到厦门岛南端的演武场，为新建的厦大校舍奠基，在露出地面的石基正中，嵌入一块长方形的碑石，上面镌刻着：

中华民国十年五月九日

厦门大学校舍开工

陈嘉庚奠基题

陈嘉庚先带领主要教职员举铲培土，接着，神情严肃地要求全校师生不忘国耻，发愤为国。

奠基仪式结束后，厦门大学首批校舍五幢楼房即按陈嘉庚的设计方案，倚山面海，坐北朝南，在演武场上一字排开，同时兴建。

1921年6月，林文庆抵达厦门向陈嘉庚报到。

为了使厦大能够按照自己的理想发展成为一所著名的大学，能够为国家民族培养出众多的优秀人才，陈嘉庚首先向林文庆阐述了厦门大学的办学方针和十大宗旨，重申：

教育为立国之本。

同时强调指出：

何谓根本？科学是也。今日之世界，一科学全盛之世界也。科学之发源，乃在专门大学。

其核心思想就是用科学和教育来振兴中国。

陈嘉庚对办学方针和宗旨的阐述，经林文庆和相关人员整理，并由陈嘉庚亲自修改核定后，成为厦门大学建校初期最重要的文件《厦门大学校旨》。

这份《厦门大学校旨》一开头就提出：

本大学之主要目的，在博集东西各国之学术及其精神，以研究一切现象之底蕴与功用，同时并阐发中国固有学艺之美质，使之融会贯通，成为一种最新最完善之文化。

接着，该文件分十条阐述厦门大学的办学宗旨，其中有七条从不同角度强调科学研究和加强教育的重要性及其作用：

注重各科学研究，以期养成真正研究之精神，使各种学术，均能达到最高深之地步。

关于科学之教授，以切于实用造就应用科学人才为前提。并将重要之科学知识，编成中文，以期养成我国国民之科学精神。

研究南洋及其他各地华侨之状况，以图将来之发展及进步。

启发闽省之天热富源，以达到振兴实业之目的。

国文之外，尤注重英文，使有志深造之士，得研究世界各国之学术。

我国目下师资及教育专门人才，甚为缺乏，故对于教育科特加注意，以期养成良好师资，及教育界领袖。

提倡成人教育，使中小学之教员、政农商工各界之人员，均有求学之机会，俾普通社会之知识，得以逐渐提高，真正民治之精神，亦赖以养成。

该文件最后概括厦门大学之所以必须注重科学和教育，其最终目的是：

使我国得以与世界各强国居同等之地位。

这份《厦门大学校旨》，明确提出用科学和教育来使国家强盛的办学方针，并从办学的总体目的，到融会中西文化，到教学科研并重，到与方方面面的关系，作了全面而又精辟的阐述，其中所体现的陈嘉庚的教育思想，历经八十余年实践的检验，越来越显示出它的光辉。

「父亲家财千万，但子女们一直过着十分俭朴的生活。在新买的豪华别墅里，陈嘉庚对儿女既严格教育，又慈祥关爱。」

1926 年冬季里一个星期日，一辆黑色小轿车驶离喧嚣市区，沿着大马路，朝着两英里外的住宅区开去。轿车进入幽静的经禧路即放慢速度，然后顺着一块写有"经禧路四十二号，No. 42. Cairnhill Road"的箭形木牌所指方向，拐进一条林荫坡道，徐徐而上，把一路的落叶压得沙沙作响。

"嘀，嘀！"司机轻按喇叭，林荫道尽处的大铁门"唰"地打开了。小轿车驶进大门，右拐，停在一块平展展的草坪上。坐在司机旁边的陈厥祥首先下车，拉开后车门，把陈嘉庚扶出车来，陈济民也随着下了车。

陈嘉庚下车站定，举目环顾四周，脸上顿现怒色。

看到父亲显然生气了，忠厚老实的大哥陈济民就不敢作声了。还是老二陈厥祥机灵，他待父亲环视片刻之后，才小心翼翼地说："阿爸，进去看看吧。"

陈嘉庚拄着手杖，勉强地点了点头。

陈厥祥连忙在前引路，陈济民在后拥，父子三人沿着石砌小道漫步走去。

陈嘉庚一边走着，一边看着，只见道旁草坪碧翠，绿树葱郁，间或可以看到五颜六色的花卉。小道上方，则是一片高耸入云的乔木，显然是建屋时特意保留下来的，本来就生长在这小山上的树木。

拐过乔木林，突然一阵鸟鸣掠过长空，抬头望去，鸟群很快就没入山后。映入眼帘的是一幢圆顶大厦和两幢人字顶屋宅，作"品"字状，掩藏在树木藤蔓之中。陈嘉庚不禁停下脚步，察看着那依照山势建造的大厦屋宅，心中对建筑精巧的布局深为赞赏。

见到父亲情绪转佳，陈济民、陈厥祥才舒了口气。

"阿爸，屋宅就在这山头上。"陈厥祥小心翼翼地介绍。

"这不用你讲。"陈嘉庚不悦地说道，然后放开脚步，傍着一丛丛并列的修竹，朝山头的建筑物走去。陈济民、陈厥祥赶紧随后跟上。

陈嘉庚越过修竹丛，就走出小道，踏上一段长满青草的陡坡。

"阿爸，还是沿石阶上去吧，那里不好走。"陈济民上前扶着阿爸，指着陡坡旁的石阶，说道。

"我知道怎么走。"陈嘉庚把陈济民拨开，提起手杖，一步一步稳稳地踏着，很快上到山腰。他人尚未站稳，就被一片鲜艳的胡姬花给吸引住了。

"啊！"陈嘉庚发出一声轻轻的赞叹，然后展眼观赏那娇妍娇丽的名卉和那花木扶拥的楼阁。清新的空气，掺杂着细微的花香，悄悄地沁入他的肺腑；稀疏的树影，夹着恬淡的幽趣，轻轻地拂拭他的容颜。陈嘉庚连年鏖战商、学两界而积满烦累的心胸，顿时为之一爽；原想责备两个儿子奢靡挥霍置此别墅的话，竟一时讲不出口。

陈济民、陈厥祥兄弟看到父亲面带喜气，心中顿感欢悦。两个人一起躬着身，说："阿爸，先到山腰的屋宅里歇一歇吧！"

陈嘉庚点了点头。

于是，又是陈厥祥引路，陈济民护拥，父子三人穿过花圃，绕过曲径，转过回廊，步出凉亭，来到一幢结构精巧的屋宅前，正要进门，忽然，从山头圆顶大厦里传

来阵阵男女欢笑声。

"谁在那里?"陈嘉庚指着山顶,厉声问道。

"哎,哎……"陈济民支支吾吾,不敢作答。

厥祥眼看瞒不过去了,就大胆地应道:"可能是博济、爱英他们。"

陈嘉庚挥了挥手杖,说:"上去看看。"随即转过身,放开脚步,朝着山头走去。

陈济民、陈厥祥跟在父亲身后,心中如十五个吊桶打水,七上八下。

陈嘉庚拄着手杖,沿着草坡花径一步步登上山头,上面男女欢笑声也越听越清晰了。快到大厦时,陈厥祥连忙赶上几步,推开大门。但见门内那间堂皇轩敞的大厅里,五个青年坐在豪华的沙发上,个个眉飞色舞,不知在议论着什么特别有趣的事,连大门被推开都没察觉。

见到这情景,陈嘉庚不禁脸色一沉,手杖朝地板上一顿,干咳了一声。

五个青年男女听到那极为熟悉的干咳声,立即惊觉起来,转头一看,父亲和大哥、二哥已经站在大厅口，他们慌忙跳离沙发，站直身子，一个个低下头，垂下手，就像老鼠见到猫一样。

"新宅刚修好，阿爸还没搬进来，你们就到这里来闹啦？这像话吗？亏得你们还都是中学生……"陈济民明知上星期天，这几个在南洋中学读书的弟弟妹妹已经来玩过一次，但面对这尴尬的场面，不得不摆出长兄的架势，对他们训斥一番。

"真是不成体统。"陈厥祥看大哥已经开口，连忙帮腔。

可怜啊，这五个富家子女都是在辛亥革命前后出生的，当时父亲已经拥有百万家财，他们却一直住在旧房子里，生活过得十分俭朴。这几年，父亲经营橡胶业连获巨利，成为新加坡有数的富豪，他们多么盼望自己能住上新房子啊，父亲却不动声色。前年除夕，大哥、二哥出面向父亲提议买一座别墅，父亲还是不答应，后来经过他们一再请求，直到今年元宵，父亲才点了头。现在别墅买了，室内也装修好了，他们怎么能不高兴呢？因此上星期天虽然来玩过一次但还不满足，这星期天又来了。万料不到却在这里被父亲撞见。

事情没比这更糟的了。五个兄弟姐妹站在那里，吓得手脚直抖，连气都不敢喘一喘。

陈济民见到五个弟弟妹妹那副模样，真是又气愤，又同情，他大声喝道："都给我出去！"

五个青年人如同接到特赦令，正想拔腿溜走，忽听到父亲威严的声音："且慢！"

大祸临头了！

笃、笃、笃、笃……陈嘉庚拄着手杖，走进大厅。

这几年，日日夜夜忙着商战，忙着办学，几乎只有在过年时才能见到这些儿女……

怎么博济、国庆、爱英、元凯突然长得这么高了……

噢，对啦！现在已经年底了，正月初一距今已经过去十个多月，孩子们正在发育，长得快呀！

陈嘉庚放慢脚步，走到这些子女面前，对每一个都仔细端详一番。

天公祖眷顾，孩子们长得不错啊！

可是他们怎么一个个都脸色发白，手脚发颤呢？

难道是一下子都病了？或者是出了什么事？

不，不！他们是怕我，非常地怕我，平时见到我就远远躲开。

唉！我又不是老虎，干吗怕我呢？

"……"陈嘉庚张口想说，可是不知该说什么。

"阿爸，你要交代什么？"陈济民趋前问道。

陈嘉庚微微叹了口气，然后对着那五个小儿女，满怀慈爱地说："都跟我来吧！一起去看看。"

一句话解开了五个青年人心中的枷锁，毕竟是自己的生身父亲啊！

他们羞怯怯但却欣喜万分地跟在陈嘉庚后面，踏上厅中铺满地毡的扶梯，穿过二楼环竖雕栏的走廊，登上大厦的顶层。

这是一个圆形的亭台，三面凌空，一面连屋，从这里放眼望去，花木绰约，翠绿清新，云天浩渺，嚣尘两绝。

偷得浮生半日闲。

陈嘉庚在儿女们的簇拥下，站在亭台前沿，饱赏那幽情丽景，尽享那天伦之乐……

「殖民部大臣和新加坡总督对陈嘉庚的"赞誉"，转化成对陈嘉庚的潜在威胁。面对国际经济大危机，陈嘉庚不忍舍弃共患难同甘苦的工人兄弟……」

新别墅买下来了，陈嘉庚也住进去了。

但 1926 年的年终结算，却使陈嘉庚愁眉紧锁。

这一年，橡胶市场的激烈竞争导致橡胶价格急剧下降，每担由一百七八十元降至九十余元。二十年来在商战中叱咤风云、战无不胜的陈嘉庚，头一次看到他的公司出现亏损，包括借款利息在内的总亏损额竟高达九十万元。

1927 年，他采取一些得力的措施，竭力扭亏；但因前几年为扩大生产向银行借入的款项数额巨大，全年的利息支出高达四十余万，年终结算时又出现五十万元的亏损。

面对连续两年的巨额亏损，已经建立起企业王国的陈嘉庚依然勇往直前。公司生产的"钟标"产品，仍然驰名中外，畅销全球。

陈嘉庚公司于是成了英国殖民大臣东方之行的考察重点。

这是 1928 年春季里的一天，风和日暖。陈嘉庚公司总管理处张灯结彩，喜气洋洋。门首悬挂的"欢迎翁斯比大臣、克里福

◆ 大实业家陈嘉庚（右一）

总督"的中、英文横幅，格外引人注目。

上午还不到九点，陈嘉庚的长子陈济民，陈嘉庚的族侄、公司总管理处协理陈友德和公司高级职员已经在门前恭候。

少顷，一列车队迎面驶来，停在门前，陈嘉庚先行下车。接着，英国殖民部大臣翁斯比夫妇和新加坡总督克里福夫妇及其随从人员、记者十数人，相继下车。

陈济民、陈友德等迎上，热情地同贵客握手："欢迎，欢迎！"随即引导嘉宾走上大楼二层迎客厅。

厅正面墙上悬挂一巨幅世界地图，标注着陈嘉庚公司所属橡胶园、工厂及分支机构分布情况，一位年轻美貌的女职员充当讲解员，手持解说棒站在地图下。

嘉宾们来到地图前，美貌的女讲解员向贵客鞠躬后，将解说棒指向地图，用清脆甜美的声音介绍道："本公司现有橡胶园一万五千英亩，地皮屋业一百二十万平方米，所属橡胶厂、胶品制造厂、黄梨厂、碾米厂、饼干厂、肥皂厂、皮革厂、制药厂、制砖厂、锯木厂、化妆品厂共三十五家，分布在新加坡及英属马来亚、荷属东印度各地……"

贵宾们饶有兴趣地听取介绍，记者们纷纷记录，拍照……

讲解员继续介绍："本公司现有分支机构一百一十八处，其中分行级机构六十二处，分布在中国的东、南、中、北四区，荷属东、南、中、西四区，英属东、西二区，以及法属安南、美属菲律宾等地；另在伦敦、巴黎、汉堡、纽约、底特律、旧金山，均设有办事处；代理商则遍布于五大洲……"

贵宾们听后均赞叹不已，记者们则飞笔快速记录，举起相机拍照……

陈济民、陈友德接着引导客人来到一处大办公厅，厅内几十个职员在各自的办公桌前埋头工作，陈济民介绍道："本公司总管理处，除陈嘉庚先生外，都在大办公厅办公。"

克里福："这种开放式的办公厅，打破各级职员的藩篱，完全符合新型企业管理的理念。"

翁斯比点头："不错！"

靠近两位贵宾的记者，赶紧笔录下来……

殖民大臣离开总办事处后，来到公司下属最大的谦益胶品制造厂。

公司总部代表陈厥祥和主持该厂的陈嘉庚三儿子陈博爱、四女婿温开封，带着工厂的高级职员，在门前热烈迎候嘉宾。

翁斯比大臣一看到高级职员中有五位白种人，立即和他们攀谈起来。

原来他们都是欧洲人，分属英、法、德、意等国，相继应聘到该厂担任工程师，并分别管理一个车间的生产。几年来，他们恪尽职守，发挥聪明才智，为陈嘉庚的胶品制造业作出很大贡献。

翁斯比大臣和克里福总督同他们交谈后，对陈嘉庚广招人才、善用人才给予高度的评价。

接着，贵宾们在陈厥祥、陈博爱、温开封和白人工程师的引导下，一路参观雨衣、水管、网球、胶毯，胶靴、胶胎、胶鞋、运动鞋，以及医疗器材、各类玩具的生产，看到男女工人紧张而有序的劳动，无不赞叹交加。

客人们对网球的制作特别感兴趣。大臣夫人与总督夫人还拿起刚制出的成品掷向地面，试其弹性。

◆ "钟标"胶鞋广告

　　最后，贵宾们来到汽车轮胎车间，参观内胎和外胎制作的全过程。

　　翁斯比大臣在仔细验看制成品后，对着克里福总督说："这轮胎比起我们伦敦出品的，毫不逊色。"

　　这时，毕业于美国麻省理工学院的温开封取出一份专利证书，呈给克里福："总督阁下，这是英国政府颁给陈嘉庚先生的专利证书。"

　　克里福接过来看后，立即将专利证书转给翁斯比。

　　翁斯比看了专利证书，惊叹说："噢！华人工业家兼发明家，奇迹，奇迹！"

　　结束东方之行，翁斯比在给英国议会的报告中，有一段这样写道：

　　　陈嘉庚先生在新加坡的工厂，是亚洲（如果不是世界）最令人瞩目的大企业之一。这一位雄心万丈的企业家在新加坡制造的长筒靴、鞋、帽、皮革、胶制品如汽车及单车轮胎，以及生胶、黄梨、糖果等工厂，规模庞大，产品多样化，而这些全凭他个人资力闯创出来，并赋予中国式之管理模式。他雇佣两万多名员工，包括不少素质优越之妇女，然后将产品输往中国，远东及世界各地。

　　翁斯比 1928 年东方之行的考察报告，在英国国会和内阁引起广泛关注。其中，部分国会议员和内阁成员对陈嘉庚的巨大成功极为反感，认为这是帝国殖民政策的严重失败。

　　英帝国开拓海外殖民地的目的，就是要从这些地方掠夺丰富的资源和廉价的原料，用英国本土的设备和技术制成工业品，然后再运回殖民地倾销，赚取高额利润。

　　而今，陈嘉庚却在英殖民地新加坡，利用当地资源和原料，自行制造各类产品，销往包括英国本土在内的世界各地，建立起雄踞东亚的企业王国；而且还将获取的巨额利润，源源不断输往中国，兴办小学、中学、各类专科学校，直至高

◆ 陈嘉庚公司胶品制造厂

陈嘉庚的故事
CHEN JIAGENG DE GUSHI

等学府的大学。如此严重地损害帝国利益，这对那些坚持帝国主义立场的人来说，是绝对不能容忍的。

至此，翁斯比考察陈嘉庚公司的所有赞辞，开始转化成对陈嘉庚的潜在威胁。

翌年，1929 年开春，一战后资本主义世界出现的经济繁荣开始呈现出严重的衰退。多年来的盲目竞争，使生产大量过剩；而对工人、农民的残酷剥削，则使社会购买力锐减。二者之间的矛盾越来越尖锐，经济衰退使人们的心理恐慌越来越大。九十月间，作为世界金融中心的纽约华尔街，突然受到经济恐慌的袭击，数日之间，股票市场由于价格惨跌一下子陷入全面崩溃。

世界历史上空前惨烈的经济危机爆发了！

这危机很快就化成一股破坏性极其猛烈的风暴，席卷美国，席卷欧洲，席卷全世界。从纽约到伦敦，到巴黎，到柏林，到罗马，到东京，到世界各大都市，银行纷纷倒闭，工厂纷纷停工，商店纷纷关门，连交通运输业都处于半停滞状态。大批失业工人流浪街头，不少破产资本家被迫自杀……

新加坡的实业界当然无法幸免于难，而首当其冲的则是橡胶业。由于最大买主美国剧减甚至停止对星马橡胶的采购，新加坡各胶厂的存货堆积如山，橡胶价格急剧下降，每担从一百七八十元一直跌到只值七八元；橡胶园和橡胶制品的价格也随之大跌特跌。几乎倾尽全力经营橡胶业的陈嘉庚，遭到前所未有的惨重打击。

里巴巴利路门牌一号的商业大厦，在当年的新加坡可算是一座数得上的大建筑物。由于地处热闹市区，车马来往方便，这大厦便成了陈嘉庚公司的总管理处。公司所属各胶园、工厂、商店、分支机构，把情况和款项全部汇集到这里，并从这里得到处置各项事务的明确指令。

1930 年正月里的一天，在总管理处的总经理办公室，陈济民、陈厥祥、陈博爱和陈友德散坐在两三个角落，董事长兼总经理陈嘉庚则坐在大办公桌前。1929年空前巨额的亏损使他们感到震惊。进入新的一年，公司应该怎样经营呢？

"十六座生胶分栈全堆满货品，销不出去，生胶厂如果继续开工，连存货的地方都没有。我的意见是生胶厂和胶园暂时停产，什么时候积压的货物找到销路，什么时候再复工。"主管生胶厂务的陈济民建议。

"我赞成。"总管理处协理陈友德立即附和。

"胶厂全部停产，胶园全部停采，工人怎么办？"陈嘉庚反问道。

"暂时解雇。"陈济民答。

"解雇？"陈嘉庚一阵惊讶之后即又摇头。

"现在全坡的胶园大都停止采割，生胶厂也大都停产，工人也都解雇了。这是万不得已的啊！"陈友德急忙解释。

"情况我难道不知？只是我公司工人，多数是老谦益转来的，已经做了快十年，甚至十几年，怎能放弃不加管顾？"陈嘉庚依然不同意。

"现在生胶部门流动资金已经告竭，这样下去，工人薪水只好请总行拨付。"陈济民提出要求。

"总行银根这么紧，哪有资金拨付给你们。"陈友德立即顶将回去。

这两人一说一答，都是实情。陈嘉庚听他们说着，开始有所触动。陈友德看总经理沉吟不语，进一步劝道："嘉庚叔，下决心吧，要不，公司就渡不过这难关了。"

陈嘉庚深情地说："公司工人是我们的兄弟啊！……"话没说完，又沉重地摇了摇头。

陈济民看父亲那样为难，只得退让说："那就先把老工人和技术工留下来，其他的暂时解雇。现在要把全部工人包下来，肯定是办不到的。"

"不能留，留下来就是拖累。"陈友德坚持自己的意见。

"什么拖累？"陈嘉庚板下脸孔斥道，"这些工人和我们同过甘苦，共过患难，能把他们统统赶出去？"

陈济民一看父亲动怒，连忙婉转说道："当然不能那样做……但目前公司确实太困难了……我还是那意见，老工人和技术工留下来，其他的让他们暂时离厂，另谋职业……"

经陈济民这样一劝，陈嘉庚心绪才平静下来，他沉吟片刻，问道："照你说的办，工人能留下多少？"

"约占总数的一半。"陈济民答。

◆ 陈嘉庚办公处

陈嘉庚低下头，叹了口气，一字字重如千钧地说："好吧，就这样吧。"

因陈嘉庚这一沉重的话语，总经理室一时陷入沉寂。

少顷，陈嘉庚转向陈厥祥，问："胶品制造厂打算怎么办？"

"现在胶制品销路很不好，制品厂的生产准备紧缩一半。"主管熟胶厂的陈厥祥答道。

"紧缩一半？"陈嘉庚颇感惊讶。

"是的。"陈友德不顾受责，再次直言，"现在熟胶制品不仅销路不好，而且价格太低，有些品种的销售价连成本都不够，全面开工只能导致不断赔本。"

"这未免言过其实了。"陈嘉庚反驳，"现我公司有分店近一百处，制造厂出产之货品，全可运交各地分店销售。特别是国内市场，十分广阔，价格也较好。只要薄利多销，总合起来是不会赔本的。"

"嘉庚叔，事情不那么简单。"陈友德苦谏，"公司在南洋的市场已被日货夺去不少；国内市场也遇到日货与上海、广州的胶制品厂的激烈竞争，销额急剧下降，薄利多销的局面维持不了多久了。我们再不早做打算，恐怕要吃大亏的。"

"不错，须早做打算。"陈嘉庚坚定地说，接着问道，"但应该前进还是应该后退？"

"就目前情况来说，是应该后退。"陈厥祥答。

"何以见得？"陈嘉庚。

"因为公司的可用资金十分短缺，产品的销售状况又很不好，目前唯有先退下来，紧缩生产，才能站稳脚跟。"陈厥祥阐明自己的观点。

"退？"陈嘉庚强忍着气，坚持说，"你一退他就攻，脚跟更难站稳。现今商战如此激烈，公司只剩下熟胶制品能与对手较量，再不坚持开工岂非全盘尽弃？资金短缺首先应该催收各地分行货款，必要时再向银行借入，整日坐等资金，岂是办法？"

"不能再借了，嘉庚叔，我们已经欠银行三百万啊！"陈友德反对再借款。

"该借还得借，只要销路一打开，清还三四百万借款又有什么困难。"陈嘉庚依然坚持自己的意见。

"我看目前最重要的是缴收各分行贷款。"沉默多时的陈博爱建议，"现在新加坡七家分行每月营业额仍有一万元，南洋各地分行满五千元者有十多家……"

"国内上海、香港二分行每月营业额各达两万元，汉口、天津、南昌、广州、厦门五行各一万元……"陈济民接着说。

陈厥祥一听，觉得很有道理，赶紧补充，"其他七十多个分支机构平均每月各约三四千元。这样，总计就有四十万元，扣除各项费用，每月当有二十万元可汇交总行。"

"对，对。"陈嘉庚大表赞同，他站起身，加重语气说，"但是，要缴收货款，必须整顿分行。"

「日本商人低价倾销抢占市场。陈嘉庚毅然决然卖掉新买的别墅，以保证厦门大学、集美学校正常运转。」

第十七章
卖别墅苦撑学校

会后，"整顿分行，催收货款"的方案立即付诸实施。

首先，陈嘉庚按照"法治"的理念，重新制定出《陈嘉庚公司分行章程》，并在《序言》的开头写道：

> 章程之制订，在训练办事人员，使其共同遵守，则思想集中，步趋一致，实收指臂相使之效，宏建事业发展之功。

接着，分为"总则""职权""服务细则""营业""货物""账务""报告""薪金及红利""视察员服务规则""推销员服务规则""广告""保险""罚则""附则"等十四章，对分行的各项事务做出详尽且严谨的规定，并在章程文本眉首，用比内文大两号的黑体字，印下八十八条"警语"，现择其要者如下：

战士以干戈卫国，商人以国货救国。

外国人之富强，多藉中国人之金钱。

我退一寸，人进一尺，不兴国货，利权丧失。

商战之店员，强于兵战之军士。

能自爱方能爱人，能爱家方能爱国。

唯有真骨性方能爱国，唯有真事业方能救国。

厦集二校之经费，取给予本公司；本公司之营业，托力于全部店员。

直接为本公司之店员，间接为厦集二校之董事。

公司遥远，耳目难及；不负委托，唯在尽职。

在公司能为好店员，在社会便为好公民。

待人勿欺诈，欺诈必取败；对客勿怠慢，怠慢必招尤。

谦恭和气，客必争趋；恶词厉色，人视畏途。

货物不合，听人换取；我无损失，人必欢喜。

货真价实，免费口舌；货假价贱，招人不悦。

招待乡人，要诚实；招待妇女，要温和。

多卖一份旧货，胜卖二份新货。

收支情况，逐日统计，方知盈亏，方知利弊。

欲成大事，先作小事。

不以小事而生忽心，不以大事而生畏心。

懒惰是立身之贼，勤奋是建业之基。

陈嘉庚将这新订的《分行章程》印发到各分支机构，强调指出："公司之规章，同于国家之法律。"并派视察员前往督促贯彻。

与此同时，公司总管理处发出紧急通知，要求各行、店每星期一，须将星期日柜内现金及银行存款合计总数电告总行，千元以上即刻汇来，延误者从重处罚。

经过一番整顿，公司资金短缺的状况开始有所改善。但有所改善的局面维持

◆ 陈嘉庚制定的《分行章程》

不到四个月，市面上突然出现新情况：日本胶商用低于市价二至三成，甚至低于成本的价钱，倾销其橡胶制品，无情地夺取陈嘉庚公司仅余的一点市场份额。

到 1931 年 1 月底，陈嘉庚公司已面临极大的危机。

这一天，经禧路别墅圆顶大厦二楼书房里，陈嘉庚和陈济民、陈厥祥、陈博爱以及陈友德围坐在大书桌四周，桌面上摊放着公司 1930 年资产负债总表，表上几行长长的赤字，显得特别刺眼。

"这都是日本胶商削价倾销造成的。"陈济民愤愤地说。

"日本胶商分明得到日本政府的财政补贴，不然他们赔得起？"陈友德接着说。

"真毒啊，日本胶商这一手真毒。"陈厥祥恨得咬牙切齿。

"日本胶商下毒手没话可说，连国民政府也对我们如此狠心。"陈博爱气得七窍生烟。

"博爱，别过激了。怎么能把国民政府和日本人相提并论？"陈嘉庚批评道。

"我们陈嘉庚公司纯粹是华人资本。阿爸你支援革命，为国兴学，二十年来捐出七八百万，对祖国作出那么多贡献。现在国民政府反倒把我们的橡胶制品当成洋货，重抽进口税，岂有此理。"陈博爱反嘴相顶。

"唉！"陈嘉庚叹了口气，"国民政府也有他们的苦衷。"

"什么苦衷？"陈博爱心中愤恨难平，轻蔑地数落，"需要时就称为'革命之母'，不需要时就一脚踢开，对这国民政府，我算看透了。"

"放肆！"陈嘉庚怒声斥责。

"别说了，博爱！"陈济民劝道，"还是一起想想办法吧。"

"各分行要下狠心整顿了。现在账面上的存货总额已超过五百万元，我们的活资金全部冻结在这些旧存货上头。"陈厥祥焦灼不安地说。

陈嘉庚点了点头，转而吩咐陈济民："下午立即拍电报通知各地分行，将所有旧货对折出售，尽快回收一部分资金。"

"好。"陈济民应道。

"上个月日本胶商前来洽购两万五千担橡胶，当时没答应，现在还是卖给他们吧！"陈友德提出另一建议。

"不！"陈嘉庚一口回绝，"我的橡胶绝不卖给日本人。"

"现在唯有这项生意可以收进整笔的款项。"陈友德忧心地嘟哝着。

陈嘉庚一听，大声反问："你能知道他们背后又搞什么鬼吗？"

陈友德看陈嘉庚正在火头上，不敢再说下去。

这时陈厥祥建议："目前胶业困难太多，但食品、药品、日用品还是有利可图，应该想办法扩展这些厂的生产规模。"

"如何扩展？"陈嘉庚问。

"现在饼干、肥皂、制药等厂竞争对手较少，销路较好，只要总行拨给我一笔资金，扩充设备，两个月后就可以增加不少收入。"陈厥祥答。

陈友德一听要钱，又急起来："总行哪里还有资金拨给你，目前连厦集二校的经费都……"说到这里，顿感失言，连忙止住。

"啊？"陈嘉庚看陈友德那个样子，意识到有事瞒着他，不禁恼怒交加地追问，"厦集二校今年的经费怎么啦？"

陈友德知道瞒不过去，反而镇定下来如实禀报："厦集二校今年的经费至今尚无着落。"

"好大胆啊，友德！"陈嘉庚怒气冲冲地说，"我年年交代，再困难也需保证厦集二校经费，你竟敢不予安排。我问你，今年学校首期经费汇出去了没有？"

"至今尚未汇出。"陈友德平静地回答。

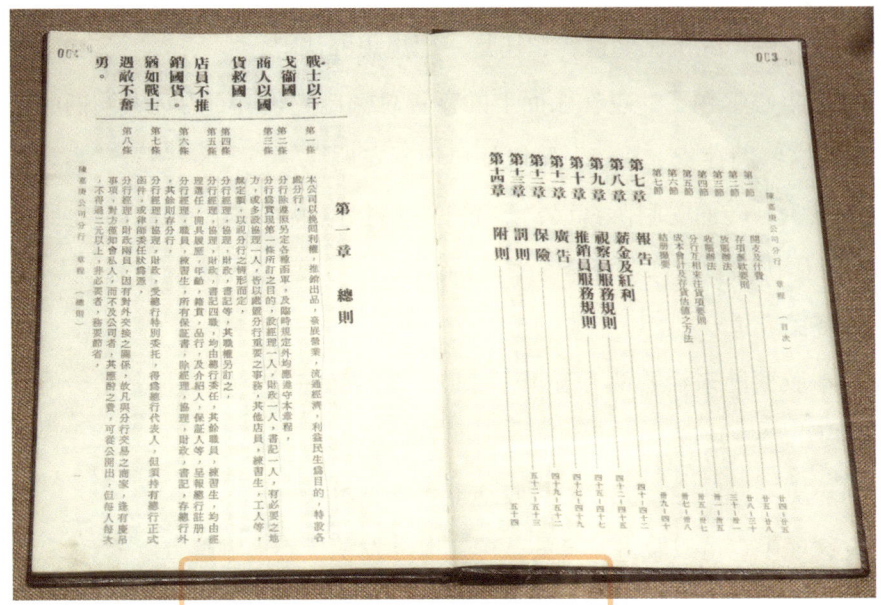

戰士以干
戈衛國。
商人以國
貨救國。
店員不推
銷國貨，
猶如戰士
遇敵不奮
勇。

第一章　總則

◆　《分行章程》

序

中華民國十八年　　月　　日

陳嘉庚謹識于星洲

"为何尚未汇出？"陈嘉庚声音发颤了。

"没钱。"陈友德依然十分冷静。

"怎么没钱，年底不是还存有二十万现款吗？"陈嘉庚猛然站起身，盯着陈友德厉声责问。

"已经拿去抵还拖欠银行的过期利息。我正准备向嘉庚叔报告。"陈友德答道。

"啊！"陈嘉庚垂下头，跌坐在藤交椅上。

书房里顿时寂静下来。

过了好一会儿，疲软无力的陈嘉庚抬起头，用商量的口气说道："友德，现在已经是一月底了。你快想法将今年厦集二校首期经费立即汇出。"

"我已拍电报给各地分行，尽快把货款缴上来，但要凑足十万元，恐怕还得两个月。"陈友德如实报告。

"两个月？"

"对，两个月。"

"不行。"陈嘉庚霍地站起身，推开藤椅，在宽敞的书房里来回踱步。

书房里，人们再次沉寂下来，只听得到陈嘉庚的皮鞋踩在柔软地毯上发出的沙沙声……

"先到银行把这座别墅典押掉。"陈嘉庚突然转过身，对着陈友德说。

"什么？"陈友德和陈济民、陈厥祥、陈博爱同时惊讶无比地跳起来。

陈嘉庚朝着他们摆了摆手，继续说道："这座别墅至少可典押十万现金。厦集二校首期经费立即可以汇出。过后再找个好买主，把这座别墅卖掉。"

"阿爸……"三个儿子齐声喊道。

"不必讲了。"陈嘉庚未等他们开口就坚决说道，"当时置买这座别墅，我就不太同意。"

「在狮城一个美丽黄昏，英国特派员和新加坡政务司为陈嘉庚挖了一个陷阱。为保证厦、集两校经费，陈嘉庚成了受制于人的职员。」

第十八章
遭人暗算

拾捌

狮城的黄昏是美丽的。

太阳坠入西海的那一刻，天空中的云霞如同五颜六色的彩衣。

白天的酷暑虽然尚未消散，阵阵的海风却已送来丝丝清爽。

环绕四周的沙滩，在落日余晖中闪烁金光；遍布全岛的林木在夜幕降临前格外翠绿。

这边，繁华的新加坡河畔，华灯初上；那边，碧蓝的马六甲海峡，帆影穿梭……

尽管遭到世界经济危机的猛烈袭击，英帝国并没忘记这颗东方明珠。除了运用国家财政帮助抵御衰退外，一位高级特派专员诺思又前往这块殖民地。

这日黄昏，新加坡政务司在滨海别墅迎来这位贵客，准备同他共进晚餐并进一步研讨相关问题。

他们坐在别墅的凉台上，一边喝着冰茶一边交谈，谈着谈着，很自然便谈到陈嘉庚。

"听说陈嘉庚把他经禧路的别墅典押给银行后，已经卖掉，果有此事？"诺思问道。

"是的，诺思伯爵。"政务司官员回答。

"这说明陈嘉庚已经到了穷途末路。"

"我看未必。"

"何以见得？"

"陈嘉庚是一头雄狮。"政务司官员阐明，"经济衰退到了如此严重地步，他的胶园仍在割胶，工厂继续开工，一百多家商店和分支机构照常营业。陈嘉庚的实力不容忽视啊。"

"哼！"诺思轻蔑一笑，"不过，依我看，他终究逃不过这一劫。"

"阁下的意思是……"政务司官员不解地问道。

"翁斯比勋爵考察新加坡对陈嘉庚的赞辞，在国会和内阁受到很多人的反对，阁下该知道了吧？"诺思反问。

"当然知道。"

"让陈嘉庚在新加坡建立起他的企业王国，这是我大英帝国殖民政策的失败。"诺思气愤地说，"我们必须利用这次机会，彻底把他打垮。"

"彻底把他打垮？　恐怕没那么容易。"

"当然没那么容易。"诺思说，"不过，陈嘉庚拖欠我汇丰、渣打银行的借款已达三百万元，期限都已经到了。他无论如何拿不出这么多现金来清还。"

"按照陈嘉庚的信誉，银行应该给予延期。"政务司官员表明自己的态度。

"不。"诺思坚决地说，"我们应该指令银行逼他还款。"

"这样等于逼他破产。"政务司官员显然不同意诺思的意见。

"对，"诺思傲然一笑，"就是要逼他破产。"

"不行，不行。"政务司官员猛地站起身，大摇其头，"你要知道，诺思伯爵，陈嘉庚公司破产对新加坡社会造成的影响，将是十分巨大的。"

"但这是维护我大英帝国殖民政策必须付出的代价。"诺思不为所动。

陈嘉庚的故事
CHEN JIAGENG DE GUSHI

"即便如此，我还是很难同意阁下的意见。"政务司官员郑重地说，"陈嘉庚为社会提供数以万计的就业机会，他所经营的橡胶产业和食品、米粮、日用品、建筑器材、地皮屋业，等等，牵连着整个星马的交通运输、对外贸易和居民生活，一旦破产，后果不堪设想。"

"我看不至于那么严重吧。"诺思紧皱起眉头，不同意政务司官员的看法，"我倒是很希望阁下再想一想，难道我们应该帮助陈嘉庚渡过这场危机，让他今后继续扩张，继续损害我帝国的殖民利益？"

政务司官员毕竟是英国利益在新加坡的代表，沉吟片刻，应道："当然不能。"

诺思："那么，阁下有两全之策？"

政务司官员听此一问，猛吸了两口雪茄，面对大海，用心思索。少顷，他缓缓地转过身，面带喜色说道："有了！"

诺思："哦？能有两全之策？"

政务司官员："是。"

诺思："请道其详。"

"陈嘉庚有大量的固定资产，商业信誉又好，立即逼他破产，恐怕很难办到。"政务司一一道来，"如果采用过激手段使他破产，不但将对新加坡社会造成严重冲击，也有失我帝国政府处事的绅士风度。现在最好的办法是先予兼并，然后一步步加以控制，最后彻底将他排挤出局。"

诺思："他能轻易让你兼并吗？"

"这就看我们的做法啰。"政务司官员答道，"首先他拖欠我汇丰、渣打三百万借款，这是予以兼并的基础。但陈嘉庚是个具有独特个性的人物，逼之太甚，必将引发激烈反抗。我们应该待之以礼，晓之以情，让他感到我们是真心实意帮助他。我们甚至可以在兼并之后，仍然使用陈嘉庚公司的名称……"

"不，不。"诺思大加反对，"如果仍然使用陈嘉庚的名字，那还谈得上什么兼并？"

"阁下别急，且听我说。"政务司官员继续说道，"兼并的关键在于控权。其他条款只要不危及根本利益，可退让的暂时都退让，这样陈嘉庚才有可能同意，我们的最终目的也才能达到。"

诺思听后，点了点头，他站起身，与政务司官员紧紧握手："阁下说得有理，我表示同意。现在，兼并的具体工作就由汇丰银行出面来做。"

"当然。"政务司官员说，"但我们今天商议的这一切，必须保守秘密。汇丰银行只需按照政府的指令办事。"

"对。"诺思最后说，"就这样办。"

新加坡汇丰银行按照政府密令提出的对陈嘉庚公司的改组方案，很快就送到陈嘉庚手中。

陈嘉庚派出陈济民、陈厥祥为代表，经过几轮艰苦的谈判，双方达成了协议。

这一天，陈嘉庚应邀到新加坡汇丰银行，对协议的相关条款作最后敲定，并签署协议。

"密司脱陈，把阁下独资经营的陈嘉庚公司改组为贵我双方合营的股份有限公司，您同意吗？"债权银行总代表、汇丰经理问道。

"同意。"陈嘉庚答。

"我们清理的结果，把您名下的一切动产、不动产估价并入，目前的价值是二百三十万元。这数额阁下认为合理吗？"汇丰经理再问。

"合理。"陈嘉庚再答。

"这二百三十万元作为您的股份，原公司欠银行的借款三百二十万元作为债权银行的股份，双方合组新的股份有限公司。今后阁下就不负债责了。"汇丰经理说。

"理应这样。"陈嘉庚应道。

"新公司成立后，恭请阁下出任总经理；另由债权银行委派一人担任副总经理。"汇丰经理热情洋溢地说道。

"谢谢。"陈嘉庚以礼相答。

"阁下一再提出要保证厦大、集美两校的经费，经几番商讨后，因为股份公司财力有限，每月只能支付叻币五千元。"汇丰经理说。

"数目这么少……"陈嘉庚心中一震，随后又平静下来，"同意。"

"股份有限公司董事会，由债权银行推举的董事组成。阁下专任总经理，就不再担任董事。"汇丰经理以动人的语调婉转地解释这最苛刻的条款。

"啊！"陈嘉庚被这最后提到的条款所震撼，脸上现出从未有过的痛苦神色，他猛挥右手，正待回绝，忽又止住，终于慢慢地把手放了下来。

一直注视着陈嘉庚的汇丰经理又开口了："这条款是债权银行全体会议郑重研究提出的，经与贵方代表多次商讨，据称阁下也已表示同意，对吗？"

陈嘉庚声音发颤地回答："对。"

……

拥有巨额资产的陈嘉庚猛然降为股份有限公司的股东；一向指挥全局的陈嘉庚猛然降为听命于他人的职员。这对于一个名扬四海的企业家来说，痛苦是难以言喻的。但是，为了维持厦大、集美两校，他只得忍辱负重。

1931年过去，1932年到来了，世界经济危机仍然深重。各资本主义国家继续有一些富商破产，甚至沦为乞丐。新加坡胶园主无力清还债款者，其胶园都被债主或政府拍卖。每英亩曾经价值七百元的胶园，竟以四五十元甚至十余元的超低价被卖掉。有些胶园主被迫自杀，有个小胶园主甚至在深夜用利斧砍杀全家，然后纵火焚房自尽。

陈嘉庚尽职尽力地经营股份有限公司，但依然无法赢利，唯一得到保证的，只剩厦集两校每年六万元的经费。

到了1933年春夏之交，忽然传来个好消息：各产胶国酝酿订立国际性的限制橡胶生产及出口量的协定。

新加坡下跌的橡胶价格一下子刹住了。各胶厂开始出现转机。

股份有限公司在马来亚各地还有胶厂八九所啊。否极泰来啊！

饱尝胶市颓败之苦的陈嘉庚，心中萌发了新的希望。

但是，6月间董事会开了个会议，硬说去年各厂结算下来，不是亏损就是无利，今年也不会有什么指望。会上决定将各胶厂全部停罢出租；同时决定将中国国内和南洋各地(除新加坡外)的所有分行、分店，全部停业收盘。

那是多少年的心血啊！

陈嘉庚力劝董事们：即将限制生产，胶业已呈转机；胶厂不能出租，自己经营有利。

但董事们就是听不进去。

陈嘉庚又苦劝董事会：分店一收，损失极大，至多收回两三成。应该精简人员，整顿机构，充分发挥分行、分店的作用，才是上策。

对此，董事会更是嗤之以鼻。

难道董事们都发疯了吗？

陈嘉庚百思不得其解。

董事会关于出租所有胶厂、解散分支机构的决议很快就下发到总经理室，要求陈嘉庚执行。

好吧。既然好话你不听，要我执行就"执行"。

陈嘉庚把南益的老板、自己的大女婿李光前找来，将巴双胶厂租给他，订明该厂经营获利，须抽半数为厦大、集美两校校费。李光前立即答应。

陈嘉庚再把益和的老板、集美的族亲陈六使找来，将麻坡胶厂租给他，订明该厂的利润，须全数作为厦大、集美两校校费。陈六使是他栽培成才的，当然满口答应。

怡保、江沙、太平、实吊远、巴株等胶厂，陈嘉庚则招各厂的经理（全部都是他过去的职员）合租，他自己也参加一份，订明如有利润，抽三成资助厦大、集美校费。

陈嘉庚就这样执行了董事会出租各胶厂的决议。

对解散分支机构的决议，陈嘉庚则运用总经理的职权，维护离职员工的权益，发给每人数额可观的退职金。

董事会事后获悉，也只能顿足叹息。

接下来就轮到胶品制造厂了。

这可是新加坡最大的制造厂之一，不但拥有十几名科学技术人才和上万名男女工人，还装备先进的机器设备和实验设备。它凝聚着陈嘉庚十几年的心血，也是陈嘉庚最后的希望。

陈嘉庚的故事
CHEN JIAGENG DE GUSHI

如今时来运转了！

1933年6月，英国政府决定大幅度增加进口税，其中对外国胶制品进入英国的税额，胶靴每双由二角增至二元，胶布鞋每双由七分增至七角半；从7月1日起实行。新加坡属英殖民地，算是本国产品，不在增税之列。

这新税则一公布，陈嘉庚立即忙碌起来。

以往，英国首都伦敦有八家公司向他的胶品制造厂采办胶靴胶鞋，但数量不多；现因日本及其他国家的胶制品税重，就全部转向新加坡采办，订货数量猛增。陈嘉庚算盘一打，本厂每月可出产胶靴五万双，每双可得利一元五角，逐月有利七万余元。这种胶靴在香港等地尚未能制造，因此产品可以全数销出。杂色胶鞋和普通胶鞋，英国属地有多处能制造，竞争较烈，每双得利仅二三角，但逐月也可销去二十余万双，得利五万元。合计每月可得利十二万余元。有了胶品制造厂这巨额的利润，本公司各业的复兴就指日可待了，这怎能叫陈嘉庚不欢欣鼓舞啊！

万万没有料到，八月间突然从伦敦来了个英商，该英商原系那八家素有往来的公司之一。这回，他手里拿着伦敦汇丰银行的介绍函，一到新加坡先找汇丰银行经理，要求将陈嘉庚有限公司销往伦敦的胶靴、胶鞋，全部由他独家专营，并要求取消陈嘉庚原先对其他七家的供货合同。

这一蛮横无理的要求，竟然获得汇丰经理兼公司董事长的同意，并在董事会上形成决议，予以批准。

陈嘉庚获悉大为吃惊。

事情很显然：在这种情况下从原有八家经销改为其中一家专卖，销量必然减少，价钱必然压低。这给公司造成的损失是显而易见的。董事会怎么会同意呢？

陈嘉庚急忙找到新加坡汇丰银行经理，质问道："伦敦一向有八家公司经销本厂产品，而且订有合同，现在怎么能归他一家专卖？"

"这是伦敦汇丰银行的指令，我们自当执行。"新加坡汇丰银行经理答道。

陈嘉庚一凛："哦，伦敦汇丰银行来的指令？"

"对。"

"伦敦汇丰银行来的指令……"陈嘉庚气愤地说，"我陈嘉庚股份有限公司又不是他的下属机构。"

"相差并不远，密司脱陈。"汇丰经理微微一笑。

陈嘉庚一听，坚决说道："我是公司总经理，我反对由一家专卖。"

"密司脱陈，我告诉你吧，"汇丰经理毫不客气地说，"在这八家当中，唯有这一家是我们英商。其他七家，都是犹太人及别国人。我英国人之利权，岂容他国人染指。"

"别国人……其他七家当中有一家是华商……"陈嘉庚即刻联想起来，"他国人……这当然包括中国人，包括我华侨……我华侨之利权又岂能轻易放弃？"

陈嘉庚想到这里，直接对汇丰经理斩钉截铁地说："这个合约，我决不签署。"

"决不签署？"汇丰经理耸了一下高高的鼻子，"密司脱陈，应该想一想您是怎样当上总经理的。我可以明白告诉您，这合约您不签，董事会完全有权代签。"

"不。董事会无权代签。"陈嘉庚怒火满腔，"我作为总经理拥有全部的经营权。"

"密司脱陈，情况不同了。"汇丰经理解释道，"这回属于重大决策，不在经营权之列。我不妨透露一点给你，总行这回强调指出，董事会乃公司最高权力机构，不但有权签署这合约，而且有权任免总经理。"

"啊！有权任免总经理？"陈嘉庚又是一凛，暗忖，"汇丰经理这番口气怎么和往常大不一样？"

他强压下胸中的怒火，面对着汇丰经理，极力想找出答案……

两年以来陈嘉庚公司改组为股份有限公司前前后后的一幕幕在脑中闪现……

"我莫非中了人家的圈套？是谁在幕后暗算我？"

陈嘉庚一时还难解其中诡计……

「儿女们对父亲收盘后独居怡和轩俱乐部百思不得其解。养精蓄锐的陈嘉庚力主南洋华人社会废除蓄婢制，破除迷信，改革陈规陋习。」

CHENG SIN TRADING CO.

第十九章
离家独居，继续革命

经过深思熟虑，从"八家经销"改成"一家专卖"的事件中，陈嘉庚深切地意识到，这是英国当局发出的一个重要信号，要把他彻底排出实业界，以维护帝国的殖民利益。

但他居住新加坡四十几年，日拼夜搏，开拓创新，对社会作出了众口皆碑的巨大贡献，如今却为当局所不容，这不能不使他感到心寒。

而理应是他靠山的祖国，仍然是内忧外患，软弱无能。他这样一个客居英殖民地的"海外孤儿"，能跟英国殖民当局继续斗下去吗？

整整一个月，陈嘉庚前思后想，反复斟酌，终于下定决心：收盘。

收盘之前，他将剩下的、基础比较好的几家食品、医药、建材等类工厂，分别出租或转让给女婿李光前、族亲陈六使等人，订明今后凡有获利，都要抽一定数额充作厦门大学、集美学校的校费。同时通知所有客户前来核结账目。

结清了来往账目，理清了相关事务，陈嘉庚于1934年1月按照相关法律，将自己在有限公司的股份全数抵交给债权银行，忍痛将企业收盘。

企业收盘后，陈嘉庚撤出了商战，离开了家庭，独自一人住进位于华人聚居区的怡和轩俱乐部。

当年分布在新加坡各处的俱乐部，并不是简单的娱乐场所，而是一种集消闲娱乐、聚会交谊、沟通信息、研讨问题于一体的社会团体。

怡和轩俱乐部成立于1895年，是新加坡最著名的华人社团之一，曾经积极支持过孙中山的革命活动。它的成员陈楚楠、张永福、林义顺等都是同盟会的中坚人物。1923年陈嘉庚被推选为怡和轩总理，对会务进行一系列的改革，不分籍贯，不分贫富，不分帮群，广开门户，吸收各帮各派各阶层人士参加；同时，在俱乐部会所的三楼设立图书馆，并积极推动各项社会公益事业，使怡和轩成为进步的超帮派社会团体。1928年济南惨案发生后，陈嘉庚通过怡和轩发起反对日本侵略的运动，进一步发扬关心国家、民族前途的精神，更使怡和轩成为新加坡华人社会运动的主导者。

陈嘉庚离开家庭住进怡和轩，首先是泡进三楼的图书馆，潜心读书。

中国的历史，特别是近百年的历史；世界的历史，特别是工业革命以来的历史，成了他主要的习读课目。教育问题，他本来就怀有特殊的感情，现在更是系统地加以研究。社会问题，他早就怀有浓厚的兴趣，现在边研读有关书籍，边考虑如何改造革新。对青少年时期涉猎过的国术体育、民间音乐、中医中药、营造建筑，等等，他一项都没放过，利用这清闲的机会抓紧研习，努力充实提高自己。

他还接受热心人士的稿约，为相关的报刊撰写文章，从另一个领域介入社会事务。

这一天，陈嘉庚正在寓室里伏案疾书。随着他的笔锋，稿笺上出现以下的字迹：

……美国汽车大王说："正当之失败，无可耻辱；畏惧失败，才是耻辱。"这话应该作为我们的鉴戒。愿社会人士不要因为我遭到的失败而阻碍公益事业之进展，陷我于罪人……

这时，门外响起轻轻的叩门声。

陈嘉庚继续写作，未予理会。

叩门声又起，比上一次稍响。

陈嘉庚停笔，犹豫片刻后又继续写作。

叩门再起，声音更响。

陈嘉庚不悦地问："谁呀？"

门外传来陈爱礼的声音："是我，爸爸。"

陈嘉庚转过身："哦，是爱礼，进来吧！"

陈爱礼提个小提包，怀着忧伤的心情推门入室："阿爸！"

陈嘉庚："你怎么找到这里来？"

陈爱礼："大哥告诉我的。"

陈嘉庚："济民到南益任职了？"

陈爱礼："是的，光前聘他担任南益经理。"

陈嘉庚："唔。"

陈爱礼看到寓室四壁萧索，家具简陋，不禁心头一酸，哽噎地说："阿爸，你住这里不方便吧。"

陈嘉庚："怎么不方便，又可以读书，又可以写作……"

陈爱礼："但是生活上……"

陈嘉庚："我都六十多岁了，又不是三岁小孩，何况怡和轩有工役、厨子。"

陈爱礼："我们想替你买一幢房子……"

陈嘉庚："你们想把我关起来呀。"

陈爱礼："阿爸……"

陈嘉庚自感话说过头，连忙改换口气："企业虽然收盘了，但我还有许多事要做，你知道吗？"

陈爱礼："知道。"

陈嘉庚的故事
CHEN JIAGENG DE GUSHI

陈嘉庚："你们兄弟姐妹大都成家立业，最小的也已长大成人，用不着我操心。现在我操心的是这变幻不定的时局。"

陈爱礼："在自己住宅里照样可以关心时局。"

陈嘉庚："那可不像住怡和轩这样方便。"

陈爱礼细想之后，点了点头："嗯。"

陈嘉庚至此才发现女儿一直站着，他亲切地招呼："爱礼，坐吧！"

陈爱礼坐定后，陈嘉庚问道："成义、成智、成伟都好吗？"

成义、成智、成伟是李光前与陈爱礼的孩子，陈嘉庚的外孙。

陈爱礼："孩子们都好，成义、成智已经上小学了。"

陈嘉庚："孩子从小要严加管教。"

◆ 怡和轩

陈爱礼："是的，爸爸。"

陈嘉庚："南益近来生意好吗？"

陈爱礼："还算顺利，向爸爸承接的胶厂、饼干厂都经营得不错。"

陈嘉庚："光前是个很难得的人才。古代圣贤教人三从四德，未必完全符合于现代，但作为妻室的，应辅佐夫君成就大业，这点你该明白。"

陈爱礼："孩儿明白。"

陈嘉庚："你们兄弟姐妹都该各奔前程，努力创立自己的事业。我是怡和轩的总理，住在这里很好，你们用不着操心。"

陈爱礼："但明天晚上是除夕，后天就是大年初一，你一个人住在这里……"

陈嘉庚："这有什么关系。"

陈爱礼："兄弟姐妹们要拜年……"

陈嘉庚："就到怡和轩来拜年嘛！"

自此，陈嘉庚的子女儿孙每逢正月初一到怡和轩向他拜年，就成了定例。

陈嘉庚离家独居，虽然不近人情，但也有好处。

经过独居一年的认真读书和思考，六十二岁的陈嘉庚又以龙腾虎跃之势，再度出山。

1936 年 1 月间，中国国术馆张馆长率领国术南游团前来新加坡，进行表演宣传。一向提倡发扬祖国优秀文化传统的陈嘉庚，在怡和轩举行欢迎大会，规模比欢迎国内政府派来的宣慰专员、特派专员的仪式还要盛大。

会上，他慷慨激昂地说：

国有文武，文是国文，武即国术；国文不可废，国术也不可废。

然后，他把话锋引申到革命，说：

工业需要革命，文化也需要革命，还有更重要的一项，就是心理的
革命和人格的革命。如果人人人格不加改革，心理不加改革，就是满清

推倒、袁世凯打倒、军阀弄倒也是无用。不唯无用，地方更要纷乱。我说，革命可分公私两种。工业的革命，文化的革命，政治的革命，这是公的；心理的革命，人格的革命，这是私的。公的革命个人做不来，不能做，可以让别人去做。至于私的革命，如心理的革命，人格的革命，这些不能让别人去做，应该自己来做。

紧接着这振聋发聩、超时代见解的演说之后，陈嘉庚发起了一场革新华侨社会风气的运动。

原来，南洋华侨迷信、奢靡之风盛行，不少人为婚丧喜庆、迎神赛会耗费再多钱财也在所不惜，而对社会公益事业则裹足不前。陈嘉庚已经多次向这些陋习进攻，但收效甚微。特别是亲人逝世后举行的丧葬仪礼，不仅没有改良，反而更加奢华。稍有家产的人做起丧事，都要大吃大喝，大吹大擂，弄狮舞龙，彩阁装戏；出殡队伍更是锣鼓喧天，中乐西乐，光怪陆离，无所不有。穷家被迫仿效，甚至借债办丧。这不仅耗费无谓的资财，而且违背了丧仪主哀之义。

陈嘉庚每次在路上遇见华侨的出殡队伍，都为之羞愧痛心，感到无地自容。现在他已退出商界，时间比较充裕，便下决心要花大力气来改革丧葬仪礼。

首先，他在自己主持的福建会馆成立一个"丧仪改良委员会"，发表革新宣言，并通过《南洋商报》大造舆论；然后召集一批有志之士和青年学生，组织宣讲团，分头到六个宣传区进行宣讲；接着召开闽侨大会，作出决议，制订闽侨公约，革除丧事铺张及宴饮赌博，规定装有死人的棺柩不得留过七天，出殡队伍不得喧闹招摇。公约颁布后，又登报劝告侨众，并责成福建会馆各区负责人，每逢闽侨丧事要亲自前往丧家吊唁志哀，同时劝诫不要再奢靡铺张。经过这样不懈的努力，果然收到效果。自1936年起，不仅闽侨丧仪得到改革，新加坡其他各帮华侨也随着推广，丧仪新风逐渐扩展到全南洋。

华侨丧仪的革新，影响极为深远。改革见效后，陈嘉庚进而关注华侨蓄养婢女的问题。

这是一个历史遗留下来的复杂问题。

当年中国国内农村落后，有的穷困农家无法生活，忍痛将自己的女孩卖到南洋当华侨的婢女；而南洋各处的殖民地政府，对此未加禁止，使华侨蓄养婢女无形中合法化了。

但这些婢女到了主人家，大多受到不同程度的虐待，因此越来越引起社会的广泛关注，有的人甚至主张立即禁止蓄婢。

陈嘉庚同样认定华侨蓄婢最终必须废除，但他从实际出发，认为废除蓄婢不但牵涉到蓄婢的华侨，也关系到婢女的出路，因此主张首先应该采取有力措施，切实改善婢女的待遇，并积极为废除蓄婢创造条件。这一主张得到新加坡政府和广大侨众的赞同。经过陈嘉庚的努力，新加坡华侨虐待婢女的现象大为减少，婢女的待遇得到较大的改善。

对当年新加坡的"跳舞营业"，陈嘉庚则是极端反对。他认为开设营业性的舞厅、招纳专业性的舞女来陪伴舞客跳舞，是一种变相的卖淫；认为那些奇装异服、唇红口丹的舞女"毫无廉耻"；指责舞厅推出的"日舞、夜舞、酒舞、茶舞，时时可舞，事事可舞"是祸害华侨的陷阱。

为了阻止"跳舞营业"，陈嘉庚呼吁各华侨社团加以抵制，并写专函给新加坡总督，要求总督府设法禁止；如果不能禁绝，也应当把跳舞厅设在离市区五英里外的地界，并禁止日舞、茶舞等奇祸。

此外，陈嘉庚还为废除当年仍然在华侨中流行的长衫马褂而大声疾呼，指出长衫马褂是清朝遗留的服饰，不仅属亡国之风，而且于工作不便；提议男子改穿中山装和西装，女子则改穿短衣长裤或仿效西服；并提出国民服装应以维新、经济、美观、大同、有恒等五项原则为标准。

为了改革民族服制，他在《南洋商报》和上海《东方杂志》上发表文章进行呼吁，还专函呈请南京政府立法院限期禁除，尽了自己最大的努力。可惜的是，陈嘉庚改革国民服制和"禁止跳舞"营业的倡议，当年都未能被有关当局所采纳。

「日军疯狂侵略我国领土，挑起战争，祖国大好河山陷入敌手，华南侨乡也不能幸免……」

第二十章
勇挑大梁扛重任

陈嘉庚企业收盘前后的几年间，日本帝国主义加紧了对中国的侵略。

1931年，日军制造了震惊中外的九一八事变。

九一八事变后，由于国民政府军事委员会委员长蒋介石采取不抵抗政策，助长了日寇的侵略气焰。日军很快占领了东北三省，进一步侵入热河、察哈尔（今属内蒙古自治区）；然后调集大批海、陆军，于1932年1月28日猛然攻击上海，继而在1933年大举进攻长城各口；1935年更调遣其主力关东军入关，进一步控制了华北。

1937年7月7日晚上10点30分，侵驻华北的日军在北平（今北京）西郊卢沟桥附近进行夜间演习，演习结束时，借口丢失一名士兵，要求进入宛平县城搜索。宛平守军二十九军吉文星团婉词拒绝，日军即开枪射击，并于第二天出兵卢沟桥，炮击宛平城。中国军队忍无可忍，遂奋起抵抗。这就是历史所称的七七事变。

在这国家、民族的生死关头，全国军民强烈要求团结一致抗击日寇。蒋介石迫于全国民众的压力，于7月8日电令宛平守军"固守勿退"；接着，电邀全国军政要人到庐山，于16日开始举行抗战谈话会。中国共产党派代表周恩来、秦邦宪、林伯渠参加这次会议，并于17日同国民党方面的蒋介石、张冲、邵力子会谈，表示愿意将红军改编为国民革命军，开赴前线抗击日寇。

七七事变的爆发，震撼着千余万海外赤子的心，全球各地的华侨立即掀起轰轰烈烈的反日爱国运动。离祖国最近的南洋各属华侨，更是纷纷组织起来，一面强烈抗议日寇暴行，一面捐款支援祖国抗战，并对日本实行空前规模的经济抵制。

新加坡的华侨在陈嘉庚领导下，于8月15日召开侨民大会，决定成立"新加坡华侨筹赈祖国伤兵难民大会委员会"，简称"新加坡筹赈会"；大会一致选举陈嘉庚为主席，决定办事处设在怡和轩俱乐部；另在市区内外设分会三十余处，以使各项工作更加普及、深入。

新加坡的抗日爱国筹赈运动开展起来后，陈嘉庚又在吉隆坡召集全马来亚十二个邦的华侨筹赈会代表开会，议决成立马来亚各邦筹赈会通讯处，以便和祖国政府联系，并加强各邦之间的联络。

◆ 陈嘉庚在南侨总会成立大会上发表演讲

这时，国内的抗日战争日趋激烈。

日寇在攻占北平、天津之后，转而猛攻上海。

面对武器装备占绝对优势的强敌，上海军民浴血苦战，寸土必争，给日寇以沉重打击。据日本陆军省自己宣布，至 1937 年 10 月底，日军在上海战场死伤四万多人。而中国军队据不完全统计，伤亡近三十万人，牺牲之巨大、之壮烈，在中华民族抵御外侮的历史上几乎是空前的。

日寇在进攻上海的同时，调集七个精锐师团投入华北战场，攻势十分凌厉。到 1937 年 10 月底止，南口、张家口、大同、保定、集宁、包头、归绥（今呼和浩特）、石家庄、邢台、德州等要地相继失陷。

11 月 12 日，经历三个月艰苦卓绝的保卫战，中国军队撤出上海。

攻陷上海的日寇，随即逼近南京。

11 月 20 日，国民政府通告中外，将首都从南京迁到陪都重庆。

12 月 13 日，日军攻陷南京后实行惨绝人寰的大屠杀，中国军民被害者达三十多万人。

到 12 月底，杭州、济南、青岛等要地也相继失守。

不到半年啊，祖国最富庶的江浙平原和华北平原，首都南京、故都北平，最大城市上海、第二大城市天津，以及全国绝大部分重镇，相继陷入敌手……

这叫陈嘉庚怎能不忧虑如焚，痛心疾首。

1937 年过去，1938 年来临。1 月 16 日，日本政府公布了对华政策声明书，宣称不以国民政府为对手；20 日，国民政府驻日大使许世英下旗回国。接着，日军又攻陷烟台、新乡、临汾、凤阳、定远、风陵渡、枣庄、南通等城。5 月间，著名侨乡厦门突然被日寇占领，南洋华侨闻讯十分震惊。

为了援救华南侨乡免受日寇蹂躏，菲律宾华侨领袖李清泉首先提出倡议，研讨华侨如何更有力地支援祖国抗战。他在给陈嘉庚的信中建议召集南洋各埠侨领在香港或新加坡开会，讨论电请中央派兵援闽及组织筹款总机关之事，恳望陈嘉庚出面领导。与此同时，爪哇吧城（今印度尼西亚首都雅加达）华侨领袖庄西言也致函陈嘉庚，恳请陈嘉庚在新加坡组织南洋华侨总会，以统一领导南洋各属抗日筹赈救亡运动。

陈嘉庚义不容辞，慨然接受。

当年被称为"南洋"的地区，就是现在的"东南亚"。第二次世界大战以前，该地区还处在西方列强的殖民统治之下，其范围包括英国所属的马来亚、新加坡；荷兰所属的东印度群岛（今印度尼西亚，主要大岛有爪哇、苏门答腊），法国所属的安南（今越南）、柬埔寨、老挝；美国所属的菲律宾，以及暹罗（今泰国）、缅甸、婆罗洲（今加里曼丹岛）、文莱等地和香港、澳门。南洋华侨共计一千万人。

陈嘉庚征得新加坡总督府同意并和国民政府行政院商妥之后，决定一方面由他在新加坡设立筹备处代发《通启》，一方面由国民政府通过驻南洋各地的领事，传知各属侨领前来新加坡开会。

经过紧张的筹备，1938 年 10 月 10 日"双十节"，来自南洋各地四十五个埠头的华侨代表一百六十四人，汇集新加坡，举行南洋各属华侨筹赈祖国难民会代表大会，在控诉日本军国主义数十年来野蛮侵略中国的罪行之后，庄严向全世界宣告：

中国之抗战，实为御侮而战，实为自卫而战，实为维护国际盟约而战，实为保障世界和平而战。

大会同人，集议依始，用首次决议通电拥护国民政府及蒋委员长抗战到底。

华侨素有"革命之母"之令誉，爱国精神，见重寰宇，七七以来，输财纾难，统计不下一万万元，南洋方面，占十之八。此在道德的义务上，可谓已尽；而在国民天职上，究有未完。盖国家之大患一日不能除，则国民之大责一日不能卸；前方之炮火一日不能止，则后方之刍粟一日不能停。吾人今后宜更各尽所能，各竭所有，自策自鞭，自励自勉，踊跃慷慨，贡献于国家，使国家得藉吾人血汗一洗百年之奇耻，得藉吾人物力一报九世之深仇。大会全体代表决心与南洋全体侨胞共同努力，充大精诚，固大团结，宏大力量，以为我政府之后盾，则抗战断无不胜，

建国断无不成。

为使南洋各属筹赈机关能密切联系而冶于一炉，全南洋一千万侨胞能精诚团结而化为一体，大会议决组织"南洋华侨筹赈祖国难民总会"，简称南侨总会，负责领导全南洋的抗日救亡筹赈运动，办事处设在新加坡怡和轩俱乐部；代表大会一致选举陈嘉庚为总会主席，选举爪哇吧城的庄西言、菲律宾的李清泉为总会副主席。

全南洋各属一千万华侨打破地域、帮群、行业的界限，组织统一的总领导机关，这在华侨历史上既是空前的，又是绝后的。

陈嘉庚成为全南洋各属一千万华侨共同拥戴推选出来的总领袖，在历史上则是前无古人，后无来者。

迁都到重庆的国民政府以及国内外一切爱国人士，对南洋华侨召开代表大会、组织总领导机关当然极为重视。国民党总裁兼军事委员会委员长蒋介石、国民政府主席林森、行政院院长孔祥熙，以及各省政府主席、各战区司令长官、各著名社会团体等，拍来贺电就有一百件。大会期间，数十名中外记者前来采访，拍摄有声电影；海内外知名人士及新、马华侨列席参加者近千人，其规模之盛大，场面之隆重，在华侨史上都是前所未有的。

大会决定在闭会期间，由南侨总会行使其一切职权，并授权总会主席陈嘉庚对外代表南洋一千万华侨，对内领导各埠会工作。

「国民政府急需华侨捐输时想起了陈嘉庚。陈嘉庚总结历来华侨捐输经验为十二种办法，体现了华侨爱国爱乡的伟大精神。」

第二十一章
『筹款能手』显身手

艰难的、错综复杂的 1939 年到来了。

除了中国军队在日寇的进攻下节节败退外，国民党政府更遇到了财政上的困难。1938 年结算下来，岁入只占岁出的百分之十八，财政亏空近二十亿元。钞票印刷机是开动了，但来自英国的财政顾问不同意增印太多。怎么办？除向英、美、法、苏、德借款外，最好的办法莫过于请华侨捐输。陈嘉庚就是最佳人选。国民党当局立即拍了一封电报送往新加坡。

说起募捐筹款之事，早年被誉为"筹款能手"的陈嘉庚当然很在行。但以往的筹款都是为特定项目而进行的，如救助灾民、保安拥政、办学办医、赈济惨祸，等等；事件发生就筹款，筹募多少算多少；时间一般都比较短，最长也不超过一年。

这回抗日救亡的筹赈运动，情形却大不相同。虽气氛之热烈，范围之广阔，乃前所未见；然时间之长久，负担之沉重，亦前所

陈嘉庚的故事
CHEN JIAGENG DE GUSHI

未有。加以国内战局失利，政府高官投敌，侨胞的捐款热情难免受到影响。要使筹赈工作持久地、深入地开展下去，不能不说步履维艰、难题重重。

陈嘉庚并没被这难题难倒，他担任南侨总会主席之后，就留心博采各埠属会的经验，总结出一套长、短期相结合的筹款办法。现在国民政府来电，正好借此机会把这套包括十二大项的筹赈办法进一步推广开来。

这套筹款办法能有效吗？

请先看看它的具体项目：

一、特别捐——即一次性的捐款。在召开全侨大会、筹赈大会或纪念日大会时，发动侨众当场认捐。其他如遇到国内发生灾情(如黄河水灾)，或国内提出新要求(如急需寒衣)等，就立即发动，专筹专用。

二、常月捐——即经常性的捐款。工厂、行店、公司及个人，根据自己的能力，向筹赈会报认至抗战最后胜利时，每月捐款多少，以后即按月如数缴交。这种办法较能持久，但要筹赈会负责进行催收，才能见效。

三、货物助赈捐——各厂、店、公司根据出产产品及经营货品的价值，议定每件征收义捐的数目，以后每月按产品、货品数量缴纳捐款。如橡胶每担议定征一角，全新加坡华侨胶商每月共出产橡胶三十多万担，这样单橡胶助赈捐一项，每月就有三万多元。其他糖、米、鱼、木材、杂货等货物助赈捐合计约五六万元。这种方式只要办理得当，最为持久有效。

四、纪念日劝捐——在阳历元旦、阴历正月、五九、七七、九一八，八一三、双十节，以及孙中山诞辰、逝世等纪念日，对侨胞进行劝捐。这种方式结合宣传，效果甚好。

五、卖花卖物捐——每逢纪念日或节假日，以华侨中、小学生及妇女为骨干，组织人数众多的卖花、卖纪念品物的队伍，向公司、商店及个人劝售，或在街头巷口及游艺场所摆摊发售。这种方式常取得很大成绩。

六、义演义赛捐——由演剧队、歌唱队、球队、国术队无代价进行义演义赛，票价比通常演出高出数倍甚至十数倍，入场券印制精良，可留作纪念品。这种方式效果也好。

七、游海游艺捐——组织大规模的游海游艺活动，入场券分等标价，印制精良，可留作纪念品；在场内还可进行卖花、卖物。这种方式以娱乐吸引群众，数月举行一次，成绩亦佳。

八、迎神拜香捐——在华侨迎神拜香时，劝导当事人节约开销，移款助赈；在华侨做普渡时，劝勉各家各户俭用少耗，节资助捐。各寺、庙、庵、观每逢佳节神诞，香火热闹，人山人海，则应组织卖花卖物队前往。因华侨迷信旧习，一时难除，总认为迎神拜香乃诚心向善，利用这种机会进行劝捐，常收巨效。

九、设义捐箱于公共场所——这类义捐箱，高约二尺多，宽约一尺多，箱面上绘有伤兵、难民或书写标语，以吸引侨众，箱子贴封加锁后，放置在公共场所或大机关大商行门口，托单位人员代管，按期由筹赈会派员会同管理人员开箱，核结款数，给管理人员以收据，并予表扬，效果尚好。

十、托义捐箱于舟东小贩——这类义捐箱较小，上有筹赈会标记，托交车夫、舟子及小贩，挂在车、船及货担之旁，任人自动投捐，并约定时间，一起把义捐箱集中到筹赈会，当场开箱点款，当场给予表扬，成绩特佳者发给小锦旗，以资鼓励。这种方式集腋成裘，虽钱数不多，但对普及爱国教育收效甚宏。

十一、加强筹赈宣传——多设阅报室，摆放大量抗战报刊书籍，任人观阅；编写白话传单，隔若干时日印刷一期，广为散发；组织演讲队，在街口、村头、土坪、石埕，或借戏台、会场，作通俗演讲，讲词力求简短生动，并使用乡土浅白之语句，使妇孺老幼及文盲者都懂抗战筹赈的道理，以激发他们的捐款热情。

十二、遍设分支机构——十室之邑，必有忠信。只要有华侨的地方，不论是城镇、街巷，或是山芭、村落，都设立筹赈会的分支机构，实行层层负责制，成绩优良者予以通报表扬或登报表扬，以资相互激励。

以上十二项办法，是南洋侨众共同创造出来的，集半个世纪以来的筹款经验之大成。陈嘉庚精心加以总结之后，又加以推广。可以想象，当这十二项办法切实推行之时，南洋华人社会那种为抗战捐输的情景，该是多么热烈，多么普及，多么深入，又多么持久啊！

除此之外，陈嘉庚深知华侨们汇回家乡的"侨汇"，对祖国来说就是"外汇

◆ 华侨司机、机工踊跃回国参加抗战

收入"。因此，他在推进义捐的同时，通过各埠属会，进一步发动侨胞多汇家费回国。

经过南侨总会和各埠属会的努力，仅 1939 年，南洋华侨汇回祖国的款额共计国币八亿元，其中义捐约占十分之一，达八千万元；其他七亿二千万元属华侨汇给国内家眷的私人汇款。

但这八亿元都是外汇"硬通货"。按照当时世界各国发行纸币公例，一元基金发行四元纸币，其信用便可称稳固。国民政府用这八亿元外汇作为基金，可以发行国币三十二亿元。而据军事委员会总参谋长何应钦在参政会上的报告，1939年全年战费开支共十八亿元。这样，以南洋华侨汇归祖国的外汇为基金发行的国币，除解付国内侨眷家费七亿二千万元，以及战费十八亿元之外，还有近七亿元可供国民政府做其他用途。

南洋华侨的义捐和侨汇，已成为国民政府在抗战时期的财政支柱。

但是，陈嘉庚并不认为南侨总会仅仅是个单纯的筹款领导机构，更不因南侨总会不断为抗战筹募到大笔款项而满足。他认为自己既然接受全侨委托，就该着眼全局。不论是经济的，政治的、外交的、文化的、只要事关祖国神圣的抗战大业，他都必须负责任地加以领导；只要有利于祖国神圣的抗战大业，他都必须切实予以支持。

陈嘉庚热情赞扬马来亚柔佛日商铁矿的华人工人的爱国行动。在柔佛日商铁矿谋生的华人工人，在七七事变后获悉他们所开采的铁矿被运回日本制造枪炮以杀害祖国同胞，便全体弃职离矿。华人工人的爱国行动致使日商铁矿几乎全部停闭。陈嘉庚闻讯后极为感动，他亲自前往慰问这些铁矿工人，为他们安排生活出路，愿意回归家乡者，就资助旅费；愿意留在南洋者，则代找职业；一时找不到职业者，先安顿食宿，使三千名牺牲个人利益、弃职反日的铁矿工人都得到妥善安置。

陈嘉庚支持华侨抵制日货的运动，甚至不顾个人在殖民地政府中的声誉，亲自出面干预日货的销售。有一回，他在筹赈游艺会开幕式上的讲话中，公开指责新加坡市政局一个主张采购日本洋灰（水泥）的华人局员，痛骂这个局员身为中国人，却忘掉了祖宗，忘掉了国内受难的同胞，促使市政局取消采购日本洋灰的计划。他还支持新加坡华侨的秘密爱国组织"民族解放先锋队"，对该队队员采取强硬手段推进抵制日货运动予以默许，并多方加以保护，虽遭殖民政府当局的追查，也决不缩手。

七七事变后，中国沿海港口大多被日寇攻占，从国外输入物资极为困难。特别是广州沦陷后，香港通道被阻，安南通道也难保长久，国民政府于是加快西南大后方滇（云南）缅（缅甸）公路的开筑，并将积存在香港的两万余吨军火大部分转移到缅甸首府仰光，准备再从仰光运入云南。但滇缅公路的通车，除公路的修筑外，还需要大批驾驶人员和机修人员。国民政府有关机构请求陈嘉庚代雇司机及机工回国，在滇缅路和西南各地服务。这是关系抗敌的大事。陈嘉庚接电后，立即以南侨总会名义发出通告，同时致函马来亚各埠会进行鼓动，几个月之间，热烈报名回国者达三千二百余名。这些司机、机工绝大多数在南洋有优厚的收入，为了抗战甘愿牺牲个人和家庭的利益，有的还自带全套机修器具回国，精神至为感人。华侨司机、机工的努力保证了滇缅公路的及时通车，并使之成为中国抗日战争的运输大动脉。

1939年9月1日，纳粹德国悍然出兵，进攻波兰。英国与法国相继对德宣战，第二次世界大战全面爆发！早就注视着国际形势发展的陈嘉庚接到英、法对德宣战的消息，立即召开筹赈委员会，研究对策，最后通过拥护英、法对德义战的决定，并以南侨总会名义发出题为《吾侨应尽力拥护英国与法国对德之义战，南洋各地可免战事威胁，要当安居乐业遵守法律维持秩序》的通告。这份标题长达四十一个字的通告，剖明抗日救亡爱国运动与拥护世界反法西斯正义战争的关系，断言"日德两国戎首，势必相继崩溃"。该通告在报纸上公开发表后，得到英、法、美等国的赞扬。自此，陈嘉庚领导的南侨总会开始加入世界反法西斯的行列。而南京国民政府一直到1941年12月太平洋战争爆发后，才与德国正式断交，加入反法西斯同盟。

武汉合唱团到南洋宣传抗战和义演募捐，陈嘉庚资助他们旅费和膳费，团员每人每日还发给零用钱两角，使他们顺利完成一年多的巡回义演工作。该团回国时，他还批准新加坡筹赈会赠予每个团员叻币五百元，对热心救国的文艺工作者给予精神加物质的鼓励。

1939年以来，抗敌前线伤、病员增多，国民政府致函陈嘉庚，请求供应大量金鸡纳霜、阿司匹林等药品及救伤绷带等物。这是直接为伤兵难民服务的大事。陈嘉庚接函后，立即以南侨总会名义敦请有关地区加紧办理。救伤绷带比较简单，由香港办寄。金鸡纳霜是荷属东印度特产，就请爪哇、苏门答腊等地购赠五千万粒，三个月内全部募足运往中国。阿司匹林等药，向药店购买成品很贵，如果自己制造则可节省大半费用。陈嘉庚过去经营过制药厂，便购置成套机器设备，运入四川，扩大重庆炼药厂，生产相关药品以供应抗战对药品的急需。

于是，陈嘉庚领导的南侨总会，除了筹款支撑国民政府的财政并兼负南洋华侨政治领导的职责外，又成了中国抗日战争重要的后勤机关。

陈嘉庚因之被国民党要员和政府各部门看成是一位大"财神爷"。

「邀请陈嘉庚赴重庆参加国民参政会。陈嘉庚不坐轿子，发表《辞谢无谓应酬》启事，党国要员深感难以侍候；但他待厦门大学、集美学校校友却亲如一家……」

第二十二章
难待候的『财神爷』

挑起世界大战的纳粹德国，仅仅用了三个星期，就把波兰一寸不留地全部占领，并在 1939 年年底之前横扫中欧。

中国战场上，国民政府军队依然节节败退；汪精卫叛逃后，重庆的和谈言论仍然甚嚣尘上。

仅仅两年半，中国沿海城市全部失陷，导致华侨返乡十分困难。如何才能使侨胞与祖国息息相通？

面对这种困难局势，陈嘉庚认为应当组织一支慰劳团回国。这样，一方面可以代表南洋侨胞慰问忠勇抗敌之将士和遭受苦难的同胞，以鼓舞抗战士气；一方面又可视察国内各方面的实际情形，返回南洋向侨胞报告，以激励支援祖国的热情。

由南侨总会出面组织，"南洋华侨回国慰劳视察团"于 1940 年年初组成，各地共选派五十名代表参加。其中荷属、英属各埠代表，先到新加坡集中，乘轮船到仰光后，经由滇缅公路入昆明

◆ 陈嘉庚（前左）和庄西言（前右）

转重庆；菲律宾、安南、香港等地代表，则取道安南进入广西，约定 4 月初到重庆会齐。

陈嘉庚并没有参加慰劳团。

"财神爷"陈嘉庚应国民政府的邀请，先期抵达仰光，准备出席 4 月 1 日在重庆召开的国民参政会，然后前往各战区慰问视察。

1940 年 3 月 26 日早晨，陈嘉庚和南侨总会副主席庄西言、秘书李铁民，在仰光机场登上国民政府派来的专机。

当他们隔着舷窗再次向前来送行的华侨挥手致意时，飞机已凌空而起，朝北飞行。在缅甸腊戌停留一小时后，专机改朝东向，很快就飞越缅中边界，进入云南省境。

啊，祖国，祖国，祖国的大西南！

起伏的山岭盘绕着银练般的公路，苍莽的林木望不到边，阳光下闪出村寨市镇，烟雾中现出果树茶园……

忽然，几条细流展现在脚下，一泓碧水映入眼帘。啊！是滇池。这清丽的高原湖泊，镶嵌在万山之间。昆明到了。

陈嘉庚的故事
CHEN JIAGENG DE GUSHI

专机在昆明机场停留一小时，然后直飞重庆。

下午三点钟，已能在飞机上俯瞰到三面临江图画般的山城。飞机在山城上空减速盘旋，压低高度，然后稳稳地降落在江底机场。

陈嘉庚往外一看，但见跑道之外旌旗飘扬、红幅横空，黑压压地站满了欢迎的人群。陈嘉庚顾不得旅途劳顿，激动地奔向舱门。

忽然舱门外传来一声"嘉庚先生"。

啊，这声音多么熟悉啊！

哦，是侯西反！这位去年底被新加坡政府无理驱逐出境的南侨总会常委，回国仅三个月，怎么就变得油光满面，腰粗体胖了？

"嘉庚先生！"侯西反边叫着边疾步登上舷梯，激动地伸出双手，把陈嘉庚扶下舷梯。

机场上顿时响起震耳的掌声，军乐队随即奏起迎宾的乐曲，其盛况之热烈，与前不久欢迎印度革命领袖尼赫鲁不相上下。

陈嘉庚那严肃的脸孔，刹那间堆满了笑容。他健步走下飞机，频频向欢迎人群挥手致意。

◆ 陈嘉庚在重庆机场

主持欢迎仪式的海外部部长吴铁城赶紧迎上去，紧紧握住陈嘉庚的手，热情洋溢地说：“我是吴铁城，特来恭迎陈嘉庚先生。”

　　“噢！是吴铁城部长，久仰久仰！”陈嘉庚向吴铁城答过礼，然后与陈树人、许世英、肖吉珊、张之江等中央党政要员一一握手。

　　军乐队继续奏乐，欢迎人群挥旗欢呼。

　　陈嘉庚在吴铁城、侯西反等人的簇拥下，走进了机场接待室。

　　简短的记者招待会之后，吴铁城就领着陈嘉庚等三人来到三顶轿子前。六名轿夫已在一旁等候。

　　“陈嘉庚先生，请上轿。”吴铁城指着三顶轿子，热情地说。

　　陈嘉庚一听要请他上轿，不禁后退两步，直摇着头说：“嘿，嘿，坐轿子？不，不，我不坐轿子。”

　　“哎！”吴铁城拉着他的胳膊，说，“嘉庚先生，这江底不好走，从江边到岸上的马路还有三百级台阶……”

　　陈嘉庚轻轻拨开吴铁城的手，说：“没关系，我自己能走。”吴铁城一看事情有点僵，连忙恳求道：“嘉庚先生不远万里而来，路途多有辛苦，还是坐轿子上去吧。”

　　“不坐，不坐。走吧，走吧！”陈嘉庚说着，挥起手杖，迈起步子，踏过江底，走到江边，拾级而上。

　　庄西言、李铁民兴高采烈地随着登上江岸的石阶。

　　吴铁城等无可奈何，只好跟着爬阶。

　　陈嘉庚率先到达岸顶，举目一看，傍岸街道，又窄又脏。

　　忽然几个脸擦脂粉、红唇卷发、身穿旗袍的摩登女郎，各挽着一个西装笔挺的男人，从陈嘉庚面前招摇而过。

　　陈嘉庚看着，不禁皱眉摇头。

　　吴铁城气喘吁吁地跟到岸顶，见到陈嘉庚直摇着脑袋，心想这老头子不识抬举，不坐轿子，现在准定是爬石阶爬得头晕目眩，于是靠上前去，装出十分关切的样子问道：“嘉庚先生，头晕吗？该是爬累了吧！”

"不是，不是。"陈嘉庚边答边朝着十几辆停在路旁等待顾客的人力车走去。

吴铁城赶紧抢上一步，奉承道："陈嘉庚先生，我们有汽车，不乘人力车。"

陈嘉庚转过头，瞥了吴铁城一眼，指着人力车说："我看看就是。"

陈嘉庚走到人力车前，仔细察看，只见每辆车从车篷到车轮，从座位到脚踏，全都污秽不堪，不禁深深地叹了两口气。

吴铁城看他胸脯一起一伏，以为陈嘉庚身体不舒服，再次关切地问道："嘉庚先生，你胸口闷吗？"

"不是，不是。"陈嘉庚有点不耐烦了。

"那就请上汽车吧！"吴铁城也有点焦急了。

"好吧！"陈嘉庚应道。

吴铁城于是带陈嘉庚等三人来到一辆汽车前面。组织部派来的招待科长已在那里等候。

陈嘉庚看到汽车车壳油光闪亮，但见挡泥板等处似有污泥，不由得又俯下身去，仔细察看车底及挡泥板，只见泥土积有足足一寸厚。

吴铁城不知就里，连忙跟着俯身寻找，边找边问道："嘉庚先生，你丢了什么？"

陈嘉庚察看完毕，直起身回答："没丢什么，走吧！"

招待科长赶紧拉开车门，陈嘉庚、庄西言、李铁民先后踏进车内。

吴铁城躬身说道："嘉庚先生，我还有公务，失陪了。"

"多谢了，请便。"陈嘉庚在车内答说。

招待科长看主客双方都已尽礼，便上车关上车门。"呜"的一声，汽车启动。"笛！笛！"司机按了两声喇叭，驾车沿着马路驶去。

一路上，陈嘉庚边与庄西言、李铁民交谈，边朝着车外观看。只见街上酒楼林立，仕女如云。但不时可以看到衣衫褴褛的贫民和负伤拐拐的伤兵在街上行走，偶尔还看到三两个乞丐……他不禁又皱起眉头来了。

汽车离开闹市，拐了一个大弯，然后沿着嘉陵江边的马路盘旋上坡，开进国民党中央组织部新置的嘉陵招待所。

招待科长一打开车门，七八个青年男女即刻从招待所蜂拥而出，有的搀扶客人，有的提皮包，有的则到车后搬行李，个个都是那样敏捷，那样热情。

一个长得壮实憨厚的男青年迟到了一步，无事可做，就迎着陈嘉庚走过来，鞠了个躬，用闽南话亲热地叫了一声："陈嘉庚先生！"

听到闽南话，陈嘉庚神情顿时振奋起来，他激动地问那男青年："你……你是闽南人？"

青年们一听陈嘉庚用闽南语问话，全都笑开了，大家齐声用闽南话答说："阮拢是闽南人（我们都是闽南人）。"

陈嘉庚高兴得不断点头："好噢，好噢！"接着又用闽南话问道："恁拢在（你们都在）重庆吃头路（谋生）？"

"是噢，陈校主。"一位面容俊秀的青年代表大家回答。

听到这青年称呼他"校主"，陈嘉庚更是高兴万分，连忙问道："你是哪一间学堂的？"

"我是厦大毕业的。"那位俊秀青年答道。

陈嘉庚听后，不禁有点疑惑，问："厦大毕业的？你来这招待所做啥？"

"他们是特别请来专门招待陈嘉庚先生的。"招待科长微带炫耀地说道。

陈嘉庚一听，大感惊讶："啊！特别请来这么多招待员，还有大学毕业生？"

"是啊。"招待科长笑答。

"怎么能这样？"陈嘉庚大惑不解又大感愕然。

招待科长一时摸不透陈嘉庚的想法，依然有点沾沾自喜，他装出温文高雅的姿态："陈嘉庚先生，先到屋里歇吧！"说着就在前面领路。

这招待所建在嘉陵江边的山坡上，一共有三幢平屋。陈嘉庚跟着招待科长走到中间一幢的门前，举目一看，外观还算朴素。

"这幢房子是专门安排给你们三位住的。"招待科长边介绍边带着陈嘉庚等三人进屋。

进屋后，招待科长带着陈嘉庚等三位客人边看房间边介绍："这里共六个房间……这间是陈嘉庚先生的寝室……这间是庄西言先生的寝室……这间是李铁民先生的寝室……这间是办公室……这间是客厅……这间是膳厅……厨房就在屋后……"

陈嘉庚看着那一色的新眠床、新橱柜、新沙发、新桌椅，不禁直摇头说："何必如此，何必如此……"随即又问道，"慰劳团五十个人4月初要到重庆，他们住在何处？"

"陈嘉庚先生请放心，海外部已经在市内一流的旅馆定好五十个头等床位。"招待科长答道。

陈嘉庚听后甚为不安：这样岂不是要开销大笔招待费？他沉吟片刻，继续问招待科长："这招待所还有两幢房子，都有无住人？"

"那两幢都还空着。"招待科长回答。

"去看看。"陈嘉庚说着，就走出平屋，来到招待所的另两幢房子。一看，房子刚粉刷好，尚未摆上家具，空空荡荡的。陈嘉庚连声叫好，并即刻交代说："铁民，把行李全搬过来。"

李铁民立即带着招待员们出屋，很快把三个人的皮箱、铺盖、网袋、帆布床全搬进空房子，随之打开那三张折叠式的帆布床，把支架撑开，搭在空房间里。

陈嘉庚指着张好了的帆布床，高兴地招呼招待科长和招待员们："请坐，请坐！"说着，自己先坐下。

庄西言、李铁民也帮着招呼大家坐到帆布床上。

招待科长一见陈嘉庚果真自己搭了帆布床，感到十分尴尬，忙劝说道："陈嘉庚先生，你们自己张搭帆布床恐怕不好吧。"

"怎么不好？"陈嘉庚反问。

"朱部长、吴部长知道了要责怪我们的。"招待科长说。

"不怕，有事我担待。"陈嘉庚反过来劝招待科长。

这时，招待员们开始领会到陈嘉庚的心意了。那位厦大毕业的青年就说："陈校主，这回为了招待你和南洋华侨回国慰劳团，孔祥熙院长特别召集各机关代表开会，推举海外部、组织部、政治部为招待委员会常委，从各单位调来几十个闽南人作招待员，并由财政部拨出八万元作专项招待费……"

听着自己学生的介绍，陈嘉庚的表情越来越严肃……

那位壮实憨厚的青年紧接着说道："他们说陈嘉庚是'财神爷'，一定要好好招待，所以重庆各机关还联合制订了一整套招待计划，嘉庚先生每日的午、晚餐，都分别由各国家机关宴请……"

"啊？果真是这样？"陈嘉庚不敢相信。

"这是应该的嘛。"招待科长答说，"嘉庚先生在南洋，为了祖国抗战日夜操劳，贡献是如此之大，回国慰劳视察当然要好好招待。"

"哎哟，哎哟！"陈嘉庚一探明情况，不禁大为焦急，连声说道，"怎么好这样做！怎么好这样做？"说着说着，就转对李铁民说："赶紧拟一份启事。"

李铁民即刻拿出拍纸簿，问道："怎么写法？"

陈嘉庚略一思考，就随口念出一篇启事来：

> 敬启者，余今日到达重庆，闻政府筹备巨款，准备招待慰劳团，余实感谢。然慰劳团一切费用已充分带来，不欲消耗政府或民众招待之费，况且在此抗战中最艰难困苦时期，尤当极力节省无谓应酬，以免浪费资财，耗费时间，妨碍工作，影响民风。今后如遇无谓应酬，本人和慰劳团当即敬谢，恳望政府及社会原谅。　　　陈嘉庚。

李铁民随之记录好。

陈嘉庚把记录稿审阅后，交代说："立即送到各家报馆，明日务必登载出来。"

当年在重庆，撰写文章投稿报馆，要看编辑愿不愿意采用，还要看检查官员愿不愿意放行。但刊登启事属于广告部门的业务，只按版面的大小计费，不需通过编辑。何况陈嘉庚这份《辞谢无谓应酬》的启事，比一般新闻更为新奇，平时抢都抢不到，现在却贴钱送上门。哪一家报馆不是当夜赶排，次早见报？

可是，有关人等万万没有想到，原先各机关联合制订的那一整套招待"财神爷"的计划，却被这一则短短的启事打得落花流水。组织部招待科长因之叹道："这位'财神爷'，真是难侍候！"

「陈嘉庚赴蒋介石私宴，才知国难当头高官营私。席间有人恭请他参加国民党时，陈嘉庚皱起眉头，默然不语。」

第二十三章

赴私宴婉拒入『党』

自 3 月 27 日在各报刊登《辞谢无谓应酬》启事开始，陈嘉庚度过了他在重庆的四十天。虽然他一则启事辞去了上百次的宴席，但并非一次宴会都没参加。如果是那样，就太不近人情了。

那么，他参加过哪些宴席呢?

据有关资料记载：在重庆四十天，陈嘉庚赴蒋介石私宴、公宴各一次；参加国民政府林森主席公宴、中央政府各机关联合公宴、立法院院长孙科家宴、组织部长朱家骅宴请各一次，总共仅六次。

这样，陈嘉庚就能够按照原订计划，进行较有意义的公务活动。这些活动包括：

晋谒蒋介石委员长，参加国民参政会并发表演讲。

出席重庆各界联合欢迎会、参政员欢迎会、中共驻重庆办事处欢迎会、重庆慈善机构联合欢迎会，并在各欢迎会上发表演讲。

拜访国民政府立法、司法、考试、监察、行政等五院院长及参政会会长、各部部长；

在住所接待军委副委员长冯玉祥，中共党员林祖涵、董必武、叶剑英，中央日报王经理，全国记者协会主席范长江，挚友、参政员黄炎培等。

接见厦门大学、集美学校在重庆的校友、回国华侨机工代表、重庆公务员代表和其他来访者。

参观重庆的工厂、工业合作社十余家及重庆郊区农村。

将全部南洋华侨回国慰劳团的团员，分成三个慰劳分团，安排好路线和行程，并任命各分团团长。

以上所列在重庆的活动，有的令人欢欣，有的令人烦闷，有的令人犯愁，有的令人振奋。而最为有趣的，莫过于"嘉陵宾馆赴私宴"一事，这里就不妨多说上几句。

先说这重庆，乃在四川盆地东南，古时名"巴"，隋朝改名"渝"，北宋徽宗特名之为"恭州"，南宋光宗始名之为"重庆"；因地属娄山与鹿头山的余脉，全城高低不平，故有"山城"之称；因位于长江与嘉陵江汇合处，水陆俱便，遂成为西南交道枢纽；加以四周沃野相连，物产丰富，城内人口繁密，百货辐辏，堪称天府宝库；1890年辟为对外通商口岸，1927年设立特别市。

抗战初期，日寇逼近南京，国民政府迁徙至此，定为陪都，于是大兴土木，在长江、嘉陵江沿岸以及北碚等处，建起一幢又一幢的楼房、宾馆、别墅、私宅，其中最著名的就是嘉陵江畔的嘉陵宾馆。

这一天入夜，嘉陵宾馆如临大敌，门前站着身穿军服、全副武装的警卫，四周还布下了不少便衣。

几辆美国新式的小轿车来过之后，有一辆掉转头，扬尘而去。不一会儿，这辆小轿车又驶回了宾馆。门前一个警卫跨前两步，拉开车门，从车上走下一位清癯结实的老人和一位魁梧肥胖的高官，他们俩便是陈嘉庚和孔祥熙。

陈嘉庚在孔祥熙的陪同下，步入宾馆大门，踏上铺着红地毯的台阶，走进灯光耀眼的走廊。这位被称作"财神爷"的六十七岁的老人，从江底机场登阶上岸时，步履十分矫健，现在却显得有些沉重。他边走边上下左右打量，终于停下脚步，问道："孔院长，这宾馆何时建造？"

"国府迁都重庆后着手兴建，前年底即告落成。"孔祥熙答道。

"这宾馆建筑款式新颖，内部装设堂皇，在重庆恐怕无出其右者。"陈嘉庚赞道。

"此乃祥熙参与设计，亲自督造，才建成这个模样。"孔祥熙说这话时颇感自豪。

"哦！"陈嘉庚笑说，"孔院长对建筑甚有研究啊！"

"兴趣倒也兴趣，"孔祥熙高兴地说，"何况这座宾馆乃兄弟所开办，为了营业兴旺，当然要精心设计，精心建造。"

"啊？"陈嘉庚听孔祥熙这一说，大感惊愕……

原来新加坡的政府，为了防止官员利用职权营私舞弊，操纵市场，规定公务人员不得私设工商企业，不得买卖公司股票，不得经营房地产和旅馆、娱乐场所，违者立即开除并处罚金。而孔祥熙身为行政院长，算是中国政府的总理，却自己开办起宾馆来了，这简直不可思议。

"怎么啦，嘉庚先生？"孔祥熙对陈嘉庚如此惊愕十分不解。

"此宾馆非国家之业产？"陈嘉庚反问道。

"当然不是。"孔祥熙答。

"此宾馆乃孔院长之营业？"陈嘉庚再问。

"对，乃兄弟开办之营业。"孔祥熙再答。

"在重庆，服官人员可以私设营业？"陈嘉庚再深一层质问。

孔祥熙连忙解释说："因国府迎客与宴请，需用宾馆，由一般商人经营，显然不妥，所以才由我出资开办。"

"唔……"这时，陈嘉庚已大感不满。

"嘉庚先生，蒋委员长和蒋夫人已经在里面等候了，我们走吧！"孔祥熙借题避开宾馆之事。

"好，走吧！"陈嘉庚说着，就和孔祥熙一道，拐进另一条走廊，来到一间金碧辉煌的客厅。蒋介石、宋美龄、宋子文、何应钦、戴季陶、朱家骅、陈布雷等都已在厅内，见到陈嘉庚进门，全都站起身来。

陈嘉庚上前与蒋介石紧紧握手，说："蒋委员长，十分抱歉，让您久候了。"

"勿要客气，今天请嘉庚兄前来便宴，一切从简，请勿见怪。"蒋介石带着奉化腔热情地说。

"从简最好，从简最好。"陈嘉庚应道。

蒋介石招呼道："请吧！"说着，就和宋美龄一起陪着陈嘉庚走出会客厅，来到宴客厅。

宴客厅中间一张大西餐桌，桌面上已放好西餐餐具。

蒋介石道一声"请！"便率先入席，陈嘉庚、孔祥熙等人也跟着入席。

女招待员上菜后，宾主频频举杯。

席间，蒋介石亲切地问："嘉庚兄到重庆已经半个月了吧！"

陈嘉庚："是噢，正好半个月。"

蒋介石："听说嘉庚兄半个月来，四处拜访，十分忙碌啊！"

"是噢！"陈嘉庚兴致勃勃，屈指历数，"除晋谒蒋委员长外，兄弟先后拜访了教育部陈立夫部长、行政院孔祥熙院长、军委会何应钦总参谋长、军事政治部陈诚部长、参政会王世杰秘书长、考试院戴季陶院长、监察院于右任院长、司法院居正院长、外交部王宠惠部长、交通部张嘉敖部长、经济部翁文灏部长、军委会白崇禧副总参谋长、立法院孙科院长、组织部朱家骅部长、海外部吴铁城部长，还有子文兄。"

蒋介石听后微笑道："嘉庚兄年近古稀，记性还这么好。"

孔祥熙等立即随声附和："陈老先生记性真好。"

陈嘉庚："惭愧，惭愧。兄弟书读不多，做事虽有记载，但更多用头脑强记。三四十岁时经营企业，账目一五一十全都记在脑子里，不用翻账簿照样一清二楚。现在老了，没有当年的记性好了。"

"嘉庚兄到重庆后所见景况如何？"蒋介石诚挚地问道。

"政治我是门外汉，愧不能言，工厂尚无暇参观。从市容来看，到处大兴土木，气象蓬勃，令人欣慰。只是人力车及汽车甚不整洁，街道、屋宅卫生也差；还有酒楼茶馆林立，交际应酬奢侈，全不合新生活的精神。"

"对，对，嘉庚兄提得对。"蒋介石说着，转对陈布雷吩咐道，"明天通令全市打扫卫生，严禁应酬。"

"是。"陈布雷应道。

蒋介石接着又说："嘉庚兄一再关心华侨回国司机的待遇，我已责令西南运输处妥善处理。"

陈嘉庚点了点头："谢谢蒋委员长。"

看着蒋介石与陈嘉庚谈个不休，女主人宋美龄未免有点不安，她忙招呼道："边谈边吃吧，来，来，我敬嘉庚先生一杯酒，祝嘉庚先生长寿！"说着举起杯，蒋介石等人也跟着举杯。宴席上的气氛立即热烈起来。

敬过酒后，何应钦边吃边问道："嘉庚先生，听说慰劳团准备犒赏抗敌将士，不知确否？"

"是噢！"陈嘉庚答道，"南侨总会逐月义捐全数汇交行政院，因此，慰劳团回国，未带金钱与礼品。但前日我与庄西言君商量后，对前方将士还应有所表示。何总长看看需要多少钱，请即告知，以便通过孔院长拨交。"

何应钦一听，十分欣喜，立即报告："现在前线的军队有二百八十师，人数二百八十万人；每人一元共二百八十万元；伤兵二十万人，每人按二元，计四十万元；合计三百二十万元。"

陈嘉庚当即应道："三百二十万元，可以。"说着，转对孔祥熙："请孔院长从南侨总会汇来的义捐款中拨付。"

"好。"孔祥熙立即应承。

见何应钦所求得应，宋美龄也开口了："去年难童保育会及寒衣募捐会承蒙嘉庚先生关怀，在南洋代募了五百余万元，由妇女慰劳会会员制出寒衣三十万套、棉背心二十万件，送给前方将士及后方难童，军民为之感奋。今年难童愈来愈增，物价又越来越贵，经费更加不足，恳望嘉庚先生能鼎力支持，再帮我们募捐一笔款项。"

"可以。"陈嘉庚当即应道，"只是难童、寒衣捐款不能占用月捐赈款，须专项筹募，明日我即拍电嘱新加坡南侨总会办理。"

宋美龄听后，连声道谢。

何应钦、宋美龄求过之后，朱家骅把话题一转，恳切地说道："嘉庚先生早年参加过同盟会，几十年来对党国贡献之大，在华侨当中首屈一指。今后抗战大业之决胜，建国伟业之完成，都需嘉庚先生做党国之栋梁，我诚挚地恭请嘉庚先生加入我党，不知先生意下如何？"

陈嘉庚一听，顿时皱起眉头，默然不语。

蒋介石与陪宴的党要们万想不到陈嘉庚会如此反应，大家一时不知怎么办才好。

宋美龄见场面十分尴尬，连忙打起圆场："哎哟哟，怎么只顾谈话不吃菜呢？哎呀呀，菜都凉了，快吃吧，吃吧！"说着用叉子叉了一块香喷喷的牛扒，放到陈嘉庚盘中。

尴尬局面总算打破，但谁也不敢再邀陈嘉庚入党了。

不知是事先安排好，还是一时灵感到，戴季陶边吃边说起来："我看只要热诚为国家为社会服务，入党不入党都一样。"

陈嘉庚点了点头，接过戴季陶的话，说："戴院长所言实为至理。华侨在海外乃寄人篱下，而且新加坡当局既要肃清共产党，也不承认国民党，如果社团负责人平素与国家政党无何关系，工作尚比较好做，不然则会引起当地政府格外注意，办起事来反而多生阻碍。"

朱家骅忙转过弯，说："有道理，有道理。"

至此，邀请陈嘉庚入党的话题不再提及，宾主再次举杯祝酒，只是宴会的气氛再也热不起来了！

「不惧威胁的陈嘉庚在国统区看到的是一片荒凉，感受到的是壮丁的悲惨，官员的腐败。面对外界对共产党的传言，陈嘉庚决定亲自前往延安，一探究竟。」

在重庆四十天，还有一桩事让陈嘉庚颇感意外，那就是头一回接触到中国共产党人。

陈嘉庚早些年在新加坡常听有人称共产党为"赤匪"，抗战以来外电却时常报道共产党领导的军队英勇善战的消息。这回初到重庆时，又听到一些熟人跟他说起共产党的根据地陕北延安等处，人民如何惨苦，生活如何穷困；共产党对稍有资产者就剥榨净尽，对反对者就抓去活埋；共产共妻，男女混杂，极无人道，不讲人伦，等等。

对这些传言，陈嘉庚很难辨别真假，因此很想探个究竟。

到嘉陵宾馆出席国民政府官员私宴的第二天，忽报共产党员来访，陈嘉庚不禁精神大振，当即亲自接见。

来客为林伯渠、董必武、叶剑英三人，他们一见到陈嘉庚，立即热情地称呼道："陈嘉庚先生！"然后一个个趋前与陈嘉庚握手，并作自我介绍。

原来三位都是国民参政员，曾竭力支持陈嘉庚痛斥投降派的电报提案。叶剑英原是北伐军的教导团长，林伯渠、董必武早年都参加过同盟会。

陈嘉庚仔细一端详，面前这三位来客衣着朴素，举止文雅，不像"极无人道"之人。他向三位来客表明希望国内团结一致抗战到底的愿望之后，问起近期国、共两党摩擦之事。林伯渠等用大量事实，诚恳地说明摩擦事件都是国民党当局挑起的，并一再表示坚持团结抗战的决心。这使陈嘉庚颇感欣慰。

五天后，陈嘉庚应邀出席了中共驻重庆办事处的欢迎茶会，见到了博古（秦邦宪）、叶挺和邓颖超，感到共产党人都热诚可亲，所说话语也入情入理，只是不知他们的根据地陕北延安等处实情如何。

由于欧洲战局日趋紧张，纳粹德国将入侵荷兰，南洋荷属殖民地形势日趋紧张，庄西言不得不提前返回吧城。陈嘉庚便由南侨总会常委、国民党人侯西反和总会秘书李铁民陪同，于1940年5月5日告别重庆，乘专机飞往四川省会成都，开始对各省、各战区军民的慰问活动。

成都乃三国时蜀国京都，颇具故都规模；当年刘备即在皇城北武担山登位。成都市内名胜古迹甚多。一到成都，陈嘉庚童心未泯，游兴勃起，急欲参观孔明等人的庙祠。原来他少年时熟读《三国演义》，对诸葛亮及刘备、关羽、张飞等人印象难忘，常常念叨只要能到成都，一定要去看看这些历史人物的祠庙。现在过了五十多年，幸遂夙愿，所以把其他事暂放一边，即偕同侯西反、李铁民赶到昭烈祠。

这庙宇十分宏大，门内庭中两边巨树森列，高耸挺拔。昭烈帝刘备神像在中座，左右为关公和张飞；两廊则塑有文武官员数十像，文之首位系庞统，武之首位乃赵云。

庙宇后殿为武侯祠，单独供奉诸葛孔明，香火极盛。

陈嘉庚想起诸葛武侯为臣之正，谋国之忠，德行之美，韬略之优，真乃古今第一人，心中无比敬仰。他反复参谒，情犹未尽，历观四周，流连忘返……

5月14日，陈嘉庚乘飞机到兰州，受到甘肃省主席兼第八战区司令长官朱绍良的热烈欢迎。

在兰州，陈嘉庚亲切慰问了当地军民，参谒了成吉思汗遗骸，巡视了市街及郊区农村。当他看到整群男童衣不蔽体，许多女童缠足裹脚，真是心如锥刺。特别是兰州市内所有街道全是土路，牛马骆驼、汽车大车一起通行，粪便油垢搅在泥中，臭秽不堪，叫人无法忍受。

离开兰州，陈嘉庚应邀请来到西宁。

关于从兰州到西宁的观感，陈嘉庚写道：

> 沿路所见，乡村住宅极其鄙陋，村民衣服破碎，不堪入目；男女孩童多露下体，贫苦之极，真令余心酸不已。

而对设在省府署内的招待所，他则作了这样反差强烈的描述：

> 布置极形华丽，床、帐、被、褥、地毯、桌巾，均为余生平所未享过。

第二天清早六点整，在有五千民众参加的盛大欢迎会上，陈嘉庚致慰问词并发表长篇讲演时，会场秩序很好，使陈嘉庚稍感欣慰。

访问视察过西宁，陈嘉庚拐回兰州，改乘汽车前往西安。抵达后，陕西省主席蒋鼎文和战区司令长官程潜、胡宗南立即前来招待所拜见。

在西安，陈嘉庚或被邀去赴宴，或被请去参观。今日是秦王府的欢迎大会，明日是七军校的学员操练，再一天到周文、汉武陵墓，又一天到城隍总庙游览，每天的活动安排得满满的。到 28 日，陈嘉庚才抽出身到七贤庄八路军办事处，联系好前往延安的各项事宜。

1940 年 5 月 30 日晨，西安八路军办事处门前，停放着大小汽车各一辆，大车上已坐着十几个担任护卫的八路军战士，并装载几大桶汽油。

陈嘉庚、侯西反、李铁民在办事处蒋处长陪同下，亲热地跟工作人员一一握手，然后走向小汽车。

这时，从对面皇城里驶出一辆新型的轿车，直开到办事处门前。陕西省政府接待科寿科长从车上下来，朝着陈嘉庚鞠了个躬，亲热地说："陈嘉庚先生，蒋鼎文主席派我用这辆轿车送你老人家到延安。"

征得蒋处长同意后，陈嘉庚与侯西反、李铁民乘坐这辆新车。三辆车组成一车队，出北门，过灞桥，经高陵，中午时分来到三原县。三原县政府组织许多民众在城外迎接，陈嘉庚深感不安。

在三原县吃过午饭，小小的车队继续北行，近晚到达宜君县。陈嘉庚进入县城后，头一桩事就是拜托宜君县县长电告中部县(今黄陵县)县长，说他明天要谒祭位于中部县界的黄帝陵，请代预作祭陵准备。

第二天早晨，顶着西北高原的逼人寒气，陈嘉庚又上路了。

汽车从宜君县开出，朝着黄帝陵的方向前进。

路上，陈嘉庚透过车窗，往外望去，但见前后左右尽是一片黄土。

黄土的山，黄土的路，黄土卷起蔽天的黄色尘柱……

"哎呀，该种上树木呀！"陈嘉庚心里想着。

汽车继续往前开。

前方渐渐地出现一串黑点。

"那是什么？"陈嘉庚边看边在心里问着自己。

成串的黑点逐渐靠近了。原来是一群人排成纵队，迎着汽车的方向走来。

"哦，是一群老百姓。"陈嘉庚心里显得不安。

这群人更加靠近了，他们身穿壮丁服装，被长长的绳索串绑在一起，一个国民党军官和几个持枪的国民党兵押着他们。

"啊！原来是一批被串绑着的壮丁……"陈嘉庚一震，更加关切地注视着。

汽车在公路上遇到行人，开始放慢速度，壮丁们的情况看得更清楚了。

忽然，那个国民党军官挥起手中的皮鞭，狠狠地抽打两个五花大绑的壮丁。

陈嘉庚再也忍不住了："车停一停，停一停。"

汽车司机刹住车，正停在壮丁们前面。

李铁民推开车门，陈嘉庚跨步下车，寿科长也下车跟随在后面。

国民党军官还在鞭打那两个壮丁。两个壮丁身上冒出一道道血红的鞭痕。

陈嘉庚气愤地喝道："给我住手。"

那个国民党军官一见是轿车上下来的人，不得不停止鞭打，但又不大服气地问道："长官您是从哪里来的，怎么不懂得中央军的规矩？"

"中央军对壮丁就可以这样绑押？中央军对壮丁就可以这样鞭打？"陈嘉庚厉声反问道。

啊！这不是在替我们这些被抓的壮丁说话吗？

我们这些老百姓，世世代代受欺压……

清朝时的官府，民国时代的军阀，都把我们踩在脚下……

现在国民政府说是要抗战，可是对我们依然是绑押、鞭打……

我们老百姓依然做牛做马……

今天，从哪里来的这位穿西装的老人家，竟然这样同情我们，替我们说了公道话……

壮丁们看着陈嘉庚那怒对国民党军官的架势，听着陈嘉庚那正气凛然的话语，一个个感动得泪眼汪汪。

那个国民党军官一看壮丁们那模样，摇头晃脑地数落道："哼，逃跑的壮丁，何止鞭打，按律还要枪毙呢。"

"住嘴。"寿科长朝着国民党军官喝道，然后转向陈嘉庚说，"嘉庚先生，老百姓很刁蛮，经常逃壮丁，因此抓到了不得不串绑起来，并给予适当的惩戒。我看咱别理他，还是赶路要紧。"

陈嘉庚痛心疾首："嗨呀……在南洋听说抓绑壮丁，我还不信……嗨！"说着，浑身发起颤来。

李铁民连忙把他扶住。

寿科长继续劝道："嘉庚先生，上车吧，中部县长正等着您去谒祭黄帝陵呢。"说着，与李铁民一起将陈嘉庚扶进汽车。

轿车载着陈嘉庚的余怒，继续驶向前方……

进入中部县界，远处一座山岭缓缓地迎面而来。

寿科长讨好地说："嘉庚先生，黄帝陵就在那座山上。"

陈嘉庚举目望去，但见整座山岭青翠葱茏，林木茂盛，与其他诸山截然两样，心绪顿感宽慰。

当汽车开到山脚时，中部县县长、县府其他官员及县城学生百余人已在那里迎候。

陈嘉庚连忙下车，向县长及欢迎者问候，然后再乘车绕坡上山，来到黄帝陵。县长等百余人随后也到。

祭拜仪式开始了。

陵前香案上摆列五牲六果，陈嘉庚手持三炷香，走到香案前，行过三鞠躬礼，虔诚地把三炷香插进香炉里，然后合掌，默默向中华始祖祷告：

中华苗裔陈嘉庚，敬拜于我民族始祖轩辕帝君陵前。

缘因三年来，我中华民族蒙受空前惨祸，东邻强寇必欲灭我民族而后甘心。皎皎中华到处炮火连天；熠熠神州四处铁骑横行。我中华儿女不愿沦为亡国奴，将血肉筑成了御敌之长城。

嘉庚远在海外，尚存赤子之心，数年来为支援祖国抗战奔走不停。现又不远万里，从南洋回国，考察国内情势，慰劳抗战军民，以期为祖国略尽绵力，聊表寸情。两个月来，历经重庆、成都、兰州、西宁、西安等地，见民众同仇敌忾，誓与日寇决一死生。然所到之处，政治腐败，官吏贪枉，民不聊生，嘉庚五内如焚。

在此民族生死存亡之刻，祈求帝君显灵显圣，降福播德，除邪立正，领我华夏苗裔战胜凶敌，使我中华民族从此振兴！

祷告毕，陈嘉庚从陵前捧起一把陵土，放在手帕内包好，然后站起身，望着那古树森列、气势雄伟的陵岗，久久不愿离去……

陈嘉庚的故事
CHEN JIAGENG DE GUSHI

「陈嘉庚在延安观察到了什么？人民为什么生活那样艰苦而精神却是那么高尚？重庆、延安两相对比，陈嘉庚面对延河水心中掀起怎样的巨浪？」

依依难舍黄帝陵……

拳拳一片赤子心……

为了当晚赶到延安，小小车队又出发了。

前面的一站是洛川县。

国民党陕西省政府所辖陕北各县至洛川为止，再过去便是陕甘宁边区。

汽车越过洛河，进入洛川县界，再驶行一个小时，县城已经在望了。只见城外站满了欢迎队伍，比三原、宜君、中部等县还要多上一两倍，而且队伍十分整齐，数百名身穿黑衣的赤足农民排列在前，公务员及各界代表排列在后。汽车一到，上千名欢迎者在县长统一号令下同时举手鼓掌。陈嘉庚连忙下车向大家答礼，然后在县长陪同下到招待所吃午饭。

中午时分的洛川虽红日高照，但寒气未消。陈嘉庚饭后步出招待所大门，望着那光秃的山岗和破旧的街道，感慨万千。正当

陈嘉庚的故事
CHEN JIAGENG DE GUSHI

他要上车赶路之时，忽然从街道两旁涌出一群身穿各色衣服的民众，齐声呼着："陈嘉庚先生，陈嘉庚先生！"

"哎，这是……"陈嘉庚正感疑惑，这些民众已经涌到他面前，一个个把手中的书札塞给他。

陈嘉庚莫名其妙，他一边忙不迭地接下书札，一边不停地向这些民众点头致意。

忽然，有几个曾经见过的脸孔映入他的眼帘。陈嘉庚不禁睁大着眼睛，仔细看着每一个递交书札的民众……啊！好像是那些黑衣赤足的农民……

对，对，没错！就是那些站在欢迎队伍前列的赤足农民，现在换上了各色衣服，穿上了布鞋，前来投书。

陈嘉庚愣住了。他机械地把所有书札收齐，脑子里一直盘旋着那些既是赤足农民，又是投书民众的脸孔，直至寿科长催他上车才清醒过来。

汽车在洛川县长、各界代表及投书民众的热烈欢送下开动了，瞬间就驶出县城，朝着陕甘宁边区前进。

陈嘉庚在车上将收到的书信分给侯西反、李铁民和寿科长拆阅，自己也拆开几封。

啊？怎么全是在诬骂共产党。

他转问侯、李、寿三人，他们看到的内容，也都大同小异，有的甚至污言秽语，恶毒攻击。

陈嘉庚恍然大悟：洛川民众投书原来是这样……

他将分送出去的书札全数收回，然后一把一把地撕成碎片，丢出车窗外……

书札碎片丢完，车队出了洛川，进入陕甘宁边区的富县，两县交界处，双方都有军人站岗。

汽车经过富县，没有停下，继续穿过甘泉，当天傍晚抵达延安。

延安位于陕西北部，延河中游，秦置高奴县，隋设肤施县，宋以后为延安府；辖境相当于现延安、甘泉、延长、延川、安塞等县地及大理河上游一带；宋时乃防御西夏的重镇，明末为农民起义最先发动的地区；府城濒临延河畔，周围有宝塔山、凤凰山、清凉山环峙，形势十分壮伟。

抵达延安的第二天，朝阳刚刚升起，陈嘉庚身穿陕北农民服装，来到延水河畔，开始对延安进行"微服私访"。

他沿着河滩而行……

一群妇女正在河边洗军装，边洗边说说笑笑。

陈嘉庚被妇女们欢悦的说笑声所吸引，不禁走了过去。

妇女们继续欢快地洗着军装。

陈嘉庚走到妇女们背后，伸出头仔细一看，点了点头，开口问一个十一二岁的小姑娘："小姑娘，你们洗的这些衣服怎么都是一个样子？"

"我们洗的是军装。"小姑娘仰起头来回答。

"哦，是军装，洗一件几多钱啊？"陈嘉庚又问。

众妇女"哗"的一声全笑开了……

"洗一件几多钱啊？""洗一件几多钱啊？"几个调皮的妇女模仿着陈嘉庚的腔调，互相逗乐。

这一逗大家笑得更厉害了。

陈嘉庚眯着眼，待妇女们笑声稍减，才问那位小姑娘："笑什么啊？"

小姑娘边笑边说："你这位老爷爷问得可奇了，洗军装哪还要钱？"

"噢！"陈嘉庚明白了，但又特意再问，"你们洗军装不要钱？"

"轰"的一声，妇女们又笑开了。

小姑娘回答说："军爱民，民拥军，团结一心打鬼子。洗军装是我们妇女的光荣，争都争不到，哪还要钱？"

"军爱民，民拥军，团结一心打鬼子……"陈嘉庚品味着小姑娘的话。

一个面容秀丽的中年妇女看陈嘉庚那身态和神情，站起身亲热地问道："您这位老大爷是从外地来的吧？"

陈嘉庚被她这一问，答不出话，连忙拔腿走开。

"哈哈哈哈！"妇女们再一次笑开了……

陈嘉庚离开河边，走了一段路，身后的笑声逐渐静下去，前面却传来了嘹亮的歌声。

他抬头望去，铺满朝阳金辉的河滩上，一个十岁左右的牧童赶着一群羊，正引吭高唱陕北民歌。

陈嘉庚被那壮丽的景色和优美的歌声吸引，情不自禁地朝着牧童走去。

牧童刚唱完一曲，见到一位老汉走到身边，而且含着笑注视着自己，就鞠了个躬，说："老爷爷，您早啊！"

陈嘉庚高兴地点了点头，答礼说："小牧童，你早。"说着，感到喉咙发痒，不禁咳嗽起来，连忙从衣袋里掏出手帕。

一个棕色的钱包被手帕拖出衣袋，掉在河滩上。

陈嘉庚把痰吐在手帕上，继续朝前走去。

钱包在河滩上十分显眼，牧童很快就发现。他捡起钱包，打开一看，里面有一沓钞票，大约四五十张。

牧童又惊讶又焦急……

哎，这钱包是谁的？牧童感到奇怪，心想前晌儿没看到有人来嘛……对了，准是那位老爷爷的！

想明白后，牧童连忙撒开腿，追赶陈嘉庚，边追边喊："老爷爷……老爷爷！"

陈嘉庚听到牧童的喊声，忙转过身，只见牧童手里拿着一个棕色钱包直奔过来，他仔细一看，原来是自己的钱包。

牧童跑到陈嘉庚跟前，问："老爷爷，这钱包是您丢的吗？"

陈嘉庚激动得讲不出话。但他并没有立即认领自己的钱包，却反问牧童："你们拾到财物找不到失主怎么办？"

"就交给乡政府呗。"牧童天真地答说。

陈嘉庚一听十分感动，当即回话说："那你就交给乡政府吧。"

"这钱包不是您丢的？"牧童有点疑惑，再次问道。

"哎……哎……"陈嘉庚不肯正面回答。

"好吧，那我就交给乡政府。"牧童说着，把钱包藏进怀里，睁着大眼再次看了看陈嘉庚，然后转身离去。

陈嘉庚望着牧童的背影，不禁陷入沉思……

太阳高高升起，陈嘉庚从沉思中清醒过来，他仰起头步出河滩，踏上公路，独自一人走呀走呀，走进了延安城。

举目四望，但见城内街店住宅多已倒坏，无人居住，陈嘉庚不禁皱眉摇头……好端端的一个府城，怎么弄得如此荒凉……

过了一会儿，城内行人逐渐多起来了。陈嘉庚停下脚步，注视着来往行人。只见男女百姓都穿着粗布汉装，另有一些男女青年穿着统一的蓝灰色军装；所有服装均甚整洁，比兰州、西安等地的老百姓穿得更好而且干净；人人的举止则端庄坦然，未见有男女不伦，未听有秽言妄语，风气和秩序比新加坡都要好，更不用说重庆等地了。

陈嘉庚认真观察了好一会儿，甚感满意，就随着行人穿过延安城，从另一城门走出城外，来到一处街市。

市街两边大小店屋百余间，有卖油盐酱醋的，有卖布匹百货的，有卖皮毛山货的，有卖陶瓷瓦罐的，也有的像是批发商行；每家店铺人进人出，生意十分兴隆。店屋门前，街头墙上，到处张贴着"团结一致，团结抗战！""打倒日本帝国主义！""人不犯我，我不犯人"等标语。陈嘉庚仔细验看，标语纸色已变，显然不是刚贴上去的，不禁点了点头，便就近走入一家挂着"延庆行"招牌的百货店。

延庆行一位店员热情招呼道："老大爷，您买什么？"

陈嘉庚打量一下这店铺，铺面上只摆着两三匹洋布，四五匹土布，六七打毛巾，八九双胶鞋，十几双布鞋，还有少量的针线、肥皂等日用品，甚感不解，就问店员："你们店里就是这么一点货？"

"何止这么一点，比这多上百倍都有。"店员回答说。

"有货为什么不摆出来？这样做生意能赚钱？"陈嘉庚再问道。

店员笑了笑，说："老大爷，您恐怕是从外地来的吧。我们延安的店商，大宗货物全都存放在窑洞里，需要时候才去拿。"

"为什么？"

◆ 陈嘉庚与随行人员抵
达延安时合影

"日本鬼子的飞机经常来轰炸呀。"

"哦，原来是这样。"陈嘉庚恍然大悟，接着又问，"城内的店屋住宅也是被敌机炸坏的？"

"是啊。前年日本鬼子轮番来轰炸，不知丢下多少炸弹，整座府城都被毁了。后来边区政府就在城外新辟了这条市街。"店员回答。

陈嘉庚见这位店员谦恭和气，口齿伶俐，便提问道："哎，请问你们这延庆行是政府办的，还是商民办的？"

"当然是商人办的。"

"共产党不是要剥夺有产者吗，怎么又允许商民自行经营？"

"咱边区抗战前就允许商贩，抗战以来更是鼓励商人开店营业。"

陈嘉庚听着，频频点头。

"老大爷，您想买点什么？"店员答完话之后，开始招揽生意了。

陈嘉庚："我买……我买一打毛巾。"

店员边递给陈嘉庚一打毛巾边说："毛巾一条一角五分，一打十二条共一元八角，明码实价。"

"对，对，南洋也是明码实价。"陈嘉庚应道。

"南洋？"店员疑惑地端详着面前的这位老汉。

陈嘉庚手插进衣袋里掏钱包，掏来掏去掏不到，焦急地说："哎哟，钱包丢了！"说着，猛记起河滩上的事，连忙改口说："对不住，对不住，我忘了带钱出门。"

"没关系，没关系。"店员和颜悦色地说道。

陈嘉庚红着脸走出延庆行，来到街心，站定后，一边笑一边摇头一边用闽南话说："真见笑，真见笑！"①

忽然街头传来锣鼓声，陈嘉庚移步到街道旁，朝着街头张望，只见一阵锣鼓队簇拥着十几个身穿白布衫、头扎白羊肚头巾、胸佩大红花的青年农民，迎面而来。

陈嘉庚问身旁一位中年人："请问这是做什么？"

"您不知道吗，这是送参军。"中年人答。

"送参军？参什么军？"陈嘉庚再问。

"参加八路军呗。"中年人再答。

"参加八路军如此荣耀？"陈嘉庚又问。

"为老百姓打鬼子当然光荣。"中年人又自豪地回答，那神情，仿佛他自己就是被欢送的人一样。

陈嘉庚叹了口气，自言自语说："国民党兵可都是抓壮丁抓来的呀！"

送参军队伍过后，陈嘉庚正要走，忽然一阵骚动从街头迅速传遍全街，行人和店员们纷纷拥到街道两旁。陈嘉庚被挤到后面去了。

一位店铺老板从店里走出来，陈嘉庚赶紧问他："什么事呀？"

"八路军押解日军俘虏，要从这条街上过。"老板答道。

"真的？"陈嘉庚惊喜交集。

"当然是真的，去年冬天已经押解过一批喽。"老板自豪地说道。

陈嘉庚连忙往人群里挤，费了好大劲才挤到前面。只见几个八路军战士，手持步枪，意气昂扬地押着一批日军俘虏过来。

陈嘉庚含着热泪，自言自语："回国两个多月，直到这延安，才见到我们中国人真打过胜仗。"

---

① 真见笑——闽南方言，意即"羞煞人"。

「共产党人住的窑洞是那么简朴，解放区的政治是那么清廉。陈嘉庚决心回南洋用事实揭穿谣言和污蔑，向华侨宣告中国的希望……」

"微服私访"，收获甚多，但陈嘉庚并不匆忙下结论。侯西反、李铁民问他，也不说半句赞扬的话，只叮嘱二人在陪同他四处参观时，不要随便发表意见。

这一天上午，他们三人结伴，沿着一条大路，漫步走去。

走着走着，迎面传来阵阵歌声……

> 风在吼！马在叫！
>
> 黄河在咆哮！黄河在咆哮！
>
> 河西山岗万丈高，
>
> 河东河北高粱熟了……

哪里来的这么雄壮的歌声？

三人驻足谛听。

啊！如此雄壮的歌声，好似出自一群女子之口。

三人禁不住寻声而行，渐渐地靠近歌声的源斗……

噢！在一片树荫下竖着一块大黑板，黑板前有七八十个身穿军装的女青年，一个个挺着胸，坐在矮凳上，正在放声歌唱。

> 万山丛中，抗日英雄真不少，
> 青纱帐里，游击健儿逞英豪……

三人停下脚步，站在一旁听着·

> 端起了土枪洋枪，
> 挥动着大刀长矛，
> 保卫家乡，保卫黄河，保卫华北，保卫全中国！

全曲唱完，前排一个身材苗条的女青年站了起来，对着大家高声说道："再唱一首《垦春泥》。"说着，先起了个调子，"日出东来又到西哟……"然后把手一挥，"预备——起！"

随着她的指挥手势，女青年们再次齐声唱了起来：

> 日出东来又到西呀，军民协作恳春泥呀；
> 种出桃花红满天呀，种出棉花白满田呀。
> 种出杨柳好遮阴呀，种出谷子好防饥呀……

悠扬而又亲切的歌声，在晴空中回荡……
三人都听得入迷了。

> 种出自由无价宝呀，不分高来不分低，不愁食来不愁衣！
> 哪怕敌人波浪涌啊，我们结成一条铁长堤，欢欢喜喜不分离！

喜爱音乐的陈嘉庚听到这里，禁不住鼓起掌来。

侯西反、李铁民也跟着热烈鼓掌。

刚唱完《垦春泥》的女青年们听到掌声，转过头一看，原来是三位陌生的来客。

既然被发现了，怀着好奇心的陈嘉庚便靠上前去，问道："你们身穿军装，是不是女兵啊？"

一位女青年大方地："也是，也不是。"

陈嘉庚："怎么也是也不是？"

另一位女青年接着回答说："说是嘛，我们都是抗战队伍中的一名战士；说不是嘛，我们现在是延安女子大学学生，还没上前线哩。"

陈嘉庚大感兴趣："哦，你们是女子大学学生？"

女生们："是啊！"

陈嘉庚："你们从哪里来？"

大部分女生："从全国各地来……"

小部分女生："我们是从南洋来的。"

陈嘉庚颇感意外地兴奋起来："从南洋来？"

"是啊，我们都是从南洋来的。"有二十几个女青年齐声答道。

一女生突然奔向李铁民，高兴地唤道："铁民叔！"

李铁民仔细端详着她，认出，惊呼："廖冰！"

廖冰："是噢，是噢，铁民叔，我是廖冰。"说着，向陈嘉庚鞠躬："陈嘉庚先生！"

陈嘉庚颇为愕然："你怎么认得我是陈嘉庚？"

"南洋民众谁不认得你呀，嘉庚先生！"

全体女生高兴地跳了起来，把他们三人团团围住，齐声欢呼："陈嘉庚先生，陈嘉庚先生！"

侯西反站在一旁，感到十分意外。

廖冰接着说："嘉庚先生，前些天听说您要到延安慰问考察，大家一直盼呀，盼呀，想不到你们已经来了。"

"是啊，是啊。"李铁民答说。

陈嘉庚指着廖冰，问李铁民："你认识她？"

李铁民："认识……我女儿芳娇的同学，南洋女中的。"

陈嘉庚转问廖冰："你是从新加坡来延安的？"

廖冰："是啊。"

陈嘉庚："你父母肯让你来？"

廖冰："我是来参加革命嘛。"说着，廖冰一一指点周围女同学，向陈嘉庚介绍，"她们也都是从南洋来的……她是马尼拉的……她是吉隆坡的……还有槟榔屿的……马六甲的……怡保的……吧城的……泗水的……巨港的……安南的……暹罗的……仰光的……新加坡的……"

陈嘉庚转问众女生："你们家庭都做些什么？"

"有做工的，有开店的，有教书的，也有大实业家……"廖冰替大家回答。

侯西反怀着疑惑的心情问道："延安吃的怎么样？"

廖冰："平时吃馒头、窝头、小米、高粱，有时吃面条、饺子或米饭，配的有青菜、豆腐、鸡蛋、猪肉，鱼鲜很少……"

侯西反："这样你们会习惯？"

廖冰："开始不习惯……"

众女生："现在都习惯啰！"

陈嘉庚："为什么会习惯？"

廖冰："延安政治好，风气好。"

李铁民："怎么好法？"

最早回答陈嘉庚问话的女生慷慨地说："共产党员、领导干部以身作则，县长、乡长一概民选，上上下下人人尽忠，照我们延安的话来说，叫作'为人民服务'。"

陈嘉庚："唔……为人民服务，这句话好。不过，各级政府中就没有一个贪官污吏？"

另一位女生严肃地说："这里党纪国法很严，各级干部贪污五十元以上者革职，贪污五百元以上者枪毙……"

◆ 陈嘉庚与抗日将士共进午餐

陈嘉庚惊讶："枪毙?"

一位更年轻的女生抢过话头说："就是枪毙,毫不留情。前年有一个乡长贪污了四百多元,查实后判处死刑,立即枪毙,近来就没再听说有贪污的。"

陈嘉庚："延安讲不讲伦理道德?"

廖冰："在南洋听说共产党共产共妻,完全胡说八道。这里的共产党提倡父慈子孝,邻里和睦;提倡自由恋爱,夫妻相亲;边区政府帮助百姓,乡里干部诚恳待人;百姓都能安居乐业,吃饱穿暖;生活水准虽然不高,却也没有盗贼和乞丐;社会风气极好。"

陈嘉庚听到这里,脸上开始展现笑容。

侯西反则显得有些尴尬。

廖冰继续说道："我到延安来都两年多了,确实看到共产党是真正为抗战,真正为祖国,真正为人民。如果不是这样,我们这些南洋侨生怎么会这样喜欢留在延安。"

陈嘉庚似乎开始明白了什么,点了点头:"哦!"

两天来的明查私访,使陈嘉庚感触颇深。

在延安的这些日子,陈嘉庚同共产党人或同午饭,或共晚餐;或慷慨论政,或促膝谈心。通过交谈,陈嘉庚了解到共产党人早在七七事变前一年,就料定日

陈嘉庚 的故事
CHEN JIAGENG DE GUSHI

本将全面侵华，并断言"日本必败，中国必胜"；抗战中又提出"坚决抗战到底，反对妥协退让"的方针，制订了游击战和持久战的战略，开辟多处敌后根据地，给日寇以沉重打击。这些，都使陈嘉庚敬佩不已。

因李铁民一次上车时不慎撞伤，住院医治未愈，陈嘉庚与侯西反便继续在延安地区访问。他们参加了抗日军政大学的毕业典礼和游艺会；参观了周近乡村和铁工厂、印刷厂；并同福建籍的财政部长、厦门大学毕业的司法院长、当地的工人农民，以及所有南洋来的男女华侨学生进行了多次交谈。进一步了解到共产党管辖的边区鼓励农民开荒增产，三年来已开荒三百多万亩；鼓励商民发展营业，捐税很少，最大商行的资本已达二十万元；治安良好，没有失业游民，没有盗贼乞丐，百姓安居乐业……

特别令陈嘉庚感兴趣的，是亲自为李铁民治伤的延安中央医院院长傅连暲。这位原福建长汀天主教医院的院长，在红军开辟赣南闽西中央苏区时，全力为红军和根据地民众救死扶伤。后来红军被迫撤出中央苏区，他毅然参加艰苦卓绝的二万五千里长征，来到陕北，主持延安中央医院，勤勤恳恳服务至今。一位受过西方高等教育的高级西医，竟然舍生忘死跟着共产党来到这穷乡僻壤，可见共产党感召力之强！

延安的这一切，都是耳闻目睹，都是铁的事实啊！

重庆的传闻澄清了。

多年的误解消除了。

陈嘉庚于是得出结论：

中国的希望在延安！

「陈嘉庚在演讲时，把在延安的亲身所见所闻坦然相告公众；函告蒋介石：凭余良心与人格，决不指鹿为马。」

1940年6月8日，陈嘉庚开始了新一轮的慰劳视察工作。他离延安，过甘泉，经富县，出宜川，乘着马轿越过千山万岭，渡过黄河进入山西省境，慰劳第一战区抗敌将士；而后拐回西安，乘车东行，绕过敌我双方炮战正激烈的潼关，穿过道路崎岖的函谷关，直抵河南洛阳，慰劳第二战区抗敌将士；而后乘运货汽车南下，经叶县、方城、博望坡、卧龙岗，到第五战区抗敌指挥部所在地老河口，慰劳抗敌将士；然后转汉中、南郑、成都、峨眉、嘉定、泸州等地，经历又一个四十天，至7月17日，陈嘉庚又

---

① 指鹿为马典出《史记》：秦始皇死后，秦二世当了皇帝，丞相赵高想篡位，便设法考察群臣对他的态度。他把一只鹿献给二世说："这是马。"二世说："丞相错了，把鹿说成马了。"赵高转问左右大臣这是什么。大臣们有的不说话，有的附和他说是马，也有的照实说是鹿。后来赵高就把说是鹿的大臣都暗害了。这成语有两层意思，一是比喻故意颠倒是非；一是指"屈服于压力，睁着眼睛说瞎话"。

回到了重庆。

重庆有一个国民党设立的社会团体，叫"国民外交协会"，出了一个讲题叫"西北之观感"，通过侯西反邀请陈嘉庚前往演讲。陈嘉庚慨然应承。

讲演的地点在留法、比、瑞同学会。7月25日晚上，下着大雨，但会场仍挤满了人，重庆各报馆都派出记者前来采访。准七点半钟，陈嘉庚在热烈的掌声中走上讲台。他简略谈过兰州、西宁、西安、山西、河南之行后，便讲起考察延安的实情：

> 余在重庆时，常闻陕北延安等处，人民如何苦惨，生活如何穷困，稍有资产者则剥榨净尽，活埋生命极无人道，男女混杂人伦不讲，种种不堪入耳之言，似非为宣传而来，又是略可靠之人告余者。然彼或闻诸他人，或阅诸印刷册，信以为真，莫怪其然，凡未到延安之人，谁能辨其真伪，余亦是疑信参半，所以必要亲往……及至延安深入调查，发现重庆传闻无一不谬。如传说民众生活惨苦，所见农民生活甚好；传说剥夺资产，所见则田园民有，商店自由营业；传说生产凋敝，据查则一年之内垦荒百余万亩……至于公妻灭人伦，则绝无其事，凡男女往来起居，甚有秩序，虽多人同坐，未闻有不正当戏言。唯恋爱自由，婚姻自主，结婚时只向政府注册登记便成……政权实行三三制，容纳开明绅士，共产党员仅占三分之一；县长、乡长、公务员每日工作七小时，加上三小时学党义，每星期上大课一次，贪污五十元者革职，五百元者枪毙……长衫马褂、唇红口丹及茶楼酒馆，女子缠足等，绝迹不见，风气至为纯朴，又无失业，无盗贼，无乞丐，治安亦极良好……其上下刻苦耐劳，努力上进之精神，值得称赞，在此抗战艰苦时期，大家应向其学习……

抗战期间，国民党当局对言论钳制极严。国民外交协会出这个题目，本意是要陈嘉庚按照他们的意见做文章，吹吹国民党。想不到陈嘉庚"感觉迟钝"，事先未能领会他们的意图，只按照题目把自己在西北的观察感受如实地讲演一番；

◆ 1941年1月5日，在新加坡万人大会上，陈嘉庚客观、翔实地介绍了回国见闻，向人们传递信息：中国的希望在延安。

延安乃西北抗敌重镇，所见所闻又特别新鲜，因此多说了几句。

想不到陈嘉庚这一讲，犹如扔出了一颗重磅的政治炸弹，当场就引起"爆炸"。

会场上一下子全轰开了：有热烈鼓掌的，有咬牙切齿的，有瞠目咋舌的，有热泪滚滚的……

当天晚上，重庆十一家报馆的编辑部，争论十分激烈，灯火彻夜通明。第二天一大早，报纸印出来了，对陈嘉庚的讲演，有五家登载摘要，有五家拒不登载，只有中共办的《新华日报》一家用大量版面刊载一篇特写，详细介绍会场的情况和讲演的内容。这下子可惹怒了国民党当局。

抗日战争时期，国民党在其统治区亲掌生杀予夺之权，威势无比之大，手段无比之辣。这些情况，回国已四个月的陈嘉庚不是不知道，但面对国民党施加的压力，他态度坚决，而且还强硬地声明：

凭余良心与人格，决不指鹿为马。

陈嘉庚真是"向虎借胆"呀！

8月初，陈嘉庚转到楚雄、下关等地检查滇缅公路的工作，探望回国服务的华侨机工。

8月12日，从滇缅公路回到昆明的陈嘉庚，又在记者招待会上，发表了大胆的讲话：

> 昨天，余阅此间某报登载范君长江短评云："自抗战以来三年余，第一大胆敢说公道话者，就是陈嘉庚先生一人而已。"若以新华日报登余上月在重庆国民外交协会所演说《西北之观感》一事，则无所谓大胆。该协会为政府承认之机关，标题系该会所命，余当然依题据实而言。古圣云，言忠信，虽蛮貊之邦可行，况我礼义之祖国乎。凭余亲闻亲见，据实而言，乃余之天职。

接着，他又把在延安的亲闻所见，据实讲述一番；并就回国观感、国共两党摩擦、对国民党的意见等问题，发表长篇的答记者问。

从昆明到了贵阳，回国慰劳团团员、槟榔屿华侨庄明理前来陪伴陈嘉庚回福建，并报告说："重庆海外部连日议论纷纷，对嘉庚先生在昆明的演讲和答记者问十分不满，恐怕还会采取其他措施。"

管他采取什么措施，"凭余良心与人格，决不指鹿为马"。

「何应钦按照蒋介石的指示，密电责成熊式辉、蒋经国严密监视陈嘉庚。」

第二十八章
接见蒋经国

贰拾捌

为了迎接陈嘉庚的到来，国民政府江西省主席熊式辉召见了赣州专署专员蒋经国。

蒋经国是蒋介石的长子，为蒋氏原配毛福梅所生，原名建丰，"经国"乃父亲赐予的名号，取"经国济世"之意。他曾留学苏联，归国后正值七七事变。抗战爆发，1938年春，他经熊式辉力荐，到江西充任省保安处少将副处长，翌年调任赣州专署专员并兼任赣州县县长。

虽然是自己的下属，但毕竟身份特殊，因此，当卫士报告蒋经国奉召到来时，熊式辉还是赶紧到办公室门外相迎。

双方一坐定，熊式辉就说："蒋专员，陈嘉庚后天就进入江西省境，第一站就是赣州啊。"

"接待工作全都安排就绪，请熊主席放心。"蒋经国谦恭地应道。

"何总长的密电，蒋专员也该收到了吧。"

"收到了。"

"既要隆重接待，让他感受到党国对他的敬重；又要严密监视，不让他继续为共产党张目。这事该怎么做才好呢？"熊式辉皱起眉头问道。

"陈嘉庚先生领导南洋华侨支援祖国抗战，贡献如此之大，理应受到敬重；但从这五个多月来的报章披露和内部通报来看，他又是一位个性刚毅、耿介拔俗的人物，想要封住他的嘴，恐怕是做不到。"蒋经国说。

"何总长的密电该是委座的意见吧……"熊式辉叹了口气，"唉，这事确实难办。"

蒋经国思索片刻，说："事虽难办，我们还是应当尽力把它做好。"

"不知蒋专员有何良策？"熊式辉问。

"陈嘉庚先生提倡待人要'诚'，我们只要以诚待之，一切当可迎刃而解。"蒋经国答。

"以诚待之？"

"对。"

"那何总长的密电……"

"以诚待之同何总长的密电并无矛盾。"

"怎么能没有矛盾？"熊式辉甚感疑惑。

蒋经国胸有成竹地说："我看只要达到密电提出的要求即可，具体做法就不必拘泥了。"

"蒋专员果能做到？"熊式辉探问道。

"经国还是刚才那句话，请熊主席放心。"蒋经国颇有把握地说。

熊式辉击掌赞道："好，好，我放心，我放心！"

1940年9月6日早晨，陈嘉庚乘汽车离开广东韶关，途经南雄、大庾岭，于傍晚抵达赣州。

蒋经国身穿简朴的衣服，亲自率领赣州各界人士和集美校友共数百人到郊外迎接，然后沿着新辟的马路，陪同陈嘉庚来到市内招待所。

陈嘉庚一看沿途街道宽阔，店屋多属新建，马路也较干净，心中颇感满意，下榻后就把集美校友黄文丰等人留下一起吃晚饭，并在寓室里向他们作调查。

"赣州这条大街好像是新开的？"陈嘉庚问道。

"是啊，是去年新开的。"黄文丰等人回答说。

问："大街两旁的店屋也都是新建的？"

答："对，也是去年新建的。"

问："怎么都是去年新建、新开的？"

答："因为去年蒋专员才到赣州上任。"

问："噢，这些都是蒋专员到任后才建起来的？"

答："是的，校主。"

问："刚才一路过来，整条马路都还算干净，是不是因为今天我要到赣州才打扫的？"

答："不。市街建成后，蒋专员就交代县政府雇用清道夫，天天打扫。"

问："蒋专员很注重卫生？"

答："是的。同时他还很关心百姓疾苦。"

问："他会关心百姓疾苦？"

答："这一条我们开头也不相信。因为自从部队撤出之后，地主豪绅重新回到赣南，除恢复地租盘剥外，还开设鸦片馆和赌场，养了一大群马弁保镖，残害百姓的事件层出不穷。历任的专员、县长都要向这些'土皇帝'磕头作揖，不然，连脑袋都难以保住。蒋专员的前任刘专员，就曾经被地方土豪恶霸绑架过，差一点就丢了脑袋……"

问："赣南的土豪恶霸如此嚣张？"

答："就是啊，校主。蒋专员一到任，立即下令禁赌、禁毒，采取种种措施，保护老百姓。那些土豪恶霸中残害百姓、违法违禁者，该抓的抓，该杀的杀，毫不留情，这才把那些'土皇帝'的嚣张气焰压下去。"

问："果真如此？"

答："是的。蒋专员为人真诚朴实，处处以身作则，他时常身着短衣，脚穿草鞋，步行下乡，访问百姓。谁都想不到他是蒋委员长的大公子……"

跟黄文丰等集美校友正谈着，忽报蒋经国来访。

陈嘉庚立即传话："快请。"

来访的蒋经国已经换上一套整洁的中山装，他谦恭地迈步进门，趋前与陈嘉庚紧紧握手："陈嘉庚先生！"

陈嘉庚欣喜地说："蒋专员！"

黄文丰等人纷纷站起身，恭敬地说："蒋专员！"

陈嘉庚："蒋专员请坐。"

蒋经国招呼黄文丰等人："大家请坐。"

黄文丰等人："蒋专员和嘉庚先生有事要谈，我们告辞了。"说着，就要走。

蒋经国："不要走，不要走，大家一起谈吧。"

陈嘉庚看蒋经国态度还算诚恳，便说："蒋专员请大家一起谈，你们就别走了。"

校主一发话，黄文丰等人便留下。

陈嘉庚转对蒋经国："蒋专员请坐。"

蒋经国招呼黄文丰等人："大家也都坐吧。"然后自己才落座。

陈嘉庚待大家全都坐定，才开口说道："蒋专员政事繁忙……"

"嘉庚先生，"蒋经国打断他的话，恳切地说，"嘉庚先生，请不要称呼我专员，好吗？"

"不称呼你专员，称呼你什么？"

"就叫我经国好啦。"

"不，不，"陈嘉庚大摇其手，"我只对子侄下辈直呼其名……"

"我就是你的下辈嘛。"蒋经国应道。

"论年岁虽属下辈，"陈嘉庚还是摇手，"论地位，你可是我们老百姓的父母官呀。"

"不敢当，不敢当，"蒋经国连忙说道，"我只是民众的一名公务人员，党国的一名普通干部。"

陈嘉庚对蒋经国如此谦虚诚恳十分满意，他点了点头，"那就这样吧，称呼你经国君，好吗？"

"好，好，就这样，就这样。"

"经国君，"陈嘉庚开始转入正题，"听说你留学苏联达十年之久，果有其事？"

"我在苏联整整十二年。"

"十二年？"陈嘉庚颇感惊讶。

"对，十二年。"蒋经国说，"不过，只在莫斯科中山大学和列宁格勒托玛卡红军军政学校就学两年。"

"还有十年呢？"陈嘉庚问。

"还有十年都在工作。"蒋经国回答，"我在列宁大学当过辅导员，在电气工厂当过学徒工，在莫斯科郊外的农庄里种过地，在阿尔泰金矿的矿场里挑过煤；后来才到乌拉尔重型机械厂当技工、技师、副厂长，并结了婚，生了孩子……但回国的前一年我被免职了……"

少顷，陈嘉庚转换话题："经国君，我一到这里就听到不少赞扬你的话，看来你在赣南是为民众办了一些好事。"

"为民众办事是我应尽的责任。"蒋经国谦逊地回答。

陈嘉庚："我此次回国，前后六个月，历经十三省，见到的国民政府官员数以百计，像经国君这样的好官，真是凤毛麟角……"

"嘉庚先生过奖了。"蒋经国连忙谦辞道。

"不知经国君对赣州今后的发展有否新的打算？"陈嘉庚接着问道。

"我决心要把赣州专区十一县建成'五有'的社会。"蒋经国答。

"哦，什么'五有'？"

"'五有'就是：人人有衣穿，人人有饭吃，人人有屋住，人人有工做，人人有书读。"蒋经国解释道。

"好，好！这正是孙中山先生想要实现的理想社会。"陈嘉庚大加赞扬。

受到陈嘉庚的鼓励，蒋经国豪情满怀地说："虽然目前困难很多，但我已经下定决心，发动民众，争取尽快将它实现。"

陈嘉庚听后十分高兴，他拉起蒋经国的手，激动地说道："我预祝经国君早日成功！"

次日上午，蒋经国召开了一个盛大的欢迎会，以优异的口才热烈赞扬陈嘉庚的爱国精神，散会后即命黄文丰陪伴陈嘉庚前往赣州罐头厂参观。

黄文丰是集美水产学校毕业的高才生，他陪着校主到各车间巡视检查，流利地回答所有的提问。陈嘉庚曾是罐头行业的泰斗，十分内行，当他看到厂里设备完善，管理良好，黄文丰担任经理，显然很受重用，心中相当满意。

中午，黄文丰将陈嘉庚留在厂里用膳，精心烧了几道闽南家乡菜。多时未吃到家乡菜的陈嘉庚一尝，倍感亲切，当即心花怒放。

下午，蒋经国更是别出心裁，亲自陪同陈嘉庚到招待所附近的公园里散步，走着走着，不觉来到了纪念碑，碑前有两个木雕跪像，大小与真人差不多，陈嘉庚靠近一看，上面刻着汪精卫夫妇的姓名，心中不禁大喜。原来汪逆叛国投敌之后，重庆各界讨汪大会上，曾倡议各地造汪贼夫妇跪像，可是陈嘉庚走过十余省，都未见有实行者，现在却在赣州看到，与汪逆的投降阴谋作过坚决斗争的他，当然是把蒋经国大大地夸奖了一番。

9月8日，蒋经国又将陈嘉庚挽留了一天，并到寓所拜见，请教、征询对赣州各方面工作的意见，其他敏感问题只字不提，因而没有引起任何不愉快。

三天后，陈嘉庚离开赣州。下一站便是江西省战时省会泰和了。

江西省主席熊式辉跟蒋经国相比，确实差了一大截。他既没有政绩可夸，又不肯以诚待人。陈嘉庚一到泰和，他照旧老一套，先设宴招待。

席间，熊式辉当然要致辞。他先讲了许多客气话，然后自作聪明地从另一角度转入敏感话题，对共产党竭尽污蔑之能事。

陈嘉庚一听，稍露笑容的脸孔又板起来，他在致答词时，先对江西省抗战军民致以亲切慰问，接着针锋相对地说：

熊主席所言江西民众前数年所遭惨况，余信为事实。国共双方在此区域作战五六年，损失重大，势所必然。南洋新加坡报纸一天出六大张，不是重庆那样每日只出一小张，所以前几年国内消息，在南洋多有转载，共产党在江西省之事知之已久，无须到国内来听取介绍。然这些情况都是前时国内政争之事，海外华侨绝不干预。七七事变后，日寇入侵欲吞灭我国，国家之危难尽人皆知。南洋千万华侨，无党无派，一心一德拥护中央政府抗战到底，并希望国内团结一致，枪口对外，以争取最后胜利，所以竭尽绵力，贡献义捐，逐月六七百万元，汇交行政院，三年如一日，其他家信外汇亦增加不少。因为战争须靠人力金钱，而金钱方面，海外华侨当负大部分责任。组织慰劳团回国，是为了沟通海内外，以鼓励民气，提高爱国思想，然后回南洋宣传，增多义捐外汇，以助战费，绝非游历观光或专为一党关系而来。况且余居第三者地位，不能单凭一派人所言及宣传品记载，便回洋向侨众报告，而必须身履其地，将所见所闻，据实向南洋华侨汇报。这些亲见亲闻及实地调查的情况，国内有人问起，也应据实以告。凭余良心与人格，决不能指鹿为马。

陈嘉庚的一席话，使熊式辉大为尴尬。结果，丰盛的宴席就在沉闷的气氛中草草宣告结束。

与熊式辉自讨没趣相对照，陈嘉庚的到来在泰和引起轰动。不论是士、农、工、商，还是大小官员，都以一睹这位华侨领袖的风采为荣。陈嘉庚泰和寓所的门槛几乎被来访者踏破。

出差回闽路过泰和的福建省财政厅厅长严家淦，就是这些来访者之一，并有幸被陈嘉庚接见。

拜见时深受教育的严家淦，后来在《集美周刊》发表了一篇题为《陈嘉庚先生之"诚"》的文章，其中说道：

> 此次在泰和招待所，我有幸和陈先生谈话，他丝毫没有骄矜的颜色，虽然今日已为朝野所尊敬。他论人论事，是即是，非即非，而绝对不口是心非，或者藏头露尾隐约其词，其坦白纯诚，实属罕见。当他发表他的见解时，他即准备着与人从长计议的态度，同时他更尽其胸中所知以告人，欲从而引发对方的思想来共同研究。他希望对方有比他更好的意见，而绝不抹杀别人，专逞己臆，这样诚恳，我更罕见。
>
> 诚伪之分别，在于是否沽名，陈先生完全是损己利人。尊贤之心，人所固有，见贤思齐之心，更不可不有。今日欢迎陈先生应学其诚。

「昔政淫威之下，闽江水漂走几多举家投江自尽的尸体？闽北、闽南、闽西洒下陈嘉庚多少辛酸泪？陈嘉庚拍案而起，矛头直指蒋介石，为家乡人民争权益……」

第二十九章
为家乡人民争权益①

建溪、富屯溪、沙溪在南平汇合，始称"闽江"，其下又纳尤溪、古田溪、大漳溪之水，浩浩荡荡流至福州，经马尾入海。在那宽阔的江面上，一座坚实的大石桥，凭借着称之为"中洲"的江心小岛，分成两段，跨江而过，勾连着繁华的南台和幽丽的仓前山，成为福州通往闽南的咽喉。这座桥便是有名的万寿桥。

1940 年 9 月里的一天，时近正午，万寿桥下南台东侧突然发生一阵骚动，泊在岸边的民船纷纷解缆挥桨，划至江中。来不及逃离江岸的民船，有一艘被一个麻脸警察抓住了。

"敢逃，老子把你毙了！"麻脸警察嘴里边骂边跳上船来。

"老总，我们前天刚出过官差。"船上一个青年船工挺胸说道。

"前天是前天的事，今天是今天的事，走，快走！"麻脸警察嚷着，就叫随带的一个民夫把缆绳解开。

---

①本节所录抗战期间福建民众遭受的人祸，都是陈嘉庚所耳闻目睹，并载于《南侨回忆录》。

陈嘉庚 的故事 CHEN JIAGENG DE GUSHI

"不能老派我们的官差呀，老总。"船上的老船工恳求说。

"啰嗦什么，快划呀！"麻脸警察骂道。

"你要叫我们到哪里？"青年船工气愤地问。

"就在下面，捞死尸。"麻脸警察歪着嘴巴答道。

"哦，捞死尸……"青年船工心头的火气消下来了。

船桨开始挥动，木船沿着江边顺流而下。

"唉！"老船工边划边叹气，"昨天听说捞了五具死尸，今天又要捞尸了。"

"昨天也叫老子捞，今天又叫老子捞！"麻脸警察咬着牙骂道。

"哦，老总，昨天那五具死尸也是你去捞的？"青年船工好奇地问。

"老子倒八辈子霉了，原说捞一具死尸津贴一元，昨天捞了五具，才给三元，说什么小孩不算。大爷的，都让那些当官的给吞了。"麻脸警察边答边骂。

"啊，昨天捞的还有小孩的尸体？"青年船工十分惊讶。

"是啊，"麻脸警察说，"真惨，听讲一家男女老幼七口人，把剩下的一点破家具卖了钱，煮了一大锅羊肉线面，全家吃过之后，同到万寿桥上投江自尽。尸首只捞到五具，有两具恐怕已经漂到金刚腿回流湾了。"

"这日子叫人怎么过呀？唉……"老船工叹了口气。

"统制，统制，把人都统死了！"青年船工破口大骂。

听到青年船工骂起政府，老船夫即刻拉下脸，厉声喝道："依弟！"

"别怕，我不会去告发。"麻脸警察说，"这统制真把人统死了，不到一年，我们警察局就在这闽江里捞了八百具死尸。"说着，指着江面不远处一具漂浮的尸首，"这不又是一个吗？"

老船工一见到死尸，立即点起两炷香，遥拜两拜，嘴里念着祷词，然后把两炷香插在船头。

木船很快就靠近死尸了。那是一具女尸，衣衫破烂，手里还紧紧抱着一个婴儿，惨不忍睹。麻脸警察命民夫拿起搭勾，把女尸勾住，然后叫青年船工划到岸旁。民夫上船时随带有破草席，即把女尸一裹，拖上岸去。

捞过死尸之后，两个船夫又把船划回南台。

这是一只从闽北南平放来的自家船，装载量有四五十担，老船夫就是船主，

原籍福州，青年船工是他的侄子。过去自闽北崇安、浦城等地运一趟白米到福州，可以收入二百元。这一年来，由于国民党政府实行运输统制，限制民船运输，并多方克扣，在闽北难以谋生，于是放船到福州来，想做点短途运输的生意，没料到短途运输一样实行统制，生计照样艰难。

"唉，看来这福州难混呀。"老船夫系好缆绳，叹道。

"是啊，依伯，咱还是回南平去吧。"青年船工恳求。

"南平也是一样。"老船夫摇了摇头。

"昨天能喜叔不是来讲吗，陈嘉庚先生快回到福建了，南平的船东们要向他请愿，请他要求政府撤销运输统制。"青年船工说。

"陈嘉庚先生有什么用，他又不是重庆的大官。"老船夫对此毫不感兴趣。

"嗬，他比重庆的大官还要大。今天早晨我在船民公会门前听一个报馆先生讲，重庆的大官还称他为兄呢。"青年船工心情显然很激奋。

"那是好心人在传，再说陈嘉庚祖籍在泉州府，讲的是闽南话，怎么会替咱福州、南平的船东们出力。"老船夫依然不抱希望。

"报馆那先生对几个福州船东说,在南洋的福建人不论是哪一府、哪一县,全都在一起。陈嘉庚为南洋的福建人办了很多好事,所以南平的船东才要去向他请愿。那几个福州船东听了以后,都说他们也要上南平去见陈嘉庚先生。"青年船工越说越起劲。

老船夫听后,心头开始动了,半信半疑地问道:"这样说来,咱们船工有救了?"

"正是,正是。报馆先生说,福建的老百姓想要免受政府苦害,只有找陈嘉庚,其他就没别的办法了。"青年对陈嘉庚坚信不疑。

老船夫终于被说动了:"好吧,咱们今天就动身回南平去。"

福建省在抗战期间,省会暂迁永安,省政府主席兼绥靖主任陈仪就驻在永安城内,掌管着全省的大权。这一天,在他那豪华的办公室里,来了两个本省的高级官员,一个是省府顾问徐学禹,一个是省府统运主任胡时渊。

"陈主席,据可靠情报,福州、南平、泉州、漳州等地的商民,在厦大、集美校友的支持下,已经联合起来,准备请求陈嘉庚出面,逼迫省府撤销运输统制。"胡时渊首先报告。

"近来各地商民十分嚣张,扬言非撤销运输统制绝不罢休。依我之见,他们要求撤销统制只是头一步棋,目的乃在于把咱们赶出福建,好让他们为所欲为。"徐学禹接着说道。

"据报告,个别商民甚至斗胆提出要打倒陈主席。"胡时渊再补充说。

"哼,打倒?"陈仪脸上掠过一丝狞笑,"我先叫他们进监牢!"

"对,陈主席英明果断,日前把邵武那个姓丁的参议员拘禁之后,再也没人敢到公沽局闹事了。"胡时渊谄媚地说。

"不过,这回来头不一样啊,他们要把陈嘉庚抬出来。"徐学禹显然十分担忧。

一提到陈嘉庚,胡时渊也觉胆怯,他附和道:"是啊,陈嘉庚出面来交涉,事情就麻烦了。"

陈仪听后露出轻蔑的神色:"陈嘉庚,怕他什么?"

徐学禹看陈仪那神态,郑重地提醒:"陈嘉庚上有蒋委员长,下有福建百姓,而且秉性刚愎,不讲情面,咱们还须认真对付才是。"

"上有蒋委员长？"陈仪冷笑一声，"现在是咱们上有蒋委员长，陈嘉庚可没有了。"

徐学禹听出陈仪话外有音，不禁问道："怎么，上月初陈嘉庚离开重庆启程来闽，蒋委员长不是还设宴给他送行吗？"

"风云瞬息万变啊，何况事情已经过去快两个月了。"陈仪一副不以为然的神态。

"情况变得如此之快？"徐学禹依然不太相信。

"要我把密电让你看你才相信吗？"陈仪反问道。

"啊，密电？"徐学禹、胡时渊惊喜交集。

陈仪傲然一笑："陈嘉庚如果胆敢再纠集福建商民，对抗战时各项统制和政府条令，我就再给他加上一条罪状……"

"什么罪状？"胡时渊哈着腰问。

"煽动奸商刁民，破坏抗战。"陈仪咬着牙答道。

"好，好！"胡时渊眉飞色舞。

"不过，依我之见，能与陈嘉庚避免正面冲突，还是尽量避免。"处世圆滑的徐学禹建议。

"当然，咱们应当避免消耗自己的力量。"陈仪接受徐学禹的意见。

"那就是说，现在先与他周旋周旋。"胡时渊补充。

"不只是周旋，"陈仪纠正说，"还应监视。"

"监视？"徐学禹、胡时渊均感惊讶。

陈仪抑制不住内心的兴奋，猛然提高声调："对，严密监视。"

"陈嘉庚先生快回到福建了！"

"陈嘉庚先生快回到福建了！"

福建民众以难以形容的激奋，盼望着陈嘉庚的归来。

内迁到安溪的集美各校师生组织了"欢迎校主筹备委员会"，准备最热烈地欢迎陈嘉庚。

内迁到长汀的厦门大学师生组织了"欢迎校主筹备委员会"，准备热烈欢迎陈嘉庚。

福州各界为欢迎陈嘉庚，决定举行规模宏大的阅兵式，并从大桥头起，沿着公路建成三座迎宾亭，再准备续建到郊外的接官台。

泉州各界为迎接陈嘉庚，除开会、设宴等项目外，着力整理了省政府祸民罪状，准备请陈嘉庚坐镇泉州，与陈仪拼一拼。

福建全体归侨、侨眷在各自的家园，准备热烈欢迎陈嘉庚。

福建各县民众担心陈嘉庚不到他们县里，纷纷派出代表恳切邀请。

陈嘉庚首先到达的闽北，更是到处沸腾。

9月23日，陈嘉庚入闽的第一站浦城县，处处张灯结彩，欢迎队伍早早就在郊外迎候。

近晚时分，陈嘉庚由福建省政府特派的招待员、集美学校校董兼省参议陈村牧，军委第十三新兵补训处师长、同安县人李良荣，福建省政府侨务科长、集美校友陈延进等三人及十几个全副武装的护卫兵陪侍，抵达县郊，下了汽车，一路走来。

霎时间锣鼓喧天，鞭炮轰鸣，县长带领着浩浩荡荡的欢迎队伍迎上前去，然后把陈嘉庚拥入浦城。

陈嘉庚对欢迎队伍如此庞大、欢迎场面如此热烈甚感不安，当即要求李良荣、陈村牧加以劝止。

岂料第二天从浦城到达建阳时，不仅郊外欢迎热烈，进入县城后依然爆竹震耳，连绵不绝。陈嘉庚立即把下一站南平的代表找来，诚挚地劝他们切切取消如此铺张之欢迎，并严命建阳县长不得把他起程的时间电告南平，以免这类现象再度发生。

在建阳吃过午饭，陈嘉庚一行人乘坐一辆小汽车和一辆大汽车继续前行。到建瓯城外时，建瓯驻军长官黄团长带数十人在公路两旁迎候，请陈嘉庚入城休息。陈嘉庚下车谢辞，说必须当天赶到南平，以后一定安排时间来建瓯。黄团长虽感到遗憾，但还是高高兴兴地送走了陈嘉庚。

当天下午四点多钟，陈嘉庚一行人到达南平。

陈仪已经在南平等候陈嘉庚，但未到车站迎接。

陈嘉庚不在乎这一点，他住进省政府所办的南平旅运社后，立即前往拜访陈仪，互相问候之后就辞别回寓。

少顷，陈仪到旅社回拜陈嘉庚，并请晚间赴宴。陈嘉庚自入江西省境后，对福建的苛政已有所闻，就想在宴会上先考一考陈仪。

晚宴只设一席，席间，陈嘉庚问道："抗战至今，福建省的壮丁征调了多少人？"

"二十五万余人。"陈仪答。

"死亡及逃走者若干人？"陈嘉庚又问。

"呃……"陈仪答不出来，只好绕个弯，"死亡、逃走者未加统计，数额不清楚。"

陈嘉庚十分不满：哼！这问题我在其他各省凡有提问，省主席都能详细作答，陈仪则全然不知……事关人命及抗战，以省主席兼绥靖主任要职，竟如此糊涂！

陈仪一见陈嘉庚那神色，知道是在考他。

"嘉庚先生这一路来辛苦了，在南平要好好休息几天。"陈仪先把话题岔开。

"休息不了噢。"陈嘉庚答。

"哦，是啊，"陈仪接上话头，半带讽刺地说，"福建民众早就盼望嘉庚先生光临，现在各处都在准备隆重欢迎，单福州一处就筹款五万元，还兴建了好几个迎宾亭。"

"果真如此？"一向反对铺张的陈嘉庚惊讶地问。

"李师长也知道嘛。"陈仪让李良荣作证。

"是这样，嘉庚先生。"李良荣据实报告。

"我立即在报纸上登个辞谢启事。"陈嘉庚严肃地说。

"登发启事有用吗？"陈仪带揶揄地问道。

"在重庆有用，在福建当然也有用。"陈嘉庚说着，将回一军，"不过，陈主席既然关心，那就请帮我通告全省各地，切勿花费无谓欢迎之金钱。"

"好，好，我一定帮嘉庚先生通告全省。"陈仪尴尬地应道。

第二天，陈仪回永安去了。陈村牧也因要出席省参议会，前来告辞。陈嘉庚对这位受命于危难之际的集美校董十分关爱，祝他一路顺风。

送走了陈村牧，陈嘉庚立即接待来自南平及全省各地的代表，开始他的调查工作。

南平船民公会与船工代表前来告状了。

南平实业界代表前来诉苦了。

福州各界及南郡会馆派来的代表报告福州因统制运输，米价腾贵，贫困市民无法生活、全家相率投江自尽的情形。

漳州各界代表及永春代表前来报告闽南民众受苛政苦害，凄惨难言的情况。

陈嘉庚在南平郊外巡视时，见到公路旁有两具壮丁死尸，衣服全都被人剥去，立即查问。原来剥去尸体衣服者是押解壮丁的军官，准备在途中抓人抵额时给新抓来的壮丁穿上。这类事经常发生，因此民众中常有莫名其妙失踪者。

……

短短几天的调查，已经看出陈仪祸民的惨烈。

怀着痛苦的心情，陈嘉庚继续在闽北视察了邵武、建阳、建瓯、古田，然后乘汽船前往福州。

一到福州，各界民众和报界记者纷纷前来报告惨状：

米价过去每担二十余元，现因统制运输已涨到七八十元，贫民哪能买得起……

万寿桥下已捞起近九百具死尸了，贪官污吏们却仍然花天酒地……

对报馆及言论采取极严厉的钳制，稍敢讲话者则以扰乱治安罪加以拘捕。

◆ 1940 年 10 月，陈嘉庚视察内迁各校，向师生报告抗战形势，号召师生坚持教学，开展抗日活动

省政府办的贸易公司从福州港口运出百万条杉木，在海面被日寇封锁的情况下，显然是售与敌人无疑。

从福州来到福清，商会会长及民众代表又来报告：

该县驻防的国民党军像土匪一样，民家住宅，任意占据；家具用品，随便夺取。如果驻防军是长期驻守，只被盘剥一次也就算了；苦就苦在驻防军几个月换防一次，撤防的军队把夺去的东西全部带走，新来的军队又择肥而噬。而历任的县长更是随意盘剥百姓，中饱私囊；害民苛政，层出不穷，民众真是苦不堪言。

从福清经莆田来到仙游枫亭，一小队国民党兵押解百余名壮丁从旅馆门前经过，每个壮丁都被粗铁线匝绕项颈，然后用绳索绑在铁线圈上，牵连成队，以防逃走。有的壮丁颈上已被勒出红红的血印。福建的壮丁，竟比陕西的还更惨啊！

陈嘉庚看到这情况，心如刀绞。

从枫亭来到惠安涂岭，区公署拘禁了十余人，一查问，原来是抓来的挑夫，其中有的才十三四岁，已经三天不给饭吃，一个个饿得皮包骨。他们见到陈嘉庚关心地前来询问，十几个人齐声哀号痛哭。

福建的乡亲怎么如此凄惨苦痛啊？

陈嘉庚怀着悲痛的心情从惠安来到泉州城，一张 10 月 1 日的《社会大报》送到他的手中。陈嘉庚摊开一看，在醒目的《遥致嘉庚先生》大标题下，印着密密的小字。

> 嘉庚先生。芳躅已踏入闽境矣。
>
> 先生此次归国，不避跋涉，不辞劳瘁，所为何事？先生不言，故乡民众已知之甚且深矣！先生此次入闽，拟留较长之时间，周览故乡情况，所为何事？微先生言，桑梓民众，又以知之甚且深矣！先生之重望，先生之人格，先生之热情，先生之严正，再毋庸舆论之士，赘多余之词；而闽南民众，圆颅方趾，亦已无一人不加敬仰，无一人不致钦佩。正唯闽南民众，知先生甚，敬先生甚，所以欣逢先生之来也，为情之切，为望之奢，有如旱涸之欲沐甘霖，有如枯草之欲沾雨露。吾人虽无术可以掬集闽南民众之瓣瓣馨香，展献于先生之前，而使先生检点其成分，但相信灵犀点点，早已通于先生；血泪斑斑，亦早已达于先生……

陈嘉庚的故事
CHEN JIAGENG DE GUSHI

陈嘉庚再也忍不住了，盈盈悲泪夺眶而出。

四十年啊四十年！自从葬母以后，四十年来从未掉过一滴眼泪啊！父亲破产时，他气急攻心，只一时晕厥；企业收盘时，他心如刀绞，但咬紧牙根。如今，被生活磨炼得坚强无比的陈嘉庚，在耳闻目睹福建乡亲所受的苦痛之后，竟被这一段文字引出了止不住的泪水……

透过汩汩的泪水，那些密密的小字又印进陈嘉庚的眼珠。

　　……质言之，先生此次之来临，正值闽南民众颠连憔悴之秋，正值桑梓同胞饮恨吞声之日……

　　闽南民众喁喁望治已久矣，其所为抗战建国而付出之热衷与义务，纵然不及海外华侨之丰富，但其所为抗战建国而担受之痛苦与磨折，当远非海外华侨所能想象，此情此景，正唯先生之前来考察也，可以亲身体会，目击心锥，而纤厘不漏，毕露穷形。吾人深深相信，先生之周览也，决不表面；先生之考察也，绝不寻常；先生之足迹，必能深入民间；先生之眼光，必能透视民瘼。盖先生视察之对象在民，先生视察之目的为国，先生之家既可为教育而毁，先生之身亦当不惜为民众而瘁。再有何名誉可以超越先生已有之重望，再有何代价可以超越先生已有之地位？因此吾人毅然决然的相信，先生此次之来临考察也，实闽南民众荣枯之所系，亦闽南民众出水火、登衽席之转机，其关系之重大，夫岂言词笔墨所能形容……

　　时至今日，举桑梓同胞，父老兄弟，姨姑姐妹，莫不伸出其迫切期待之双手，而引颈企踵，以望先生之援救。先生此次来临，设不宣热情，奋心血，手障万流，一举挽回劫运，给予闽南民众解悬之兑现，则先生去国之日，必万众心碎之时，先生其忍心其失望失意，如离开慈母怀抱之孤儿乎？……

陈嘉庚止住了眼泪。

已经不是流泪的时候了，已经到了必须行动的时候了！

但陈仪现在掌管着全省大权，后台又是蒋介石，斗争还须讲究策略。

陈嘉庚到了泉州，用四天时间，进一步向记者、各界代表及厦大、集美师生进行调查核实，选择陈仪苛政当中害民最惨烈的统制运输为突破口，接连向陈仪发出一电两函，以铁的事实揭露其祸害，强烈要求陈仪改弦更张。

然后，按照原订计划：

到安溪看望内迁的师生。

到岑头拜祭母亲的庐墓。

到集美视察被炸的校舍。

在祠堂会见久别的乡亲。

啊！

一个个挺拔的身躯，一张张可爱的脸庞，一间间简陋的课室，一阵阵醉人的书声。

墓丘四周，绿草青青；墓埕上下，干干净净；墓前小溪，长流不断；墓后树林，郁郁葱葱。

小学、幼稚园全被炸平，礼堂、图书馆千疮百孔，当年的住宅只剩墙壁，石砌的大楼却屹立村中。

共议如何坚持生产，相互倾诉思念之情，此情此景，莫非梦中……

跟陈仪的斗争尽管十分严峻，但必须坚持。

陈嘉庚焦急地等待着陈仪的答复，但仅收到陈仪一封数百字的复电。该复电或不顾事实，多方狡赖；或回避要害，答非所问，实际上是对自己的一电两函的拒绝。

陈嘉庚强压心中的怒火，在视察漳州、海澄等地过程中，从石码再拍一封电报给陈仪，补充更多实例，细述统制运输之害，要求即刻取消。

这回，陈仪不作正面答复，只是邀陈嘉庚到永安当面商议。

于是，陈嘉庚在视察龙岩等地、到长汀看望内迁的厦门大学师生之后，于 11 月 10 日来到永安。

这时，南侨总会已经从新加坡一再来电催他回去了。

因此，一到永安，陈嘉庚即刻找上陈仪。

"石码一电，陈主席该收到了吧。"陈嘉庚开门见山问道。

"是，收到了。"陈仪答。

"嘉庚所请，陈主席能否俯允？"陈嘉庚再问。

"公侠[1]实难从命。"陈仪一口回绝。

"陈主席，"陈嘉庚严肃地说，"余自入福建省境以来，所到之处，各界代表及民众纷纷来告，我省实行运输统制，由省府专利，害民至烈……"接着，他将亲自调查核实的材料，归纳成五大害，一一据实力陈，强烈要求予以撤销。

但陈仪丝毫无动于衷，他待陈嘉庚说毕，摇头答道："战争时期运输必须由政府统制，这是各国的通例。"

"各国在战争时期统制运输，只防奸商以货物资敌。"陈嘉庚立即予以反驳，"现在我省大小皆统，就以福州来说，城外设十二处检查站，民众自带白米进城，只十余斤也拘捕办罪，这能美其名曰战时统制吗？"

"我省如此统制运输乃出于政治上的需要。"陈仪骄矜地回应。

"何谓政治上的需要？"陈嘉庚追问。

陈仪冷冷一笑："这个……我不便说明。"

"为什么？"陈嘉庚拍案而起。

陈仪也随着站立起来："嘉庚先生一定要我讲，那我就实讲。公侠忝任福建省主席以来，一切施政，包括运输统制和嘉庚先生一路所查各情，均系秉承蒋委员长之意旨而行……"

"啊？"陈嘉庚一震。

陈仪看他颇受震动，紧接又说："嘉庚先生要求撤销统运一事，公侠向蒋委员长作过报告，回复：闽省统制运输乃抗战政治之需要，唯不识政治之人方才反对。"

说毕，陈仪脸上露出得意的微笑。

---

[1] 陈仪，字公侠。

「蒋介石制造了家乡的灾难，又指使新加坡总领事掀起"倒陈"恶浪。面对南洋华侨分裂的局面和"倒陈"险境，心怀百姓疾苦和以华侨团结为大局的陈嘉庚痛心疾首……」

第三十章　同蒋介石较量

告别了乡亲，即将离国出洋，心头突然被压上一块万斤大石，陈嘉庚差点被压瘫了。他怏怏地乘上汽车，离开永安，前往长汀。

请求撤销统运一事，陈仪到底是怎样向蒋介石报告的？

蒋介石果真作了那样的训示，置福建一千多万民众于不顾？

闽省苛政到底是陈仪借蒋介石之名谋划推行？还是真的执行蒋介石的意旨？

陈仪祸闽不只是统制运输一项啊，据核实的材料，尚有十二条罪恶。特别是重用徐学禹、胡时渊等流氓党棍，结成政治团伙，骑在福建人民头上作威作福，真是令人发指。

陈仪、徐学禹如此凶恶残忍，欺压民众，盘剥百姓，中饱私囊，难道全都是秉承蒋介石的旨意？

要真是这样，蒋介石岂不成了罪魁祸首……

陈嘉庚思前想后，不敢相信。

这时，蒋介石却在重庆召集有关党要，商讨如何处置陈嘉庚，并根据驻新加坡总领事高凌百的秘密报告，作出"倒陈"的决定。

具体计划是：

委派海外部长吴铁城为最高领袖特使，即刻赶赴南洋，以各地的国民党员为骨干，利用一切舆论工具，声讨陈嘉庚假爱国、真亲共，掀起声势浩大的"倒陈运动"；

由高凌百、王泉笙负责，通过一切社会关系，联络广大侨众，把陈嘉庚"滥用"南侨总会主席职权、"假公济私"、"背叛党国"的所谓"劣行"散播开，最大限度地孤立陈嘉庚；

由行政院出面，通过外交途径，指称陈嘉庚参加共产党，阻挠陈嘉庚返回新加坡；

在南洋华侨第二次代表大会上，全力以赴，彻底将陈嘉庚排挤出华侨领导层，将南侨总会牢牢掌握在国民党手中。

以上计划确定后，为了延缓陈嘉庚回南洋，争取更多时间，蒋介石立即拍发一封急电到长汀，同意陈嘉庚视察滇缅公路，并要他从陆路转到云南。

1940 年 11 月 17 日清晨，接到蒋介石来电的陈嘉庚，从长汀启程西行。汽车沿着山间公路盘旋前进，一小时后到了闽赣交界的古城。

陈嘉庚叫汽车停下来，自己一个人拄着手杖，爬上古城的山顶，朝东望去。

山连山，岭叠岭，初升的秋阳下飘荡着迷蒙的浮云，幽壑里的涧水潺潺作响，奇峰上的青松跃跃欲腾，浓郁的林木一直伸到遥远的天边。

啊！东迎旭日，碧涛万顷；西薄落霞，苍山千仞；海滨邹鲁，文韵璀璨；风光清丽，人杰地灵。

可是，如今……如今家乡却横遭陈仪的涂炭，民众的日子过得如此凄惨！乡亲们本对我寄予了热切期望，我至今却未能帮他们解除倒悬。

现在我又要离开了，我又要离开了，我能这样甩手不管？

不，不！我要管，我该管，我绝不能让陈仪再糟蹋福建！

我要猛攻陈仪。非攻陈仪无可挽福建民众于水火，非攻陈仪无可救福建民众出苦难!

不管蒋介石会不会袒护陈仪,不管蒋介石对我已然不满,我要联合中外大举围攻。苛政不除,我绝不罢手;恶官不倒,我必攻到底!

南侨总会主席陈嘉庚离开新加坡已经八个多月了,南洋华侨思念他,总会工作需要他,可是,他现在却痛苦地呆立在长汀古城的山头上。

"嘉庚先生!"一声深情的尊呼把他唤醒。

"哦!"陈嘉庚回头一看,李铁民不知什么时候跟了上来。

"嘉庚先生,你不是说今天要赶到赣州吗?"李铁民恭谨地问。

"是噢,是噢!"陈嘉庚连忙答道。

"现在时间不早了,我们该上路了。"李铁民亲热地说。

"好,好,这就上路。"陈嘉庚答着,再次抬起头望着那连绵不绝的葱郁林木,叹了一口气,然后挂着手杖,一步步地走下岭来。

汽车又开动了。

前面是万里关山……

经江西,过湖南,入贵州,转云南……

一路上,陈嘉庚接连拍发四封急电给蒋介石,要求解释福建为何独行苛政,最后一封电文中愤怒地指出:"查黔、滇亦无如闽苛政,是则南方各省,独闽民最惨苦……"

可是蒋介石根本不予理睬。

陈嘉庚有点恼火了。

这时,重庆派来陪同他视察滇缅公路的工程师及运输部门要员已经会集在昆明。一向忠于职责的陈嘉庚只得按照原订计划,12月4日从昆明出发,经楚雄,出下关,经功果桥入保山,再步行通过惠通桥,于8日下午到达芒市。一路上他认真巡视,某处弯曲不妥,某处路面欠宽,某处路基失修,某处暗伏危险,全都记下来,并一一告知同行的筑路工程师赵君,其判断之准确,建议之合理,使赵工程师深为叹服。

芒市下去就是中缅边境宛丁。陈嘉庚至此才收到蒋介石两封复电。一云:"来电收。闽省田赋系中央旨意。闽事可电我知，切勿外扬。"又一电云："昆明来电已收。"

陈仪苛政祸闽，果真是秉承他的"旨意"！而且至今依然坚持不改。

陈嘉庚接此电报，极感痛心！

忽传来消息，吴铁城已到南洋掀起"倒陈运动"。

陈嘉庚再也忍受不住了！

他决心同蒋介石较量较量。

第一局，陈嘉庚采取了锐利的攻势。

他出国一路到仰光、槟城、太平、怡保、吉隆坡、马六甲等埠，一面在各界欢迎大会上报告抗战必胜，一面向该地福建华侨报告闽人惨状，猛烈抨击蒋介石视人如犬马草芥，指使陈仪对闽省施行苛政。在丹绒巴林、巴双等地，他还应到会者的要求，报告在延安的所见所闻；在新加坡答记者问时，更揭露了孔祥熙的舞弊行径，滇缅公路官员的劣迹以及陈立夫、蒋鼎文等国民党官僚的腐败。

与此同时，陈嘉庚又发函给南洋各属福建侨领，积极筹备召开全南洋闽侨大会，以动员全体闽侨的力量，投入救乡运动。

这一系列的攻势，给了蒋介石一定程度的打击。

而在这第一局的较量中，蒋介石的"倒陈运动"屡屡受挫。

他派出的"倒陈"主将吴铁城到南洋后，一面大造舆论，一面配合总领事高凌百向新加坡殖民当局施压，妄图以"共产分子"的罪名，阻止陈嘉庚返回新加坡。可是尽管他们一再努力，新加坡总督硬是不信陈嘉庚是共产分子，硬是不下驱逐令，使蒋介石这一图谋未能得逞。

在陈嘉庚顺利回到新加坡时，各界决定在快乐世界运动场召开盛大欢迎会，入场券每张一角，充入义捐款，结果一万多张入场券被抢购一空。蒋介石知道后，急令吴铁城加以破坏。吴铁城当即和英籍随员到总督府，向总督痛陈陈嘉庚必然在大会上宣传共产党，对中英双方均不利，要求取消各界欢迎会。可是总督鉴于欢迎会批准在案，现予推翻于法不合，因此不肯接受。结果陈嘉庚在欢迎会上除报告抗战必胜外，又把延安赞扬一番。

陈嘉庚的故事
CHEN JIAGENG DE GUSHI

正当吴铁城屡战皆败之时，新加坡部分粤侨领袖又重提吴铁城的罪恶。原来吴铁城本是广东省主席，1938年10月日寇进攻广州，他带着全部家财和眷属弃地而逃，实在令人愤慨。这旧事一提，吴铁城更是狼狈不堪。

趁此机会，陈嘉庚进一步发动攻势，把陈仪、徐学禹祸闽的事实整理成文字，在新加坡印刷千余份，分寄重庆参政会诸参政员、国内政界各要人、各省主席、各战区司令长官、南洋各地及香港的报刊，使中外人士都知道闽民受祸之惨。在这基础上，他以参政员的身份，正式向国民参政会提出"改善闽政"的提案，要求解决。

这样，第一局斗下来，陈嘉庚显然占了上风。

但是，蒋介石并非草包。第二局一开始，他即转守为攻。

首先，他利用政府的财力和权势，通过吴铁城在南洋进行一系列的收买和拉拢活动。一些报纸和记者被收买了，新加坡、马来亚和南洋各属的国民党员被拢住了。这样一来，吴铁城不但稳住了阵脚，而且势力有所扩大。

接着，吴铁城通过几家报馆，不指名地辱骂陈嘉庚"口是心非假爱国""挟制侨众谋私利"，极力破坏陈嘉庚的声誉，削弱陈嘉庚的力量。

与此同时，蒋介石利用中英两国在军事上即将合作的时机，一头在重庆请英国大使帮忙，一头命令驻伦敦大使郭泰祺与英政府谈判，要求准许国民党在新加坡和马来亚的党部注册为正式社团，以便扩大活动范围，占领更多阵地。

陈嘉庚从第二局开始，就被迫处于守势。

他向国民参政会提出的撤换陈仪、改善闽政的提案，虽有不少参政员联署而付诸讨论，但因受到最高当局的阻挠和参政会内国民党人的反对，只争得一个"派员调查"的结果。

对南洋反对派报纸的不指名辱骂，陈嘉庚无法进行反击，因为一反击等于把自己抛出去，所以只好任其自然，等待真相大白。

再者，按照南侨总会章程规定，两年须开代表大会一次，检讨会务，制订计划并改选主席、委员和各部职员，前因陈嘉庚回国慰劳视察未回而延期，现在既然已经返洋，自当及早召开，这就需要花费一定精力。

而作为南侨总会主席，更重要的责任还在进一步激发侨众的爱国热情，继续筹款支援抗日战争，因此，他就更无法集中力量对付蒋介石了。

1941年1月24日，陈嘉庚签发南侨总会召集会员大会的《通启》，拉开了陈、蒋斗争的第三局战幕。

陈嘉庚在《通启》中表明了自己忠心为国的严正立场，以此来回击那些不指名的辱骂；并在签发该《通启》的同时，发出召开全南洋闽侨代表大会的《通告》，预示救闽大军即将组成。

可惜的是，《通启》和《通告》反而被蒋介石所利用。刚刚在皖南杀害数千名新四军抗敌将士的蒋介石，以狂喜的心情密令吴铁城、高凌百和王泉笙，利用南侨大会和闽侨大会的筹备过程展开猛烈攻势。霎时间，从菲律宾到爪哇，从婆罗洲到苏门答腊，从缅甸到暹罗，从新加坡到马来亚，乌云翻涌，嘈声四起。王泉笙亲自到爪哇，撺掇南侨总会副主席庄西言反对陈嘉庚；吴铁城等人控制的报纸更是大打出手，改不指名为指名，公然攻击陈嘉庚是打着爱国旗号培植个人势力，攻击南侨总会机关挥霍浪费，诬称陈嘉庚把华侨赈款移作学校基金，在南洋掀起气势汹汹的"倒陈"浪潮。

紧接着，蒋介石又命令外交部出面，并得到英国驻重庆大使的支持，电请新加坡总督在3月29日南侨代表大会召开之前，把陈嘉庚的左右手、南洋商报主笔胡愈之和南侨总会秘书主任李铁民等五人，作为"共党分子"驱逐出境，以此削弱陈嘉庚的力量，破坏他的声誉。

但是，广大侨众对陈嘉庚无比信赖。他们热爱的是祖国，而非在国内掌权的国民党。现在南洋某些国民党人在吴铁城、高凌百的挟持下攻击陈嘉庚，反而激起侨众对国民党的反感。于是，随着吴铁城等人"倒陈运动"的掀起，南洋华侨开始形成"有党"与"无党"两个营垒，而且分歧日大，成见日深。

年近七旬的陈嘉庚见南洋侨胞日趋分裂，不禁暗暗心惊。

南洋华侨本散居在英、荷、美、法等国的属地和缅甸、暹罗，由于山海阻隔，加以寄人篱下，彼此互不关心，互不闻问，因此受到外人鄙视。直到七七事变后，南洋各属华侨才组织起南侨总会。两年多来，一千万南侨同心同德，无地域亲疏之别，无党派帮群之分，团结一致，投入义捐及其他爱国活动，不仅有力支援了祖国抗战，而且提高了华侨自身的地位，这是多么难得的局面啊！现在抗日战争正在紧张进行，国内国际形势又有新的变化，团结抗日的南洋华人社会却开始出现险情。如果无党无派的爱国侨胞与党员侨胞再一分裂，其后果真不堪设想……

陈嘉庚思前想后，苦痛难名。

一生光明磊落，一生赤胆忠诚啊。这次回国慰劳视察，本意是要沟通国内与南洋的情况，鼓舞海内外炎黄子孙的斗志，好及早战胜凶敌，谋求中华的振兴。想不到却查出一桩蜇人心肠的陈仪祸闽事件，福建乡亲的惨状叫人无法再忍。

先向陈仪恳求，陈仪拒不接受；转而呼吁蒋介石，蒋介石置若罔闻。他们继续压榨闽人，继续蹂躏闽人，置闽人生死于不顾。千余万闽人企首待救，坐视不救怎么对得起先祖与乡亲？正是因为这批恶魔欺人太甚，心肠太狠，自己才不得不在回到南洋后发动闽侨协力斗争。

现在，最高当局对我陈嘉庚已经大生恶感，国民党人已经大举进攻，南洋侨胞已经开始分裂，南侨总会已处于风雨之中。情势如此紧张，局势如此严重，与其导致南洋华侨分裂，倒不如自己作出牺牲，以保护南洋华侨的整体利益。

陈嘉庚经过反复斟酌，终于在南洋各报发表启事，表明退志，请各属侨胞代表在即将召开的大会上不要再选举他担任南侨总会主席。

陈嘉庚同蒋介石的较量至此告一段落。

南侨代表大会的会期越来越近，重庆黄山蒋介石官邸与新加坡总领事馆之间的来往电报越来越频繁，吴铁城、高凌百的活动也越来越紧张了。

这回吴铁城到南洋活动，身边带有一位英籍随员，既可当翻译，又提高身价。这天，他以蒋介石特使的身份，带着这位英籍随员，来到新加坡总督府拜访总督。

双方一番客套之后，吴铁城即开言："总督阁下，请问对胡愈之、李铁民等五人的驱逐令何时下达？"

"什么？"总督颇感惊讶，"对胡愈之、李铁民等五人的驱逐令？"

"是的，对胡愈之、李铁民等五个共党分子的驱逐令。"吴铁城答道。

总督摇了摇头："密司脱吴，您可能弄错了吧。总督府并没有准备驱逐胡愈之和李铁民等人。"

"啊?"吴铁城心中一震,随之急切地问道,"贵国驻重庆大使一个月前拍电给总督府,请于3月29日之前将共党分子胡愈之、李铁民等五人驱逐出境,总督阁下难道没有收到?"

一提起英国驻重庆大使来电,总督立即记起来了,他连忙回答:"收到的,收到的。"

"我没弄错吧,总督先生。"吴铁城脸上堆着笑容,继续说,"电报要求驱逐胡愈之、李铁民等五人出境,这是贵国大使的意见,也是我国政府的要求,总督府当然应该接受,对吗?"

"很对不起,密司脱吴。"总督诚挚地说,"我国驻贵国大使来电,虽要求驱逐胡愈之等五人出境,但电文最后附言说,此事系中国某要人请托,可否则由总督府决定。"

"这不可能吧!"吴铁城吃了一惊。

"事关中英邦交,本督何敢谎言。"总督回答,"现在电文仍存于档案之中,密司脱吴如认为必要,可往查阅。"

听到这里,吴铁城心慌意乱,他强自定了定神,再次反问:"电文最后虽请贵督决定,但胡愈之、李铁民等五人乃共党分子,即使没有大使来电,按照新加坡律令,贵督也应该将他们驱逐出境,对吗?"

"噢,密司脱吴。"总督解释说,"情况是这样,本督接到大使来电后,立即派员进行调查,结果并未查出胡愈之等五人有违犯本埠法律的行为,这就无法予以驱逐出境。"

"不,不!"吴铁城争道,"胡愈之、李铁民等五人确实是共党分子,留在新加坡必将对地方治安造成严重危害,我请贵督一定把他们驱逐出境。"

"判处驱逐出境,必须要有足够的罪证。"总督强调,"对胡愈之等五人,本督已派员进行过认真的调查,他们确实没有任何违法行为,怎么能判罪呢?"

吴铁城哑口无言了。

把问题解释清楚后,总督又说道:"一桩有关贵国贵党的要事,总督府已经作出决定,并经殖民部批准,正式函件三天之内将送给贵国驻新加坡总领事馆。

今天密司脱吴既然来了，本督自当提前告诉您。"

"请说吧。"吴铁城应道。

"上个月我帝国政府殖民部来函，指示本督研究中国国民党马来亚党部注册为合法组织的问题。"总督说，"本督专为此事召集全马来亚长官在柔佛开会……"

"结果怎么样？"吴铁城急切地问。

"结果未获通过。"总督回答。

新加坡英国殖民当局不让国民党新马分部注册、拒绝驱逐胡愈之等五人出境的情况，立即汇报到重庆，重庆外交部即刻又大忙起来。但是，尽管重庆方面费尽九牛二虎之力，依然无法改变新加坡总督的决定。吴铁城在捶胸顿足之余无计可施，只得暂时搁下，赶紧转过头去布置一项重要的行动。

这新的一项重要行动，他让高凌百和王泉笙出马。

当荷属东印度各属的侨领、南侨总会副主席庄西言为参加南侨代表大会提前来到新加坡时，高凌百和王泉笙就驱车前往迎接，并把庄西言邀到丰兴山咖啡馆，进行新一轮的谈判。

南洋华侨破天荒大团结的大会——首届南侨代表大会，代表大会在决定组织南侨总会时，又选举庄西言担任总会首届第一副主席，足见其威望高及才能之强。如今，南侨总会主席陈嘉庚已登报引退，南侨总会另一副主席菲律宾李清泉又已逝世，庄西言当然就成了举足轻重的人物。

前不久，吴铁城已派王泉笙到爪哇，对庄西言进行拉拢；据王泉笙汇报已经有了眉目。眼下会期如此迫近，第二届总会主席人选必须尽早决定下来；而占会员总数一半的荷属东印度各属会的态度，更须及早掌握。吴铁城经与高凌百、王泉笙几番密议之后，制订出一套稳操胜券的谈判方案，决定必要时以总会第二届主席职位相许，切实把庄西言争取过来。

然而，在丰兴山咖啡馆的谈判中，高、王二人使尽招数，仍然未能叫庄西言就范。这位实力、地盘占南侨总会半壁江山的爪哇侨领，始终认定自己远远不如陈嘉庚，认定唯有陈嘉庚才够格担任总会第二届主席。

这下子吴铁城慌了手脚。在他将情况向蒋介石汇报两天后，就被召回重庆了。

到了南侨二次代表大会开幕时，对"倒陈"者而言，事态更是急转直下。

参加代表大会的国民党员，竟然不听高凌百、王泉笙的指挥，纷纷倒向陈嘉庚。大会的最后一天，1941 年 3 月 31 日，陈嘉庚以全票再次当选为南侨总会主席。庄西言和菲律宾的杨启泰当选为副主席。

蒋介石的"倒陈"图谋，以彻底失败告终。

激烈较量，初获大胜，充分显示了陈嘉庚的人格魅力。

但陈嘉庚并没有就此止步。

就在南侨代表大会胜利闭幕的第二天，经陈嘉庚积极筹划，首届全南洋闽侨代表大会在新加坡胜利开幕。

代表们听取大会主席陈嘉庚的报告后，对如何"救闽"进行了紧张而周密的磋商，议决组织"南洋闽侨总会"，推举陈嘉庚为闽侨总会主席，庄西言为副主席，办事处设在新加坡，以统一领导救闽工作。同时决定掀起猛烈的请愿运动，全南洋各属一百多个闽侨团体，立即发函、发电，呈送国民党当局政要，请求撤办陈仪，改善闽政。

全南洋三百万福建华侨行动起来了。

这三百万闽侨，除为数众多的工人、农民、店员、小贩和青年学生之外，还有一批资财雄厚的实业家、商业家、银行家；一批名闻中外的科学家、教育家、文艺家；一批水平高超的工程师、会计师、律师、教师、医师；一批才能出众的学者、记者、编辑、公务员、船员。他们的力量是不容忽视的。特别是他们推选出的代表在新加坡举行南洋闽侨首届代表大会，把斗争矛头对准国民党政府的贪官酷吏，对准国内的官僚资产阶级，这在华侨史上也是破天荒的壮举，其历史意义仅次于南侨总会的成立。

在全南洋闽侨和国内外舆论的压力下，国民参政会和行政院不得不派员调查陈仪祸闽一案，查证结果显示，陈嘉庚和南洋闽侨所控各条，条条属实，蒋介石无法再袒护下去，不得不将陈仪调离福建，另委刘建绪为福建省政府主席。

陈嘉庚发动、组织南洋闽侨开展的"救闽"斗争，至此取得了初步的成果。

与此同时，南洋群岛上空已经战云密布了……

「果然不出陈嘉庚所料，
日军终于向英国开战了。
陈嘉庚耳听隆隆炮声，
眼看映红黑夜的炮火，
顿感欣慰：我大中华民
族对敌抗战不孤，而最
后胜利决可属我也。」

第三十一章
战时地方行政首脑

日本军国主义者疯狂侵略中国、妄图征服中国的同时，也准备在地域广大的亚太地区发动一场大战。他们早在 1937 年，就欺瞒日本人民，将全国的政治、经济、文化、教育、科学研究全部纳入发动大战的轨道；其总体战略目标是夺取英、美、荷、法在东南亚及西太平洋的殖民地，进而占领新几内亚、新西兰和澳大利亚。

在陈嘉庚访问延安期间，纳粹德国攻占了法国。同德、意法西斯结盟的日本趁火打劫，于 1940 年 9 月派兵进占法属安南，作为发动大战的前哨。

南洋的局势开始紧张了。

英、美、荷虽然还跟日本保持着外交关系，但为防患于未然，英国首先在新加坡设立远东军司令部，开始增强新、马的军事力量。1941 年 3 月，英国军部派陆军中将白思华担任马来亚十万英军的司令，接着又任命原皇家海军参谋长菲立斯中将为远东海军

◆ 陈嘉庚与马来英军将领及新加坡华人领袖们合影

司令，由他亲自率领战列舰"威尔士亲王号"和重巡洋舰"击退号"和四艘驱逐舰到新加坡，以加强远东的防卫实力，阻遏日本的侵略图谋。

欧洲战场上，纳粹德国的军队在席卷匈牙利、保加利亚、罗马尼亚、希腊和南斯拉夫之后，于1941年6月21日悍然撕毁《苏德互不侵犯条约》，大举进攻苏联。在东方，日本的战备工作进一步加紧，到10月底，发动太平洋战争的部署已经全面完成。11月5日，日本天皇召开御前会议，制定了12月初对美、英、荷开战的《帝国国策施行要领》。根据该《施行要领》，一方面向各部队发出作战准备令；一方面则派特使前往美国，进行所谓的"谈判"，以迷惑那些小看日本的政客。

从发出作战准备令到正式开战仅三十三天，日军最高统帅部便组建了以山本五十六大将为司令长官的联合舰队，以寺内寿一大将为总司令官的南方军。联合舰队负责偷袭珍珠港，摧毁美国的海军力量，控制西太平洋，然后配合南方军作战。南方军下设三个军：二十五军先进攻马来亚、新加坡，十四军先进攻菲律宾，十六军先进攻爪哇。整个作战范围则包括暹罗、缅甸、婆罗洲、苏门答腊、西伯里斯、帝汶，以及太平洋的关岛、威克岛、新不列颠岛、新爱尔兰岛，东西长约一万公里，南北宽约四千五百公里。攻占南洋群岛的中心新加坡则是整个南方作战的首要目标，其战略意义不亚于袭击珍珠港。

11月中旬，担负进攻新加坡任务的第二十五军开始在中国的海南岛三亚港集结，并抓紧时间进行登陆作战训练。12月4日上午，在二十五军司令官山下奉文中将的率领下，几十艘满载日军的运输轮和护航舰艇从三亚拔锚启航，朝着马来半岛进发。

日军终于向东南亚伸出了魔爪。

但英国远东军司令部却认为：日军的主力被牵制在中国战场，要将日军从海路调运到几千英里外的马来半岛谈何容易；况且新加坡经过几年的经营，已经成为远东最坚固的要塞。

他们没有采取防范措施，更没有做好应战准备。那几天，新加坡和马来亚同往常一样繁华热闹，南侨总会的各项工作也同往常一样紧张繁忙。

◆ 新加坡华侨抗敌动员总会

陈嘉庚的故事
CHEN JIAGENG DE GUSHI

1941 年 12 月 7 日晚上，陈嘉庚在怡和轩三楼寓室里批阅南侨总会各属会寄来的报告和书信，直至深夜才上床歇息。

8 日凌晨四点，酣睡中的陈嘉庚被窗外的巨响惊醒。他开始疑是雷声，起床走到窗台一探，忽见一簇火光伴着一声巨响在空中爆开，随之而来的是警笛声和飞机声同时轰鸣。

陈嘉庚顿时明白过来，这是敌机轰炸新加坡！日寇向英国开战了！

自从日军入侵安南，他已经预测东亚的大战绝难避免；两个月前日本近卫内阁辞职，陆军大臣东条英机出任首相，更预示着战争即将到来。现在，日军果然大胆进犯了。战争，不幸被陈嘉庚所言中。

站在窗台前的陈嘉庚，望着散布在空中的火花，心中不但毫无惊慌之感，反而"无限欣慰"。

欣慰者何，我大中华民族对敌抗战不孤，而最后胜利决可属我也。

就在陈嘉庚为埋葬日寇的力量日益壮大而深感欣慰之时，山下奉文亲自指挥的日军先头部队已经在暹罗和马来亚交界的宋卡、北大年登陆。英军司令部接获日军登陆的报告后，立即派出一个师的兵力增援暹马边境的驻守部队，并命令空军出击。

可惜的是，尚未起飞的英国战机在机场上遭到日军航空兵的狂轰滥炸，仅仅一天工夫，大英帝国驻马来空军的一百五十八架飞机，实际能用的只剩下四十余架。再过一天，12 月 10 日，英国皇家海军战列舰"威尔士亲王号"和重巡洋舰"击退号"，又在马来东部关丹海面遭到日军航空兵的猛烈袭击，仅仅两个小时，便连同其司令长官菲立斯中将一起消失在波浪之中。到 16 日，突破暹马国境线的日军，已经占领了马来亚北部的大片领土，直逼英帝国海峡殖民地直属的槟榔屿。

面对危急的情势，对槟榔屿的地方行政负有直接责任的海峡殖民地总督汤玛斯，从狭隘的种族观念出发，只秘密组织英人妇孺及非战斗人员撤出；对至关重要的防空、治安和占槟城人口百分之六十五的华侨，则完全弃之不顾。结果，当槟榔屿遭受日军大轰炸之后，整个槟城的地方行政组织便随之解体。被炸死的市民无人掩埋，被炸伤的市民无人营救，轰炸引发的火灾无人扑灭，被炸后的瓦砾无人清理。槟榔屿沦陷前夕更发生了骇人听闻的大抢劫，几乎所有的华人侨商都遭到一场空前的灾难。可是，当英人妇孺安全撤到新加坡时，汤玛斯却亲自到码头车站迎接，这引起了新、马民众的极大愤慨。

在民众的激烈抗议和强烈要求下，汤玛斯不得不召集新加坡华人、马来人、印度人的领袖和各界代表到总督府，一方面婉词推卸槟城的责任，一方面则保证今后对所有居民都将一视同仁；同时还宣布释放政治犯，并承认马来亚共产党和中国国民党新马分部为合法社团。

但他对如何做好地方的抗敌工作依然束手无策。

战时的地方工作，无非是支援军队、防空防谍、救护灭灾、维持治安等项。而战时要做好地方工作，关键在于动员组织全体民众。这些道理，汤玛斯总督全都知道。怎奈他长期养尊处优，蔑视民众，特别是轻视占全新加坡民众四分之三的华人，同他们隔阂至深。目前，投身于抗敌活动者，尽是那些华人，汤玛斯想自己动手把他们组织起来，并施加有力的领导，确实难上加难。

总督自己无能为力，那么，在新加坡谁有足够的能力和威望来领导这些华人？

当然唯有陈嘉庚。

自从 1867 年英国将新加坡、槟榔屿、马六甲合并为"海峡殖民地"之后，其最高行政长官总督便成为英皇在殖民地的代表，具有极大的权威。他有权颁布法规，有权任命官吏，有权施行奖罚，有权征收捐税，有权批准极刑。在殖民地年代，总督通常由具有爵位的英国贵族担任。他们手中掌握的大权，是不容任何人染指的。

如今，在日本侵略军占领马来亚半壁江山、新加坡面临艰困危急之时，情况却大不相同了。

汤玛斯总督经反复考虑，决定放下架子，向华人求助。他先后派出公安局长、中华总商会会长和华民政务司帮办，前往拜访陈嘉庚，三番五次恳请陈嘉庚出来领导抗敌工作。

陈嘉庚义不容辞，慨然答应。

陈嘉庚的故事
CHEN JIAGENG DE GUSHI

12 月 28 日，得到陈嘉庚承诺的汤玛斯爵士，以急切的心情，在督署召开全坡各界代表紧急会议，出席会议者有二百余人，除多数属于华侨代表之外，新加坡政界要人及刚释放出狱的马共领袖也悉数到场。

会议一开始，汤玛斯总督首先致辞：

> ……在此战争危险时期，民众当与政府合作，此为各国各处之通例，如维持治安、救护、防空、防谍等。鉴于前日槟城之变，警察不力，致发生抢劫，敌未至己先乱，可引为前车之鉴。本坡民众更多且更复杂，然华侨实占大半。兹经蒙侨领陈嘉庚先生答应，愿领导华侨帮助政府，本人谨表示衷心的谢忱。今日特请诸侨领到此集会，报告此意。以后凡华侨应合作事项，本总督经委托陈先生领导一切，凡各社团、报界、侨生等，均须服从……

陈嘉庚接着致答词。

他首先对总督的信任表示感谢，然后简要阐述新加坡当前的政治态势，最后郑重表示：

> 今日中、英两国已成立共同战线，虽非联盟亦与联盟无殊。贵总督既委托余领导华侨，余若办得到者，当竭诚奉行。

陈嘉庚答词刚一说完，总督又连忙站起来讲话，再次强调新加坡各报馆、各党派、各社团必须一致拥护陈嘉庚，坚决服从陈嘉庚的领导，否则，将以违抗殖民地法令论处。

一个仅读过几年私塾，一向从事经商和教育、慈善事业，年纪已经六十八岁的华人，由于总督的授权与华人的拥戴，猛然上升为新加坡战时地方行政首脑之一，这是出乎陈嘉庚本人意料的。

但他从来是不承诺则已，一承诺准定负责到底。于是，12 月 30 日，陈嘉庚便在中华总商会召集全坡华侨代表大会，议决成立"新加坡华侨抗敌动员总会"，选举出抗敌动员总会委员，并对总会的机构和任务进行了热烈的讨论。

12月31日，抗敌动员总会的委员们举行第一次会议，在共推陈嘉庚为当然主席之后，决定了各部的重要职员。

两天，仅仅用了两天，陈嘉庚便将新加坡华侨抗敌动员总会成功地组织起来，并立即投入战斗。

劳工服务部应英军之委托，招募华人劳工每日达二三千人，供军部在军港、飞机场防御工事等各项紧急劳务中之需。这些劳工属半义务性质，工资极为低廉，而且是由新加坡华侨筹赈会先行垫发，总督府约十天才来核结一次，最后还侵欠筹赈会三万余元。

保卫团从市区及住宅区的居民中挑选出三千名忠实可靠、强壮热心的华侨为团员，按地段编队，设专任队长若干人，并在街道设岗哨多处，由团员轮流值班守卫。其任务是维持地方治安，担负防空、防谍、防盗、防窃及救护等工作。团员系义务性质，不发工资，不发枪械，只持木棍，政府仅发给钢盔以防身。

与此同时，民众武装部在华侨青年中招募到三千名华侨抗日义勇军；宣传部则在星洲华侨战时文化工作团的基础上，进一步扩大宣传规模；总务处除协调各部工作、提供后勤服务之外，还协助陈嘉庚主席处理动员总会的日常事务。

整个新加坡的战时地方工作，几乎全由华侨抗敌动员总会担负起来了。

人们高兴地看到，在陈嘉庚负责领导下，槟城沦陷前出现的混乱状况将不会在狮城重演。

汤玛斯至此才舒了一口大气。

「日寇疯狂地逼近新加坡，丘吉尔派来的英军不堪一击，总督突然武装华人义勇军而将英国军民秘密撤退。新加坡抗敌总会主席陈嘉庚义正辞严地质问总督……」

第三十二章
总督的保证靠不住

新加坡华侨抗敌总会成立的第二天，就迎来了 1942 年元旦。

新年伊始，马来半岛上的战事更加激烈了。

尽一切可能轻装以利快速前进的日本士兵，在海上机动部队的配合下，以坦克为前导，于 1 月中旬突破英军在马来半岛中部的防线，1 月 11 日冲进雪兰莪州的首府吉隆坡，13 日进至森美兰州的首府芙蓉，15 日攻占马六甲。一星期当中，平均每两天就打下一个州府。

森美兰、马六甲被日军攻占后，柔佛成了英军在马来亚的最后一道防线。

柔佛州位于马来半岛南端，三面临海，隔着一条水道跟新加坡相望，是进攻新加坡最理想的发兵地。为了守住柔佛，英军统帅部在美国的支援下，运来了一个坦克车团、一百架最新型的战斗机和大批援兵。

日军对此立即作出反应，以空前的规模，猛烈空袭接运援兵的新加坡军港。

战斗机扫射出铺天的弹雨，轰炸机投下盖地的炸弹。六千名军港工人的生命受到严重威胁，出工人数一天天减少，最后只剩下数百名。

军港司令官十分焦急，但他没找汤玛斯总督，而是派员直接到华侨抗敌动员总会，请求陈嘉庚主席帮助解决。

陈嘉庚一听报告，立即来到军港，查明情况之后，就按照劳工服务部提供的名册发出通知，邀集军港全体华侨工人在影戏院开会，他亲自上台讲话，说明支援英军作战同支援祖国抗战的关系，极力予以慰勉，并要求军港方面采取措施保护工人。第二天，华侨劳工多数出勤了，印度及马来工人也相随复工，军港所需劳役再次得到保证。

随着马来战事的恶化，陈嘉庚的工作更加繁忙；幸亏长年为他护理的女郎中李文雪时常前来照料，才使得他无病无恙。

这一天晚饭后，李文雪又来到怡和轩。

"嘉庚先生，这两天身体好吗？"李文雪一进寓所就恭谨地问道。

"好，好！"在躺椅上歇息的陈嘉庚说着，就要站起身。

李文雪连忙趋前，轻轻地按住他："嘉庚先生就躺着。"

"那你也坐吧。"陈嘉庚客气地说。

"嘉庚先生刚洗过澡，对吗？"李文雪边落座边问。

"是啊。"陈嘉庚答。

"我这就给你按摩推拿。"李文雪说。

"不必了，不必了。"陈嘉庚直摇手。

"浴后推拿按摩，疗效特别显著啊。"李文雪劝道。

"我最近身体很好，腰背都不痛了，无须再按摩。"陈嘉庚坚持。

李文雪见他坚决不接受，便关切地说道："抗敌工作紧张，日机又常来轰炸，嘉庚先生身体要多多保重啊！"

"我知道。"陈嘉庚满怀谢意地回应。

"嘉庚先生，听说这几天柔佛会战打得很激烈，是吗？"李文雪问起战事来了。

"是的。"

"英军到底挡得住挡不住呀？"

"还很难讲。"

"新来的援军不是说有一个坦克车团，怎么不开到柔佛去打日本？"李文雪又问道。

"开去了。"陈嘉庚回答，"可是不中用，被日军飞机炸得七零八落，损失惨重。"

"柔佛要是再打败，新加坡恐怕就守不住了。"李文雪忧心忡忡。

"是啊。"陈嘉庚点了点头。

"新加坡要是守不住，嘉庚先生你……"李文雪说到这里，连忙刹住。

"我……"陈嘉庚被李文雪这句话触动，低下头默然不语。

寓所里一片寂静。

少顷，李文雪忍不住又开口了："我们全家人，还有所有街坊邻居，这几天都在为嘉庚先生操心呀。"

"啊！"陈嘉庚听了猛受一震，热血喷涌。

一个多月来日日夜夜，为抗击日寇奔走不歇；一个多月来日日夜夜，为侨众利益熬尽心血。可对自己的安危，他却一直未加考虑。现在，这问题竟被李文雪给点出来了。

陈嘉庚在受震撼和感激之余，不禁深深地叹了口气："唉！"

尽管英国首相丘吉尔向美国记者保证要坚守新加坡，尽管美国船队运来了大批援军和一百架最新型的飓风式战斗机，英军在柔佛战场上依然无法阻止日军凌厉的攻势。继战略中枢金马士和西海岸重镇巴株巴辖被占领之后，东海岸的要城兴楼也沦入敌手。

随后，日军分三路对柔佛英军阵地展开猛烈攻击，几天工夫，便接连攻占东部名港丰盛、西部要地阿依淡及柔佛州首府居銮。

柔佛会战已接近尾声了。

1月30日上午，陈嘉庚正在吃早饭，抗敌动员总会劳工服务部主任林谋盛匆

陈嘉庚的故事
CHEN JIAGENG DE GUSHI

匆赶来报告："昨晚军港连夜前来雇华侨劳工二百人，到军港后全部被派去搬运器材投海，连刚运来不到一年的新型电影机也丢进海里……"

"啊？"陈嘉庚不禁一凛。

"清早回来的工人说，"林谋盛继续报告，"昨晚军港许多印度人挤挤攘攘地上了一条轮船，午夜过后开走，不知开往何处。"

陈嘉庚把碗一搁，把手一挥："走，去看看。"

话音刚落，门外突然响起一声急促的唤声："嘉庚先生！"

陈嘉庚朝门口一看，抗敌动员总会保卫团副团长陈锡清已经跨进门来。

"什么事？"陈嘉庚问。

"据站岗守夜的保卫团员报告，英军在老巴刹区十余门高射炮，昨晚匆匆撤走，不知撤往何处。"陈锡清答。

"哦？"

"保卫团员还报告说，昨晚许多英军士兵连夜从丹戎巴葛码头下船撤走……"

陈锡清正说之间，叶玉堆也匆匆赶来了，见面头句话便讲："英国人撤退了，撤退了。"

"情况怎么样？"林谋盛、陈锡清急切问道。

"今天早上，英国警察突然到我家强行征用汽车。"叶玉堆说，"我一查问，才知道是为了紧急运送英人妇孺撤退……"

陈嘉庚等人无不感到惊愕。

"这么大的事情，为什么不事先知会我们抗敌总会！"林谋盛气愤地嚷道。

"汤玛斯总督一再保证不重犯槟榔屿只撤英人的错误，简直是放屁！"陈锡清破口骂道。

嘀铃铃铃……嘀铃铃铃……

电话铃突然响起来。

陈嘉庚抓起话筒，原来是他派到客轮管理委员会的代表陈振传打来的。

"嘉庚先生吗？"

"是我。"

"嘉庚先生，船位分配委员我不当了……"

"为什么？"

"从前天开始，英国人不遵守原订的规约，硬把所有客轮的舱位全占了。"

"哦？"

"嘉庚先生，英国人不守信用，需要的时候烧香磕头，不需要的时候，就把我们华侨抗敌总会撇到一边。"

"你立即到怡和轩来。"陈嘉庚命令道。

"什么事？"陈振传问。

"我们一起找汤玛斯总督去！"陈嘉庚郑重地说。

"好！"陈振传兴奋地应道。

"对，找汤玛斯总督去！"叶玉堆、林谋盛、陈锡清齐声呼应陈嘉庚的提议。

汤玛斯热情洋溢地把陈嘉庚和叶玉堆等人迎进了总督府会客厅。

宾主坐定后，他语气诚恳地问道："陈嘉庚主席此来有何贵干？"

"汤玛斯总督，英国人大部分撤退了，对吗？"陈嘉庚反问说。

"没有，没有。"汤玛斯即刻否认。

"据客轮出口管理委员会我方代表报告，英人妇孺绝大部分都已撤离新加坡。"陈嘉庚严肃地指出。

"噢，陈主席，"汤玛斯答道，"出口客轮的舱位都是管理委员会公开分配的。据我所知，不单英人，华人、印度人和马来人都能按照配额得到船位。"

"本来是这样，但是这几天管理委员会的英人委员，不顾其他委员的反对，几乎把全部舱位都分配给英人。"陈振传反驳道。

"这我不太清楚。"汤玛斯连忙解释，"可能是这几天多分配给英人，过几天就多分配给华人喽。"

"现在不单英人妇孺绝大部分撤走，英国士兵和印度人也开始大批撤退。"陈锡清气愤地指出，"昨天晚上就有很多英国士兵从丹戎巴葛码头乘船离开新加坡。"

"哦，真有这回事？"汤玛斯故作惊讶。

陈嘉庚的故事
CHEN JIAGENG DE GUSHI

"老巴刹区十余门高射炮昨晚也撤走了。"林谋盛进一步指出。

"误会，误会，先生们。"汤玛斯这下找到借口了，他辩解道，"士兵乘船他去，高射炮撤离某个地区，纯属军事上的调动，并非撤退。"

"据军港华工报告，昨晚军港不论器物是否贵重，一律投入海中，以免资敌，这不是准备撤退又是什么？"陈嘉庚质问说。

"这完全可能是军港的特殊安排，陈主席，"汤玛斯语气十分坚定，"即使马来亚全部沦敌，英国政府也决心要坚守新加坡。"

"新加坡守得住吗？"陈嘉庚反问道。

"这只有上帝知晓。"汤玛斯耸动双肩，摊开双手答道，"不过，我以人格向陈主席保证，我本人一定坚守到最后，决不撤走。"

汤玛斯已经准备当俘虏了，所以把话说绝，既然如此，根本无须再问下去。

这时，一直保持沉默的叶玉堆开口了："总督先生，听说重庆蒋委员长来电，要求总督府在新加坡危急时，必须设法使总领事馆的外交官和中国人员安全离境回国，果有此事？"

"有。"汤玛斯回答。

"电报中有否提到嘉庚先生和诸位侨领的安全。"叶玉堆再问。

"没有。"汤玛斯再答。

叶玉堆等人大感意外和震惊。

"确实没有。"汤玛斯又一次给了明确回答。

在场的侨领们不禁愤恨填膺。

柔佛的大路小路上插遍了指向新加坡的路标。日军士兵一见到路标便更加疯狂地向前直冲。在柔佛会战刚开始时，因长期担任主攻过度疲劳而被调任后备队的第五师团，现在也冲到第一线，与担任柔佛主攻任务的近卫师团争先。1月31日午后二时，日军第五师团第九旅团率先冲进了柔佛最南端的新山。当最后一名撤退的英军部队士兵踏上新加坡岛之后，连接新加坡和新山的海堤上便爆起一阵阵炸断海堤的震天的轰响。紧接着，英军工程兵部队在炸断的海堤上堆塞障碍物、架设铁丝网。

这时，白思华将军和汤玛斯总督联名向新加坡市民发表一项公告，宣布马来亚战役业已结束，新加坡保卫战现已开始；声称援军不久就要到来，而且一定会到来，号召市民保持镇静，支持英军坚守要塞。

但是，新加坡市民不管怎么说也无法再镇静了。柔佛南端与新加坡只隔着一公里宽、三十公里长的窄长水道，相距咫尺，显然便于日军跨海渡峡；长海岸线又为日军提供了诸多的登陆地点。九万精锐英军防守的十几万平方公里的马来亚，尚且在五十五天之内便全部沦入敌手，何况现在只剩下面积仅为马来亚二百分之一的新加坡，而且处在日军钳形包围之中，这保卫战能打几天？

英人妇孺已经全部撤离了，印度人也先后回到了自己的家乡，马来人是当地土生土长的，想走也无处走。唯独华人，想回祖国，万里关山阻隔；想留下来，又怕遭到残杀。较好的去处似乎就是隔着马六甲海峡相望的苏门答腊。

2月1日，新加坡保卫战的第一天，日寇轰炸机对新加坡进行第五十六次的轰炸；而日寇陆军则昂起大炮，对新加坡进行首次炮击。炸弹和炮弹的爆炸声，几乎把人们的耳膜震破，号称"攻不破的要塞"的军港，冒起了冲天的火光及浓烟……

就在连天的炮火声中，抗敌动员总会民众武装部主任林江石找到陈嘉庚。

"嘉庚先生，义勇军急需四千元现款，请立即拨付给我们。"林江石急匆匆地说。

"四千元作何用处？"陈嘉庚问。

"英军司令部已经发给我们一千支步枪，一千名义勇军战士即将开赴前线，每人需要四元的起身费。"林江石答道。

"啊！英军司令部发枪给义勇军？"陈嘉庚感到一阵震惊和心痛。

"是的，军部发言人正式宣布星华义勇军隶属于马来亚英军司令部，待遇与英、印军一律平等。"林江石郑重地答道。

"唉！"陈嘉庚叹了口气。他用微微发颤的手写下一张领款条，交给林江石，随即站起身，走出抗敌总会办公处。

从组织华侨抗敌动员总会那天起，陈嘉庚就坚持总会的工作只限于地方行政及支前防空，反对武装华侨。他不懂军事，不懂人民战争，他从自己的认知水平出发，认为临时组织未经训练的华侨武装，不可能形成军事力量。刚开始时英军当局也有顾虑，不肯发枪给华侨。因此，虽然多数华侨代表主张成立民众武装部，并招募了三千名义勇军，却一直徒有其名。现在，英军当局却突然发枪给星华义勇军，利用华侨的抗日热情，把他们送上前线，为他们遮挡枪林弹雨。

英国当局这一险恶的图谋，可以欺瞒那些天真的人们，可怎么能骗得了陈嘉庚？

英兵至少尚有五七万人，何须派此绝未训练之华人往前线，不但此一千人将就死地，敌人入境必因此多杀许多华侨。英政府此举最为狡猾残忍，实可痛心。

目下想劝阻也来不及了，弄不好还将引起决心抗日杀敌的爱国华侨的误会。

本想继续坚守岗位，可是情况变了。

走，尽快地走，尽快离开新加坡……

陈嘉庚怀着愤慨的心情，召集一些身旁的工作人员谈话，指出英国当局无意坚守要塞，新加坡很快就要被当局放弃；交代大家立即准备撤走，不要留当俘虏而被敌利用。接着，他把南侨总会和新加坡筹赈会的工作暂告结束，办事人员每人发给四个月薪水；尚余的叻币十余万元留给抗敌动员总会，印章、支票交给负责财政的李振殿。同时，按照事先与公安局长的议约，为二十几位侨领办好避往荷印的介绍证书，分发给大家……

「1942 年 2 月 16 日即华人新春正月初二，日寇占领新加坡，借"大检证"搜捕反日分子特别是抗日领袖陈嘉庚。陈嘉庚在仁人志士保护下乘小火轮消失在茫茫夜色中……」

第三十三章
陈嘉庚哪里去了

柔佛会战一结束，日本间谍和新加坡奸民的活动更加猖獗。他们的任务主要是打探军情，为日军攻占新加坡提供军事情报；同时负责监视"反日分子"，其头号对象当然是陈嘉庚。

这些间谍和奸民，有的是前些年被日本间谍机关指派，以合法身份入境后潜伏下来；有的是原新加坡居民，后来被收买。他们曾想方设法打进华侨抗日救国团体，甚至图谋打入筹赈会、南侨总会和抗敌动员总会的办事机构，但因陈嘉庚具有高度的警惕性而未能得逞。

1942 年 2 月 2 日，新加坡保卫战的第二天，暗夜来临，实行战时灯火管制的狮城渐渐地变得一片漆黑。就在那黑乎乎死沉沉的夜幕之下，城内每幢房屋里都充满不安与骚动。人们或在收藏财物，或在激烈争论，或在准备逃离，或在互递音讯……

怡和轩陈嘉庚的寓所和全城大大小小的房间一样，圆筒形的

◆ 陈嘉庚栽培成才的槟城侨领刘玉水

黑布灯罩遮住一束直射在桌面上的微光。借着这不许透出窗外的微弱灯光，抗敌总会和南侨总会的干部、职员，紧张地出出进进，经过一阵匆忙的安排，大家分头各奔前程，最后剩下的几个人也被陈嘉庚打发回去歇息。

午夜已过，四周逐渐寂静下来，黑布灯罩下的灯光显得更加昏黄。连续几天紧张劳累，使得陈嘉庚疲惫不堪，他从办公桌前站起身，正想步往睡床，忽然在门边阴暗处出现一个黑影。

陈嘉庚蓦然一惊。他有点相信天命，但不信鬼神，在这新加坡即将沦陷的时刻，来者莫非是坏人？

"谁？"陈嘉庚喝问。

"我是玉水，嘉庚先生。"亲热的话音从门边暗处传来。

"哦，是玉水啊。"陈嘉庚舒了一口大气，"你为什么还不回去？"

"我……我不想回去。"那熟悉的声音又在门边响起。

话音依然是那样清亮，语气依然是那样诚恳，虽然看不清他的脸，却感受得到他的心……

啊，过去整整二十六年了……头回相见的情景仿佛就在眼前。

那是第一次世界大战期间，经营航运业和橡胶业初获巨利的陈嘉庚，有一天来到集美族亲陈水印所经营的布店，看到店里一个年约二十岁的新来伙计，生得眉清目秀、风采照人。胸怀宏图大略、四处网罗人才的陈嘉庚顿时被吸引住了。

"水印兄弟，你又添了个伙计？"陈嘉庚颇为羡慕地问。

"是啊，是我这次回乡从集美带来的。"陈水印回答。

"哪一房头的？"陈嘉庚颇感诧异。

"不是集美社人，"陈水印笑了笑，"是镇上裁缝师傅刘玛生的儿子。"

"刘玛生……哦，是那位惠安东岭刘厝人吗？"陈嘉庚想起来了。

"正是，"陈水印应道，"唐山生活难熬啊，玛生兄千求万请，要我牵成[①]他这个精灵儿子。"

陈嘉庚听到这里，不禁转过头，注视着柜台上这个新伙计。只见他一边在量布剪布，收钱找钱，一边又亲热地招呼着后边的顾客。动作迅捷，满面笑容，不停地做，不停地说，语音是那样清亮，语气是那样诚恳……

"他名叫什么？"陈嘉庚看了好一会儿，突然转回头问陈水印。

"玉水，碧玉的玉，水灵的水。"水印笑答。

"玉水，好名字，玉水！"陈嘉庚发出由衷的赞叹。

听到陈嘉庚赞扬自己的新伙计，陈水印心中自是高兴，他略带炫耀地问："嘉庚兄，你看这少年家怎么样？"

"不错！"陈嘉庚答道，接着就提出，"水印兄弟，这刘玉水就调给我吧，我公司里正缺人手呢。"

"啊，你说什么？"陈水印简直无法相信。

"玉水调给我吧，水印兄弟。"陈嘉庚再次要求。

"不行，不行。"陈水印一口回绝。

"有什么不行呢？"陈嘉庚口气强硬地反问道。

"玉水是我好友玛生兄托我牵成的，不能到你的公司里去。"陈水印理直气壮地说。

"你牵成怎么比得上我来牵成。"陈嘉庚摆出族长的威势，给顶了回去。

"这……"陈水印一时不知如何回答。

陈嘉庚见陈水印一副窘相，立即转换口气，诚挚地说："还是让我牵成吧，

---

① 牵成，闽南方言，意思是手牵手地加以教育、培养，使之成才。

我绝不会辜负你好友玛生兄的付托。"

自此，刘玉水便被陈嘉庚带回到他公司里，从下级职员到高级职员，到受命赴暹罗开拓业务，到出任槟城胶厂经理，一路升迁。

陈嘉庚公司改组为有限公司后，刘玉水自营橡胶业，凭借在陈嘉庚手下学到的本事，几年工夫便成为槟城胶业的巨子，抗战爆发后被推举为槟榔屿华侨筹赈会主席，二次南侨代表大会上更被选为南侨总会常务委员。

如今，日寇南侵，槟城沦敌，刘玉水家破人散，只身来到新加坡。他虽为艰苦创立的家业毁于一旦而悲戚，虽因和谐美满的家庭人各西东而伤心，但一到新加坡，仍然立即投入艰辛繁苦的抗敌工作中，当选为抗敌动员总会总务部副主任，短短一个月时间就做出了巨大的成绩。

这天晚上，在安排抗敌侨领尽快离境时，刘玉水主动负起警戒任务，多次到怡和轩四周，检查保卫团的岗哨，严令不许任何外人靠近，严令对可疑分子进行盘查，以确保安全。三更已过，人们全都走光，他却依然留在怡和轩，暗中护卫着把自己培育成材的恩人，不料被陈嘉庚发现……

"你为什么不回去？"陈嘉庚问。

"我……我……"刘玉水欲言又止。

"噢……"陈嘉庚似乎明白了，"你看我一个人孤单，想在这里陪伴我，对吗？"

"嗯……嗯……"刘玉水不愿明讲。

"唉！"陈嘉庚叹了口气，唤道，"玉水，你过来。"

刘玉水跨进房门，一步步挪到灯下。

平时嘈杂忙碌，最多打个照面；现在只剩两人，又在深夜时分，陈嘉庚仔细一端详，啊，撤到新加坡仅仅一个半月，这位槟城富商竟消瘦成这个样子！他不禁一阵心疼，半晌才迸出一句话："上床睡一会儿吧，玉水。"

"不，不，"刘玉水连忙应道，"嘉庚先生你快歇吧，我去坐在门边就行了。"说着，又退向门边……

橐橐橐橐……门外突然响起了一阵急促的脚步声。

刚退到门边的刘玉水正待发问，陈贵贱已经带着陈永义冲进门来。

"走！嘉庚先生！现在就走！"陈贵贱上气不接下气地说。

"不是说后天才走吗？"陈嘉庚问。

"不行了，总督府连夜要来征用小火轮，我赶紧把船藏在铁巴刹码头邻近的海湾里，天亮之前不走，船一被封，我就没有其他船只了。"负责陈嘉庚撤退船只的陈贵贱焦急地答道。

"这……"陈嘉庚还是有点犹豫。

"走吧，嘉庚先生，"刘玉水劝道，"目下弄一只小火轮太不容易了，而且今晚离开也比较安全。"

"好吧，走。"陈嘉庚接受刘玉水的意见，说着，从抽屉里取出二千元坡币，放进皮夹里；然后从床头拿出一支美制"曲七"手枪，插在腰间……

与此同时，刘玉水从柜里拿出陈嘉庚已打叠好的旧皮箱和一只手提包，把毛巾、牙杯、牙膏、牙刷等日常用品塞进提包中。

一切很快就收拾好。于是，陈贵贱带路，刘玉水陪侍，陈永义提箱，三人护拥着陈嘉庚下了楼，奔向大门。

忽然，暗夜里响起了一个老人低沉而又恳挚的声音："嘉庚先生……你要走了？"

啊！这是怡和轩的老工友阿福，十几年来他日日夜夜不声不响地看守着大门，在这危急的时刻，依然坚守在自己的岗位上。

陈嘉庚的泪水不禁涌上了眼眶，他从衣袋里掏出一叠叻币，塞进阿福手中："阿福，我走了，你也找个地方安顿吧。"

"哎，哎，"阿福慌忙把钞票塞回陈嘉庚手里，紧张地应道，"我已经领了四个月的遣散费了。"

"收下吧，阿福。"陈嘉庚扳过阿福的手指，恳切地交代说，"一切多保重啊！"说完，匆匆跨出门外。

阿福噙着热泪，朝着陈嘉庚的背影鞠了个躬，轻声地祝愿道："愿嘉庚先生一路平安，早去早回！"

激战的前夜，新加坡城一片沉寂。腊月十七的月亮被一层密云遮住，勉为其难地投给大地以凄凉的昏黄。借着那朦胧的月色，刘玉水等人护卫着陈嘉庚，悄悄来到小海湾。陈贵贱开设的木材公司的一艘小火轮已经生了火，正等待着陈嘉庚的到来。

陈嘉庚一行人登船后，锚绳立即被解开，烟囱口随之吐出一团团白烟，螺旋桨接着绞起一圈圈旋浪，尖利的船头劈向灰蒙蒙的海面，犁出一条楔形的水波……

新加坡很快就被抛在小火轮的后面。

在陈嘉庚离开新加坡的第二天，2月4日，进至新加坡对岸柔佛新山的日军炮兵大队，一齐密集炮轰新加坡要塞；接着，日军飞机全面封锁了四周海面，所有滞留在港口、码头的大小船只，一艘也走不了。

2月8日夜间，集中在柔佛新山的日军对新加坡发起了总攻击，连续不断的猛烈炮轰把柔佛水道两岸的夜空烧成了红色。十点四十分左右，柔佛苏丹王宫高塔的对岸，升起了一颗蓝色的信号弹；接着，另一个方位又升起一颗红色信号弹。日军第五师团和第十八师团在新加坡登陆了。

2月9日夜间，近卫师团也在长堤附近登陆。

号称"马来之虎"的山下奉文，指挥他的军队，兵分三路朝着新加坡市区猛攻过来了。

白思华将军组织他的部队同日军展开激战。其中，由华侨青年组成的星华义勇军在战斗中打得最为顽强。他们死守在阵地上，与冲过来的日军血战，直至牺牲为止。但他们的英勇牺牲并没能阻止日军向岛南的新加坡市区推进。

2月14日白天，日军修复了英军炸断的新柔海堤，把重炮部队开进新加坡岛。

14日晚上，正是华人除夕之夜，日军将炮弹和炸弹投遍新加坡市区，引发了一团团烈火，炸起一具具尸体。以往一年一度的欢乐之夜，变成了空前未有的恐怖之夜。

第二天，华人的正月初一。以往通街是张灯结彩、披红挂绿，如今是火光弹片、残垣败砾；以往通街是满面春风的男男女女，如今是一身血污的伤兵和尸体。而且，由于两天前汤玛斯总督下令破坏广播电台和电报局，正月初一的新加坡与外界断绝了联系；由于主要的酒类销售公司把所有的洋酒和中国酒倒进了地沟，正月初一的新加坡无酒可饮；加上日军在头天已经把输水管炸坏，正月初一的新加坡，连水也没有了……

这一天下午六时，英军司令白思华同他手下的高级将领商讨后，决定投降，并在日军司令山下奉文递给的无条件降书上签下自己的名字。

2月16日，正月初二，日军浩浩荡荡开入新加坡市区，骑兵队、炮兵队、坦克队、汽车队，络绎不绝，耀武扬威。

隔两天，18日，日本占领军宣布将新加坡改名为"昭南岛"，在岛上设立了昭南特别市政府。

再过四天，22日，新加坡所有的华人被日军用刺刀分别赶到十几个检证站，在沙包、铁丝网圈围之中，在机枪和坦克炮口的监视之下，接受所谓的"检证"。

此时，潜伏在新加坡岛上的特务和奸民，才敢于公开活动。他们在各个检证站，为主持"检证"的日本军官搜寻"反日分子"。接受"检证"的华人一旦被指认，立即被扣留下来，然后押上军车，载到海边或僻静之处用机枪射杀。尸体或抛入海中，或埋进土坑。

在封闭式的检证站进行"检证"的同时，日军还驾着军用摩托车巡行大街小巷，挨户搜查，将匿藏的逃避检证者逮捕杀害。大芭窑区的华人只因稍不听从命令，立即遭到屠杀。冲进区里的日军逢人便刺，全区华人不分男女老少几乎无一幸免。

从2月22日开始"检证"，到3月3日山下奉文下令"封刀"，新加坡华人被杀害者竟达十万，平均每天有一万人遇害。

日本占领军在新加坡"大检证"中，始终没有找到陈嘉庚的踪影，日军既恼怒又疑惑。

这个全南洋反日组织的首领哪里去了？

「日军得知陈嘉庚已到爪哇，立即下令："抓！"为保护华侨领袖陈嘉庚，庄西言义薄云天，慷慨赴难。」

陈嘉庚撤离新加坡，第一个目的地锁定在荷属东印度的苏门答腊。

苏门答腊是世界第六大岛，岛形如梭鱼，头朝东南，尾向西北，中心腹部正卧在赤道线上，东岸隔着马六甲海峡与马来亚、新加坡相邻，南端隔着巽他海峡与爪哇岛相望，面积四十三万四千平方公里，比日本国土总面积还大五万七千平方公里，以首府巨港附近盛产石油而闻名于世。

1942 年 2 月 4 日午间，经过一天多的海路，陈嘉庚所搭乘的小火轮来到了苏门答腊的淡美那岸。这时的苏岛已经进入战时状态，到处兵荒马乱，人心惶惶。陈嘉庚、刘玉水等人一上岸，立即遇到了阻拦，检查站说新加坡政府的介绍证书和英国护照均未经荷兰驻新加坡领事签证，与常例不合，不能入境。

名闻全南洋的华侨领袖、新加坡抗敌动员总会主席陈嘉庚，来到同盟国荷兰所属的苏门答腊，竟然不能入境，这岂非天大的怪事。刘玉水当即到淡美那县署交涉，讲明陈嘉庚的身份，并指出荷兰驻新加坡领事早几天就撤走了，哪来的领事签证。县长一听说是陈嘉庚到来，不敢怠慢，首先同意他们留宿淡美那，接着就打电报到宁岳府署请示。

陈嘉庚一进淡美那城，立即在这小埠头引起极大的轰动。朝不保夕的华侨们，不管局势的艰危，依然举行盛大的集会和宴会，热烈欢迎陈嘉庚；同时派人到宁岳，告知宁岳的华侨，并拍发多封电报，把陈嘉庚来到荷印的消息，通告吧城、棉兰、巨港等地。

数日后，淡美那县长前来通知，说宁岳府署已准许入境。9日早晨，陈嘉庚、刘玉水乘上宁岳侨领派来迎接的电船，午间到达宁岳埠，备受当地华侨的热情招待，当晚寓于中华学校。11日，按照常礼，陈嘉庚到府署拜访府尹，宁岳府尹在客套一番之后，说巨港荷兰军部来电，邀请陈嘉庚、刘玉水二位前往，并当场送给特别通行证。

岂料他们乘车赶赴巨港的途中，在一个机场附近被守卫在公路旁的荷印军士拦住了。

陈嘉庚从车窗探出头，递上宁岳府尹送给的特别通行证。

荷兰军士接过一看，问："先生，您是要到巨港吗？"

"是的，我们应荷军军部之邀，今天要到巨港。"陈嘉庚通过汽车司机回答。

"日军已经进入巨港了，先生，你们还去吗？"荷兰军士认真说道。

"啊，日本兵已经进入巨港了？"陈嘉庚和刘玉水大吃一惊。

"不，不，不可能。"刘玉水说什么也不相信。

"走，查问个清楚再说。"

陈嘉庚叫司机把车开到机场附近一个小镇，找到了镇上的华侨查问。据消息，昨夜很多汽车从巨港逃出，但巨港是否沦陷则无从得知。

看来，贸然前往巨港肯定不行。

陈嘉庚不得已，就叫汽车掉过头，沿着公路经过马老白，于2月16日、农历正月初二转到双溪那礼，受到过去的老伙计、现任福东橡胶厂经理庄丕斗的热情接待。

据庄丕斗说，进入巨港的日军只是一部分伞兵部队，主要目的是占领巨港的油田和油库。但驻守在巨港和苏门答腊东岸的一万多名荷兰军队闻风丧胆，全部溃散。现在苏门答腊东岸各港口和埠头，已是风声鹤唳、草木皆兵。西岸则稍为正常，西岸中部的巴东港，目下还有船只开往爪哇。

"走，赶紧从苏门答腊脱身，转到爪哇。"陈嘉庚立即作出决定。

第二天，正月初三，刘玉水与福东橡胶厂的书记员，从双溪那礼驱车横穿过苏门答腊岛，前往巴东查询。

巴东的侨领吴顺通对陈嘉庚一向敬佩，听说陈嘉庚准备前往爪哇，立即把责任承担下来，保证三天内让陈嘉庚从巴东出境。

正月初五，陈嘉庚在刘玉水护卫下，连夜乘汽车前往巴东，初六早晨到达。兵荒马乱中的吴顺通热诚予以接待，并帮助打电报到爪哇吧城给庄西言。庄西言立即回电，欢迎陈嘉庚到爪哇。

正月初七深夜，陈嘉庚、刘玉水在吴顺通带领下，登上一艘开往爪哇的客轮。该轮的搭客全部是荷兰殖民政府的大小官员，他们把船上的房厅、舱面全都占了。陈嘉庚送了十元荷盾给船上役夫，夜间才有一张餐桌作为卧床。

翌日清晨，客轮从巴东起航，驶向东南方，经过三天的航程，于正月十一夜晚到达爪哇的芝拉扎港。

爪哇岛位于荷属东印度群岛的中心，是个长条形的大岛，面积接近马来亚。13世纪末叶，满者伯夷帝国在爪哇兴起，控制了整个东印度的贸易，爪哇岛上生产发展，人口激增，成了东南亚最富庶的地区，但不久又衰败。16世纪，欧洲殖民主义者陆续东来。小小的荷兰王国，也于1596年派出兵船来到东印度，和爪哇岛上的阿钦土王订立了协定，1610年，第一个荷印总督便到了爪哇，建立起殖民统治，发展到20世纪30年代，爪哇岛上已有居民四千万人，等于英属马来亚的十倍。为了便于统治，荷兰殖民者将爪哇划分为东、中、西三省。荷属东印度的行政中心雅加达（吧城）和万隆、茂物、井里、展玉等地属西爪哇；泗水、玛琅、巴等地属东爪哇；三宝垄、梭罗、日惹等地属中爪哇。

◆ 陈嘉庚、庄西言和刘玉水合影

芝拉扎港位于中爪哇的南部，航运业十分发达。陈嘉庚、刘玉水抵达后，由当地侨领接待；然后途经万隆来到吧城，在吧城郊外芝巴容别墅，见到了庄西言。

从南侨第二次代表大会结束至今，已经快一年了。这一年来，国际风云激荡，南洋时局骤变，星马已经沦敌，荷印朝不保夕。一千万安居乐业的南洋华侨全都坠入兵荒马乱之中，个个提心吊胆，人人安危难卜。在这样危急的形势下，挚友能够会面倾谈，真是不幸中之万幸啊！

可是，正当两位南洋华侨领袖为安全相会感到庆幸之时，日军已经在爪哇岛登陆了。

日军侵入爪哇，这是陈嘉庚早就预想到的，但日军这样快就在爪哇登陆，却是出乎陈嘉庚意料。而庄西言听到日军在爪哇登陆的消息，更是大为吃惊。他整个家庭和全部财产都在爪哇，现在又加上一个抗日领袖陈嘉庚，这负担太重了。但无论如何，必须首先保证陈嘉庚的安全，因为陈嘉庚的安危关联着整个南洋华人社会的兴衰。

庄西言立即想起了芝巴容附近的展玉区有一座大橡胶园，地深林密，外人绝少到那里去，很适合避匿。园主陈泽海又是自己的好朋友。于是他亲自到展玉找陈泽海，得到陈泽海的支持。当天下午，庄西言便伴送陈嘉庚到展玉，两人一起住在大橡胶园内。

刚住下来，吧城就告急了。3月4日，即中国的农历正月十八，正值山下奉文在新加坡"封刀"之时，由于荷军望风而逃，日军第十六军未遇任何抵抗，顺顺当当地开入吧城，而爪哇各地则先后发生大抢劫，庄西言在芝巴容的别墅也被抢劫一空，单积存在宅内的布匹，经济损失就达三十余万荷盾。

进占吧城的日军一控制住局势，就接获一条重要的情报："陈嘉庚已来爪哇。"

"抓！"

"爪哇这么大，到哪里去抓？"

"把庄西言弄到手。有了庄西言，还怕查不到陈嘉庚的下落！"

"对。"

于是，日军宪兵队包围并搜查了庄西言的公司和住宅。可是，庄西言已经撤离吧城多天了，日军遍搜不到，便把庄家的老小全部拘禁起来，逼令交出庄西言，扬言如不交出，就全部枪毙。

消息很快传到展玉陈泽海橡胶园。

怎么办呀？

庄西言与陈嘉庚五内俱焚……

"看来西言兄还须回吧城一趟。"陈嘉庚终于提出建议。

"回去是要回去，"庄西言焦灼地回应，"不过，日寇如此紧迫，恐怕不只是为我一个人而发。

"对。"陈嘉庚仔细一想，"他们可能已经知道我来爪哇，想要抓我。"

庄西言一听，感到刚才话讲得太急了，他紧锁起双眉，坚定应道："但我绝不会让他们得手。"

"不，西言兄，"陈嘉庚激动地说，"我绝不能连累你。"

"怕连累我就不请你来了。"庄西言答道。

"唉！"陈嘉庚叹了口气，"日军要抓我，就他们来说，也是战事需要；而我们坚决反对日军侵略，更是出于人类正义。你到了吧城，敌人如果问起我的情形，你尽管照实说。他们要抓就抓，要杀就杀……"

"嘉庚兄，别那样讲了。"庄西言连忙把话题岔开，"可能日军是要我出山，帮他们做事。"

"唔……"陈嘉庚觉得庄西言这话讲得也有道理。

"不过，我是绝不会当汉奸的。"庄西言再次坚定地说。

陈嘉庚猛受一震："这样，西言兄还是……"

"还是要去。"庄西言打断了陈嘉庚的话，朗声说道，"敌人找上门来，不去岂非胆怯？我今天就去，现在就去。"

陈嘉庚一听，泪水不禁涌上眼眶。

"送我一程吧，嘉庚兄。"庄西言说着，挽起陈嘉庚的胳膊，健步迈出陈泽海橡胶园管理处的大院，朝着胶树林走去……

这是一座林木的宫殿。千万根笔直而又光滑的树干，像殿中的圆柱，撑起了巨大无比的绿色屋顶；大片平展而又柔软的植被，像缀花的绒毯，铺在那望不到边的宽阔地面。

陈嘉庚和庄西言一路走来，默默无言。

热带的骄阳被挡在墨绿色的树冠外边，凉爽的雾气弥漫在棕黑色的树干中间。清风徐徐吹来，似为老友送行；鸟鸣啾啾传来，声声带着哀音……

胶树下端的割胶口，正淌出一滴滴乳白色的胶汁，就靠着这被称为"树乳"的胶汁，他开创了事业，支撑了兴学。现在，连收盘后剩下的一些小胶园和小胶厂也已沦入敌手，还要老友用身家性命为他承担风险，陈嘉庚心中的痛苦和不安，真是非言语所能表述……

踩着那丝绒般的绿毯，穿过那铜柱般的树干，一程接着一程，两个挚友无言地直走到大橡胶园的尽头。

庄西言停住脚步，深情地辞别："嘉庚兄，我走了，你千万要多自保重，切勿落入日军手中。"

陈嘉庚噙在眼里的泪水，猛然夺眶而出，他一把抱住庄西言，放声大哭……

占领爪哇的日军并没有实行新加坡式的"大检证"。

庄西言回到吧城，日军当局以礼相待，不但把家属全部放出来，而且还声言让庄西言享有充分的自由。宪兵队长则以结纳当地人士为名，常与庄西言来往。有一回，庄西言提到别墅被抢，损失巨大，宪兵队长立即表现得十分愤慨，要庄西言立即把损失情况列具清单交给他，数日后居然帮助追回一部分被抢的布料。

但是，庄西言格外谨慎，他自回到吧城便断绝与陈嘉庚的一切联系；在不得已同宪兵队长交往的过程中，更是不动声色地审察其一言一语、一举一动，保持着高度的警觉。

这一天，宪兵队长又到庄西言府中拜访，坐定后便亲热地问道："庄先生别墅被抢之物全追回来了吗？"

"布类追回一部分，其他的尚未追回。"庄西言回答。

"哦，果真如此。"宪兵队长显得十分关切。

"是的，队长先生。"庄西言应道。

"我已经下了命令，一定要把庄先生被抢之物全数追回，怎么办得如此不力？明天我再下它一道命令。"宪兵队长高声地说。

"无须再下命令了，队长先生。"庄西言婉辞道，"东西已被抢走，要全数追回恐怕不可能，目前这样已经不错了。"

"嗯！"宪兵队长听后，点了点头，"庄先生通情达理。不过，我皇军乃仁义之师，绝不容许任何人乘危打劫，庄先生被抢之物，能追回的我们还是要尽量追回。"

庄西言听他这番言语，便也按常礼应道："谢谢队长先生的好意。"

"不用谢了。"宪兵队长假意道，"我们日、中两国，同种同文，理应携手并肩，齐心勠力，消灭荷兰殖民主义者。皇军司令长官已经下令，在爪哇见到荷兰人，一律逮捕，绝不宽容。希望华人能与皇军合作。"

"我们华侨只希望能够安居乐业，其他方面既不敢攀求，也确实不懂。"庄西言婉言推辞。

"哪里，哪里。"宪兵队长故作热情地说，"南洋华侨中不少杰出人物，既懂经商，又懂政治，除庄先生外，陈嘉庚就是个世界闻名的政治家、教育家。"

听到宪兵队长提起陈嘉庚，庄西言不禁一凛，但丝毫没有形于脸色。他随之镇定下来，笑了笑："岂敢，岂敢，我只是一介侨商。"

"陈嘉庚呢？"宪兵队长认真地问。

"陈嘉庚和我差不多，"庄西言谨慎地答，"当然，他自从企业收盘后，不甘寂寞，所以社会活动参加得多一些，我却一直在做生意。"

"不只是社会活动多一些，"宪兵队长依然抓住不放，"陈嘉庚可是个了不起的人物啊！"

"难讲，难讲。"庄西言尽量把关于陈嘉庚的话题淡化，推开。

"哎，"宪兵队长像是忽然想起来，语气恳切地问道，"听说陈嘉庚和另一位马来亚的华侨领袖刘玉水已经来到爪哇，庄先生你应该见到了吧！"

"真有这回事？"庄西言像是十分惊诧。

"是的。"宪兵队长郑重其事地说，"陈嘉庚已经来到爪哇，庄先生和他是老朋友，当然是知道的喽。"

"不知道。"庄西言边笑边摇头，"这件事我确实不知道。"

"哦，"宪兵队长瞪着眼、咬着牙，"陈嘉庚来到爪哇，庄先生竟然还不知道？"

"这并不奇怪，队长先生。"庄西言从容地回答，"我是个引人注目的人，又是贵军的座上客，陈嘉庚要是真到了爪哇，准定不会让我知道。"

宪兵队长盯着庄西言审察片刻，摇了摇头："你们可是亲密的好朋友啊！"

"唉！"庄西言叹了口气，"过去是这样，现在就很难说喽。"

"为什么？"宪兵队长紧接着问。

"因为我和贵军颇有往来。"庄西言慢慢地答。

"如果我们不再与庄先生往来，陈嘉庚就会来找你，对吗？"宪兵队长笑问道。

"这是他的事情，我怎么可能知道呢？"庄西言应道。

"庄先生和他交往很深，完全可以作出估计嘛。"宪兵队长逼上一步。

"不。"庄西言答道，"陈嘉庚常做一些人们预料不到的事。"

"如此说来，庄先生是不愿协助我们？"宪兵队长一时情急，竟逼问起来。

"协助什么，队长先生？"庄西言反问道。

陈嘉庚的故事
CHEN JIAGENG DE GUSHI

宪兵队长舒缓下来，满脸笑容地说："协助我们与陈嘉庚建立合作关系。"

"这我确实无能为力，"庄西言显得十分为难，"请队长先生多加原谅，"

"哈哈哈哈！"宪兵队长突然仰天大笑，"别这样讲，庄先生，我们深知你的为人，再会了。"说毕，起身告辞。

两天后，吧城日军宪兵队逮捕了庄西言，同时被捕的还有吧城各界的华侨领袖和著名华商一百多人。

在特别优待的干净囚室里，宪兵队长又来拜访庄西言了。

"我是个长住当地的良民，你们不能逮捕我。"庄西言一见宪兵队长进门，立即提出抗议。

"庄先生，"宪兵队长脸上掠过一丝狞笑，"我们很希望你成为一个良民，可惜目前你还不是。"

"凭什么说我不是良民？"庄西言质问道。

"你窝藏陈嘉庚。"宪兵队长咬着牙答道。

庄西言不禁一惊，但立即镇定下来。"队长先生有什么证据？"他从容地反问。

"证据？"宪兵队长一巴掌掼过去，庄西言脸上顿时显出五道爪痕，"这就是证据。"

庄西言捂着火辣辣的脸庞，从牙缝里迸出两个字："野——兽！"

"啪！"又一巴掌猛打在庄西言的脸上。

"来人。"宪兵队长喝道。

"嗨！"两个全副武装的宪兵应声奔进囚室。

"拉出去！"宪兵队长下令。

两个宪兵叉起庄西言，把他拖出囚室，拖过走廊，拖上台阶，一直拖到刑讯室。

"庄先生，你这是敬酒不吃吃罚酒啊。"宪兵队长抓起一根皮鞭，边挥边说，"不过，现在为时还不晚，只要你老实讲出陈嘉庚的下落，我立即就释放你。"

啊！原来他们并不知道嘉庚兄的下落。

庄西言心中感到万分欣慰。

"陈嘉庚在哪里，你讲不讲？"宪兵队长紧捏着手中的皮鞭，怒吼着。

"我不知道。"庄西言斩钉截铁地应道。

"上刑！"宪兵队长下令。

几个刑讯兵扑向庄西言，剥下他的衣服，捆住他的手脚，把他悬吊起来。

"说吧，庄先生，你说出来，我就放你。"宪兵队长逼道。

痛楚难忍的庄西言咬紧牙根，一言不发。

"你说不说，啊？"宪兵队长挥动着手中的皮鞭。

"我——不——知——道！"

庄西言话音一落，细长的皮鞭，像带刃的钢丝，即刻划过庄西言的腰身，划过庄西言的胸膛，划过庄西言的手臂，划过庄西言的背上……

庄西言感到一阵天旋地转，渐渐地失去了知觉……

不知道过了多长时间，庄西言被身上的剧痛蜇醒了。当他用力想睁开眼睛时，忽然一盆冰冷的清水，泼上他的头脸。庄西言不禁一颤，眼睛随之睁开。

"醒过来了？"宪兵队长俯下身，嘲弄地问道，"好受吗，庄先生？"

庄西言的眼珠喷着怒火，直射向宪兵队长。

"老实说出来吧，陈嘉庚在哪里？"宪兵队长抓起了他的头发。

"不知道！"庄西言拼出浑身的气力喊道，随即又昏迷过去……

「日寇喉舌《昭南新闻》称"陈嘉庚在吧城被皇军拘捕"。"李文雪"经历了颠沛流离之后，和睦相亲的一家八口终于团聚并到梭罗华侨机关办理了合法手续。」

第三十五章
化名李文雪

改名为昭南岛的新加坡，是日本南方军占领区的心脏。

在新加坡创办的《昭南新闻》，则是日本占领当局的喉舌。

"大检证"结束之后，《昭南新闻》发出了一条惊人的消息：陈嘉庚在吧城被皇军拘捕。

事实上，当这条消息传遍全南洋的时候，南侨总会主席陈嘉庚和常委刘玉水仍住在离吧城一百公里外的展玉陈泽海橡胶园内。在吧城被捕的并非是他，而是南侨总会副主席庄西言和其他荷印侨领。

可是，庄西言一被捕，陈嘉庚在展玉也就十分危险了，经刘玉水等人一再苦劝，他终于同意先转移到东爪哇，因为那里距离日军在荷印的行政中心吧城较远。

于是刘玉水冒着危险，只身奔赴东爪哇最大商埠泗水联系接应。几经辗转，几经努力，终于找到几个肝胆兄弟。1942 年 5 月 15 日上午，郭应麟、廖天赐两人代表泗水埠的厦大、集美校友，随着刘玉水前来陈泽海橡胶园迎接陈嘉庚。

当天下午，在郭应麟、廖天赐护送下，陈嘉庚和刘玉水告别了陈泽海橡胶园，悄悄地来到展玉埠，在火车站附近找了一家小旅舍歇脚，准备当晚乘直达快车前往泗水。没料到当晚该次车客满，买不到票，无法启程。

出师不利，令人丧气。四个人回到小旅舍，心中十分压抑。刘玉水担心吧城宪兵队突然到展玉搜查，那可就坏了。

但这又有什么办法呢？日军刚刚占领，各方面都还没上轨道，火车车次减少，而旅客不降反增。以往吧城、万隆一带，只要找到当地侨领，很容易解决困难。现在侨领们全部被捕，样样由日本人统管，当然就寸步难行了。

展玉的小旅舍尚称干净、清爽，陈嘉庚等人提心吊胆地宿了一夜。16 日清早不得不改乘开往中爪哇的火车，下午到达日惹；17 日再从日惹乘慢车到梭罗。一路上受尽挤车、颠簸之苦。这样走下去，何时才能抵达泗水？

可谁都没料到，继西爪哇日本宪兵部在吧城等地大肆逮捕侨领、侨商之后，5 月 15 日起，东爪哇日军也对华侨发起突然袭击，搜捕泗水等地的侨领。所有车站、码头加岗加哨，对旅客逐一严加盘查，稍有可疑或无身份证者，立即扣押。陈嘉庚、刘玉水如果不是因买不到车票而未成行的话，早就在泗水车站被捕了。

"塞翁失马，焉知非福。"陈翁此行，正应此谚。

侥幸避过这一劫的陈嘉庚和刘玉水，到了梭罗就暂时住下了。

主动担负起护卫重任的郭应麟，立即请廖天赐赶去通知厦大校友黄丹季和陈明津速来梭罗，共商护卫校主大计。

◆ 黄丹季

黄丹季在东爪哇玛琅埠经营家具行业，平素急公好义，忠勇热诚，深受东爪哇华侨和厦、集校友的敬重。他一到梭罗，看到陈嘉庚、刘玉水等人住在市中心的三民旅社，十分惹人注目，而且陈嘉庚未加化妆，很容易被辨认出来，当即把他们从三民旅社迁出，转寓萍水旅馆。第二天又租赁了一幢半洋式平屋，房间颇多，设备也较齐全，月租四十荷盾，并买了些粗家具摆好，请陈嘉庚、刘玉水、郭应麟一起搬入居住，暂时安下个家。

安顿下来后，郭应麟仍感到不安全，第二天便悄悄和黄丹季进行商议。

"丹季兄，这样租房居住，恐怕不妥。"郭应麟提醒。

"总比住旅馆好。"黄丹季答道。

"好是好一点。但这样大的住宅只住四个人，而且全是中年以上的华人，日本宪兵不来则已，一来查就非暴露不可。"郭应麟担心地说。

"唔。"黄丹季一听，觉得有道理。

"校主好不容易从新加坡避到爪哇来，把安全付托给我们，要是出了事，我们怎么向全南洋华侨及厦、集同学交代。"郭应麟十分焦灼不安。

"能到玛琅去就好了。"黄丹季应道，"在那里熟人多，我又有企业可作掩护，保证不出问题。

"可是现在所有车站、码头都严密盘查，走不得呀。"郭应麟说。

"当然只能暂留梭罗，这屋宅住下来也不要轻易再搬。现在的关键是要想出个办法掩护好校主。"黄丹季冷静地答道。

"对了，丹季兄，"郭应麟忽然想起一件事，"最近梭罗宪兵队要当地华侨组织个机关，负责办理华侨登记及协助其他事项，我们四人就在梭罗登记个户口，你看好吗？"

黄丹季听后，沉吟片刻，说："登记是要登记，但四个人四个姓，相互间又没什么血缘亲属关系。华侨负责办理登记的机关，难免有个别附敌分子，这样前往登记，岂不是自投罗网。"

"那你看该怎么办好？"郭应麟急得像热锅上的蚂蚁。

"首先，校主和刘玉水先生应该改妆换服，改名换姓。"黄丹季答道，"再者，

陈嘉庚的故事 CHEN JIAGENG DE GUSHI

最好在我们四个人之外，能加上妇女和小孩，像是一个家庭。这样，就不会引起人家怀疑。"

"对，对！"郭应麟大表赞同。

"可是这妇女和小孩到哪里去找呢？"黄丹季自言自语。

"就叫翠锦和两个小孩都从泗水搬来嘛。"郭应麟毫不犹豫地说。

"啊？"黄丹季十分惊愕，"你想把你一家子都搬来掩护校主。"

"不错，丹季兄。"郭应麟认真地应答，"翠锦也是集美校友，机灵细心，看来要掩护校主还少不了她呢。"

黄丹季摇了摇头："万一出了事，你们一家人可都要……"

"不会出事的，丹季兄，"郭应麟打断他的话，"大家都十分警惕。况且，为了校主的安全，我们本应万死不辞。"

"万死不辞……"黄丹季体味着这句话的分量，他猛然抓起郭应麟的手，贴在自己的胸前，眼含泪水，"为了校主的安全，万——死——不——辞！"

郭应麟紧握着黄丹季的手，眼泪霎时间涌上眼眶："丹季兄，明天我就动身回泗水，把一家人全搬来。"

郭应麟一回泗水搬家眷，黄丹季便请陈嘉庚把头发剃掉、把胡须刮光，穿上对襟汉服，装出一副滑稽相，用照相机拍了一张准备作登记用的相片。

五月下旬，郭应麟、林翠锦带着两个小孩和一名印尼女佣，来到梭罗，半洋式的平屋顿时热闹起来了。第二天，为了及时到华侨机关登记户口，黄丹季、郭应麟、林翠锦早早就来到陈嘉庚的寝室，和他商量改名换姓的事。

陈嘉庚一向早睡早起，醒过来先在床上做柔软操，然后用热水擦全身，擦完身稍歇片刻，便到户外散步。这一天黄丹季他们进房门时，陈嘉庚还躺在床上。

"陈校主！"黄丹季、郭应麟、林翠锦齐声唤道。

"哦，你们来了，坐，坐！"陈嘉庚应道。

"校主身体不舒服吗？"林翠锦坐定后关切地问。

"没有，没有。"陈嘉庚说着，在床上坐起身来，身态依然很硬朗。

"校主，我们今天就要去登记户口，你准备用什么名字？"郭应麟恭谨地问。

"李文雪。"陈嘉庚脱口而出。

"李文雪？"郭应麟等人颇感意外。

"对，李文雪。"陈嘉庚加重语气重述，"李白的李，文雅的文，雪花的雪。"

"校主，这名字……"黄丹季似乎不乐意接受这名字。

"怎么样，这名字不好吗？"陈嘉庚反问道。

"哎，哎……名字就叫文雪。不过，这李姓能不能改一改？"黄丹季赶紧建议。

"就是姓李嘛，怎么能改。"陈嘉庚认真地答道。

"陈校主……"郭应麟正要把问题剖明，林翠锦使眼色止住了他。

"往后就该叫我李文雪先生了。"陈嘉庚说着，脸上露出了愉悦的笑容。

"好。往后我们就称嘉庚先生为李文雪先生。"细心的林翠锦应道。

离开陈嘉庚寝室，三个校友不禁相互埋怨起来。

"翠锦，那名字你怎么应承下来了？"郭应麟责怪道。

"校主一再强调要用李文雪这个名字，咱们能不同意吗？"林翠锦反问道。

"校主改姓李，这个家庭怎么组织，户口怎么登记？"黄丹季感到十分为难。

"家庭怎么组织，你们早就该向校主讲明。"林翠锦对他们两人也有意见。

"现在跟他讲，要他改姓郭，也还来得及嘛。"郭应麟辩道。

"校主坚持要改名李文雪，"林翠锦反问，"我们拒绝这个名字，难道不会伤他的心？"

黄丹季、郭应麟仔细一想，不约而同地应道："唔……是这样。"

"可这户口怎么办理呢？"郭应麟有点束手无策。

"是啊，这户口怎么登记？"黄丹季也颇伤脑筋。

"出个赏格吧。"年近四十的林翠锦俏皮地说。

"到这种时候了，你还有心开玩笑。"郭应麟瞪了她一眼。

"这可不是开玩笑。"林翠锦正儿八经地说，"重赏之下，必有勇夫。"

黄丹季一听那口气，当即点破："翠锦准定有好的主意。"

"我看未必。"郭应麟大不服气。

"别再拌嘴舌了。"黄丹季摆出学兄的架势，"翠锦有什么主意，先讲出来让大家听听。"

"行，我说。"林翠锦眨了眨眼睛，"我改姓李，叫李翠锦，是李文雪先生的女儿；刘玉水先生也改姓李，算是他的侄子；应麟则是他的女婿，两个孩子是他的外孙；丹季作为他的经理；加上印尼女佣，这家庭不就组织起来了吗？"

"好，好，这主意好。"黄丹季立即加以肯定。

郭应麟听后，也觉得有道理。

于是，三个人一起去征求刘玉水的意见，刘玉水完全同意，并决定改名李妈水。

当天上午，林翠锦就陪同陈嘉庚到梭罗华侨机关，以户主李文雪的名义办理户口登记手续。一家八口，有老有少，有男有女，当即顺利通过，身份证随之也领到手。黄丹季、郭应麟心头的大石，至此才放下来。

五月份很快就过去了，六月份也安然度过，到了七月，梭罗天气酷热，老汉李文雪牙痛病连续发作两次。据当地华侨说，秋后梭罗天气更热，大家担心李文雪受不住，况且黄丹季长期住在梭罗也觉得不方便。当时，敌人在爪哇的大搜捕已告一段落，老汉李文雪又有身份证，安全方面有保障，经大家商议后，决定全家迁往玛琅。

玛琅乃东爪哇第二大城市，位于泗水的南面，是一座风景秀丽的山城，气温时常保持在华氏七十余度，十分凉爽。黄丹季在这里经营家具行业已有多年，不但办了工厂，而且设有商店，在当地既有名气，又有关系。他先回到玛琅，觉得

◆ 玛琅巴兰街 4 号

一幢地处大街僻巷的住宅。该屋宅通达街市，生活方便；屋后濒临勃朗打斯河，河岸都是葱郁的树林，环境十分幽静。以往这类屋宅，每月房租至少要二百荷盾，现在日军占领，租价大跌，每月租金仅四十荷盾。

黄丹季租下这幢巴兰街四号的屋宅后，雇人打扫干净，又从自己家私行里搬来一整套的新式家具，把屋宅装扮一新。然后请老汉李文雪全家从梭罗迁来。一切安顿妥帖，又通过熟人到华侨机关，以当地老住户的身份登记了户口，还仿造了一些战前三五年的税务、房租单据，以备当局检查。

自此，老汉李文雪便在玛琅安居。

「四处搜捕陈嘉庚的汉奸被日军翻译厉声斥退。这位翻译就是爱国诗人郁达夫。陈嘉棋？陈嘉庚？谁解其中究竟？陈嘉庚在战乱之秋挥毫著述《南侨回忆录》。」

第三十六章
临危不惧，秉笔著书

陈嘉庚变成李文雪，并在日军鼻子底下安居下来，世界上哪有这等便宜的事？

况且，堂堂《昭南新闻》已登出消息：陈嘉庚在吧城被日军拘捕，不抓到陈嘉庚怎么向各方面交代？

但是，陈嘉庚究竟躲在哪里？

他躲在昭南岛吗？不可能。因为昭南岛已经进行过彻底的"检证"，所有藏匿在昭南的华侨头领都已查获。

他躲在马来亚吗？不可能。因为日军是从马来亚打到昭南的。只有马来居民往昭南跑，绝没有昭南居民往马来逃。

他逃到印度？逃到澳洲？逃到中国？逃到美国？不，不，都不大可能。因为像他这样的人物，逃到这些地方，报纸上总会发条消息，而这类消息至今尚未见到。

最大的可能是躲在荷印。因为日军进入爪哇前夕，吧城《新报》发过一条消息，说荷兰总督致电苏门答腊岛荷军当局，邀请陈嘉庚从苏岛前来吧城；皇军进入吧城之后又接到情报，说陈嘉

陈嘉庚 的故事
CHEN JIAGENG DE GUSHI

庚已来爪哇。当时显然是被其他人掩护下来了，所以审问庄西言才没审出结果。

搜查！在苏门答腊，在爪哇，在荷属东印度诸岛搜查！一定要把陈嘉庚抓到手。

密令下到苏门答腊。

苏门答腊占领当局撒下了搜捕网。从棉兰到巨港，从占碑到巴东，所有汉奸倾巢出动。

这一天，日军驻苏东州长官派出一个矮个子汉奸，带着两个见过陈嘉庚的筹赈会委员，循着陈嘉庚避难中走过的足迹，追踪到苏岛西部来搜查陈嘉庚。

这个矮个子汉奸乘着一辆小汽车，大摇大摆来到管辖巴东一带的武吉丁宜宪兵队部，找到宪兵队长和翻译官，急忙忙地提出要求。可惜他不懂日语，只得用华语说道："据我们掌握的情报，陈嘉庚是从苏东州的双溪那礼横穿苏岛到巴东，然后乘船前往爪哇。但也可能没去成，躲在巴东和武吉丁宜一带。我们准备在这里进行搜查，请队长先生给予协助。"

"什么？"宪兵队的翻译官即刻翻脸，气愤地反问，"陈嘉庚已经从巴东乘船走了，你们却来向我们讨人？"

"我们不是来讨人，我们是来追缉陈嘉庚的。"矮个子汉奸赶紧解释说。

"陈嘉庚要是在苏西，我们早就把他抓起来了，还用得着你们来追缉，真是欺人太甚了！"翻译官立即给顶了回去。

矮个子汉奸看翻译官穿着日军宪兵服，以为是这位日本长官没听清楚他的话意，连忙又解释道："翻译官先生，我是说……"

"别说了！"翻译官厉声喝道。

宪兵队长见他们两人吵了起来，用日语问翻译官："这人说些什么？"

"这家伙要来向我们讨陈嘉庚，说陈嘉庚是从巴东乘船逃走的。"翻译官用日语答道。

宪兵队长一听大发脾气，破口骂道："混蛋，你们敢来讨人！"说着，"刷"的一声抽出指挥刀。

矮个子汉奸和两个可怜虫一见宪兵队长动怒，赶紧抱头鼠窜。

他们做梦也没想到，这位深受宪兵队长信赖的翻译官，竟是被迫化名混入敌营的中国著名爱国诗人郁达夫。

密令下到西爪哇。

西爪哇占领当局撒下了搜捕网。从茂物到井里汶，从万隆到雅加达，所有在日军手下做事的华人，都接到暗查陈嘉庚下落的任务。

这一天，万隆侨商许永泰家中来了两个惠安同乡，一个是西爪哇大汉奸吴某，一个是主持雅加达《共荣报》的陈某。因为是同乡好友，大家无话不谈。谈着谈着，便谈到暗查陈嘉庚下落的事上来了。

"叫我们暗查陈嘉庚的下落，可陈嘉庚究竟在哪里呢？"陈某像是在发牢骚。

"叫你们暗查陈嘉庚的下落？"许永泰吃了一惊。

"是啊。"吴某叹了口气。

"造孽。"许永泰愤愤地说，"嘉庚先生为我们华侨做了多少好事啊！他反对日本仔也是为了我们大家。你们干别的事我不管，出卖嘉庚先生却断断不行。"

"你别乱指责。谁敢出卖嘉庚先生呀。"陈某连忙辩白道。

"不敢就好。要是你们查出嘉庚先生下落，密告给日本人，惠安乡亲就没有一个饶得过你们。"许永泰警告说。

"嘉庚先生太伟大了。"吴某由衷赞道，"我根本不知道他的下落，知道了也绝不会去告密。"

"是啊，嘉庚先生太伟大了，我们绝不能做那伤天害理的事。"陈某也说。

"这就对了。"许永泰为两个同乡良心未泯而稍感宽慰。

密令下到东爪哇。

东爪哇占领当局撒下了搜捕网，从茉莉芬到泗水，从谏义里到玛琅，所有走狗纷纷出笼。

这一天，在玛琅日本宪兵队部充当翻译的颜树荣，来到他过去的店东陈嘉琪的家中。

"嘉琪兄，别来无恙啊！"颜树荣一见面便打了个哈哈。

"是噢，是噢，快请坐。"陈嘉琪连忙应道。

颜树荣一坐定，陈嘉琪的家人立即上茶。

"最近生意好吗？"颜树荣关切地问。

"承蒙颜兄关照，生意勉强还过得去。"陈嘉琪对这位过去的店员显得十分恭敬。

"前天你要求进的那批货，我已经向上司说了，不久就会批准。"颜树荣卖弄一下自己的权势。

"谢谢颜兄的帮忙。"陈嘉琪客气地谢道。

"别这样讲。"颜树荣摆了摆手，然后转入正题，"最近我有件事还得麻烦一下嘉琪兄。"

"什么事？"陈嘉琪连忙问道。

"陈嘉庚躲在玛琅，嘉琪兄应该知道吧？"颜树荣说。

"啊？"陈嘉琪暗吃一惊，表面上却装得若无其事，他笑了笑，应道，"玛琅哪来的陈嘉庚，恐怕就是我陈嘉琪吧。嘉琪与嘉庚，名相如而实不相如，这都是谐音误传所致。"

颜树荣听后，觉得颇有道理，便返转宪兵队部回禀他的上司去了。

宪兵队部将陈嘉琪误认为是陈嘉庚的消息，很快就传遍了整个玛琅，居民们听了，都大加耻笑。

但这消息传到黄丹季等人耳中，却如同晴天霹雳，震得他们天旋地转。

敌人已经推断出陈嘉庚躲在玛琅，这可太危险了。虽然陈嘉琪故意把陈嘉庚揽在自己身上，说是"名相如而实不相如"，但日寇只要仔细一查，便可发现陈嘉琪并非陈嘉庚，接着再彻底一搜，改名为"李文雪"的陈嘉庚必定要暴露。

那几天，黄丹季等人日里如坐针毡，夜间提心吊胆。陈嘉庚一看大家那样惶恐不安，就把他们召到客厅里，亲切地说："你们绝不可这样。人生自古谁无死，万一不幸被捕，敌人必强迫我去当傀儡，替他们办事说好话。我是绝不会答应的。到那时一死以谢国家，有什么了不得。我这么大一把年纪，死了也不算夭寿，你们千万不可为我着急。"

陈嘉庚亲切的话语在客厅里回荡，震撼着每个人的心胸。

黄丹季、郭应麟、林翠锦，个个泪水盈眶。

敌人一天天加紧追缉。

陈嘉庚遵从黄丹季等人的安排，叫撤就撤，叫走就走；东搬西迁，南躲北匿；这一回是到黄丹季的家具工厂暂住，下一回是到外南梦埠苏浩然校友处暂避……

这样就能确保安全？

陈嘉庚不能不认真考虑。

当然，万一不幸被捕，就一死以谢国家！

但是，还有多少事情挂在心头啊！

厦大虽然献给国家，今后还应继续扩展；

集美依然独力支撑，今后更应极力维持；

华侨中学后继有人，今后总得再加引导；

南洋师范创办伊始，今后尚期日有进步；

儿女亲侄虽均成才，但非个个成家立业；

内外家眷虽有依靠，日常家费尚形拮据；

南侨总会成绩卓著，胜利之后如何恢复；

闽侨总会谋福桑梓，胜利之后如何尽力；

延安诸公当更辛劳，重庆诸友当更坚毅；

国共两党摩擦日剧，祖国前途仍然堪虑；

…………

现在避难爪哇，身不由己，想出力也无法出力啊！况且收盘之后仅余的几个小企业，在马来战事中也丧失殆尽了，能留给亲朋故旧、子侄后辈的，只有这一颗爱国爱乡之心，这一腔好仁好义之气……

难道我就这样推出两只空空的手，无声无息地死去？

不，不，我还应该再给大家留下点东西。

留下什么呢……留下什么呢？……

在这避难的时刻，我还有什么可以留下的？

接连几个白天、几个夜晚，陈嘉庚日夜焦思苦虑、翻来覆去。

上苍不负有心人，陈嘉庚终于想出了好主意。

这一天，黄丹季正好到外地去，陈嘉庚就把郭应麟请到寝室中，启口求道："应麟啊，往后我就安心住在玛琅，不要再搬来搬去了，好吗？"

郭应麟一听，知道老人家对常到外地避匿已经厌烦了，但他和黄丹季担负着护卫之责，搬迁也是出于不得已，于是便郑重地答道："这由不得我们啊，校主。"

"你和丹季想想办法吧！"陈嘉庚说，"我有一桩大事想在玛琅进行。"

"什么大事？"郭应麟感到有点奇怪。

"我要写一本书。"陈嘉庚答道。

"写书？"郭应麟知道陈嘉庚只读过几年私塾，不禁十分惊讶。

"对，写书。"陈嘉庚兴奋地说，"写一本非写不可的书。"说着，眼睛里闪射出异彩。

"非写不可的书？"郭应麟越发感到惊奇。

陈嘉庚看他那种神态，先亲热地唤了声"应麟"然后问道："我国这次国难，是有史以来最为严重的，你说是不是？"

"是的，校主。"郭应麟应道。

"在这次国难当中，南洋千万华侨，对祖国作出了巨大的贡献，你说是不是？"陈嘉庚又问。

"是这样，校主。"郭应麟再答。

"但是，"陈嘉庚接着说，"现在国内外人士大都不知其中详细情形。抗战胜利后，史书上即使有记载，最多不过是提一提海外华侨曾经捐助赈款救济难民伤兵而已。至于我南侨如何万众一心，同仇敌忾，不怕牺牲，辛苦募捐，抵制敌货，严惩奸商，以及祖国战时所需资财与华侨有密切关系，等等，更是无由得知了……"

郭应麟听到这里，不禁问道："校主，你是想把这些情形全写下来，对吗？"

"对。"陈嘉庚兴奋地说，"我亲自参加过南侨所有抗敌活动，又忝任南侨总会主席，与南洋各属侨胞筹赈会常有往来。前年，我回国慰劳视察，对国内政府及战区长官，多有接触。因此，想把自己的亲身经历和所见所闻录写成书，留给南洋侨胞及国内同胞，以免后人对今日侨胞产生不必要的误解。"

"真好，真好！"郭应麟高兴地叫了起来，"这本书写成了，一定可以流传万世。"

"我一定要写成，应麟。"陈嘉庚郑重地说，"从今天起，你们最好不要打扰我，让我安下心来写书。"

"行。"郭应麟应道，"我们一定好好安排，保证校主能够安心写作，完成巨著。"

得到郭应麟的保证，陈嘉庚开怀笑道："那我今天就要开始写了。"

为纪念华侨参加抗敌而作，个人经历却与之紧紧相连；为使写下来的都是历史事实，更应该依据自己的亲闻亲见。

乘上回忆的飞船，追寻那逝去的时光，刹那间倒回半个世纪，当时头上还梳着一条长辫……

虽然身处贪欲充斥的社会，虽然还是个初出茅庐的青年，对社会公益却已颇具热心，而且出乎生性之自然。

办惕斋学塾，向祠堂捐款，为乡亲排忧，帮朋友解难。

青年时代是做过一些事，但与抗敌并无直接相关。

从哪里写起呢？对了，就从这里开笔吧："一、印赠《验方新编》……"

力求准确，力求简练。

《验方新编》一事，只用短短四节一千二百字，就把事情始末讲完。

接着，两节写辛亥革命前后，十节写创办集美各校，四节写创办厦门大学，四节写厦门大学几次失败的募捐。

从1915年筹赈天津水灾，至1936年"献机寿蒋"，二十年间的活动只花了四十四节，连同前面各节共三万字，算是第一部分。这部分为华侨参加抗敌的主文作了必不可少的铺垫。

时间紧紧抓住，主文开始动笔。

可是密探也开始到郭应麟新设的工厂暗查，看来走狗们已经寻到了搜捕对象的足迹。

还得暂时躲一躲，还得暂时避一避。

陈嘉庚不得不离开玛琅，到巴株刘玉水亲戚家住上几日。

巧妙地避过风头，回到了玛琅私寓，正要着手写作，却又出现危机。

玛琅日本宪兵副队长不耐孤寂，从台湾弄来一个女人，藏在巴兰街五号，与陈嘉庚的寓所隔街相对。

这个台湾女人祖籍闽南，说得一口流利动听的闽南语。她一知道斜对面住的也是闽南人，便以"乡亲"的身份时常来串门，谈天说地。

对这位"热心"的女客，欢迎不好，不欢迎也不好，陈嘉庚无可奈何，只得放弃长居玛琅的打算。

移居到哪里呢？最好的去处就是巴株。巴株的华侨早就盼望领袖光临，李荣坤一家更是主动担起了护卫的任务。于是，先在巴株笨珍路旁租一住宅，后来又迁到近郊的晦时园居住。

啊！不管是避匿还是搬迁，不管敌寇如何大肆搜捕，准备留给后世的回忆录，撰著工作总是不停地进行。

啊！没有资料，没有笔记；无人帮助，无人共议。七十岁老人写作中所依靠的，就是自己那份惊人的记忆力。

多少个沥血的夜晚，多少个呕心的白日，多少次孜孜的求索，多少回切切的苦思！

新加坡侨民会如何召开，新加坡筹赈会如何成立，马来亚联络处如何组织，全南洋侨代会如何筹备。

南侨总会担任主席，电报提案猛攻"汪逆"；紧急救济反日工人，热烈欢送华侨司机。

亲自回国慰劳视察，重庆成都马不停蹄。冲破阻拦访问延安，窑洞门外萌发敬意。

外交协会畅谈观感，据实褒贬，仗义执言。尊我良知，保我人格，绝不指鹿为马。

取道西南转回福建，陈仪祸闽心狠手辣，家乡乡亲水深火热，蒋介石威吓，心志愈坚；

一件件，一桩桩……

一节节，一章章……

磨尽了几块京墨，写秃了几支狼毫，砚台凹成砚池，稿笺化成至宝！

1944年4月14日深夜，最后一节——第五百一十八节终于写完了。陈嘉庚重翻一遍之后，感到意犹未尽，于是握管沾墨，挥毫续书：

胜利未达，敌寇未败，潜踪匿迹，安危未卜，余唯置死生于度外，作俚诗一首以见志。

领导南侨捐抗敌，会场鼓励必骂贼。

报章频传海内外，敌人恨我最努力。

和平傀儡甫萌芽，首予劝诫勿昧惑。

卖国求荣甘遗臭，电提参政攻叛逆。

强敌南侵星岛陷，一家四散畏房逼。

爪哇避匿已两年，潜迹难保长秘密。

何时不幸被俘房，抵死无颜诒事故。

回检平生公与私，尚无罪迹污清白。

冥冥吉凶如有定，付之天命惧奚益？

中华民国卅三年四月十四日

于爪哇晦时园

写完搁笔，村中鸡啼。三十万言的《南侨回忆录》，至此全功告成。陈嘉庚舒舒筋骨，步出书房，走到园中，遥望东方，只见一道犀利的曙光，刺破昏暗的夜幕，正射向茫茫大地……

陈嘉庚的故事 CHEN JIAGENG DE GUSHI

「1945 年 8 月 15 日，日本天皇宣布无条件投降。抗日战争胜利了！隐姓埋名的陈嘉庚怀着激越的心情返回新加坡！可是，归途之中出现一个神秘的印尼人……」

第三十七章
安全归来

叁拾柒

日军以偷袭的卑鄙手段发动太平洋战争，激起全世界人民的极大愤慨。以美、英、苏、中为首的二十六个国家，组成反法西斯联盟，经历两年的苦战，开始从战略防御转入战略进攻，接连收复南太平洋诸岛。

到陈嘉庚写完《南侨回忆录》之时，盟军已在新几内亚成功登陆，飞机时常前来爪哇侦察轰炸，潜艇也经常在爪哇海域出没，各方传来的消息都说盟军下一步必攻爪哇。

驻爪哇日军集中全力进行应战准备，征召了数十万劳工，加紧挖掘战壕，征募兵勇，日夜操练。整个爪哇的气氛顿时紧张起来。黄丹季等人担心一旦发生战事，交通断绝，进退不得，劝陈嘉庚搬往滨海地区。

陈嘉庚则认为：盟军在歼灭日本海空军主力并攻占西太平洋的重要岛屿之后，将集中力量对日本本土进行毁灭性的轰炸和攻击，断绝其交通，摧毁其工业，使其弹尽粮绝。到那时候，日

陈嘉庚的故事
CHEN JIAGENG DE GUSHI

本唯有投降一条路，爪哇只待盟军前来接收而已。

情况果如陈嘉庚所料，盟军并没有进攻爪哇，而是运用海、空优势，在菲律宾海战中歼灭日本海、空军主力，并付出较大代价，攻取硫磺岛和冲绳岛。同时美军 B–29 轰炸机对日本本土进行接连不断的猛烈轰炸，逐步形成封锁网。

进入 1945 年，在法国诺曼底登陆的美、英联军，和胜利进军波兰的苏联红军，从四面围攻德国本土。4 月 30 日，纳粹元凶希特勒自杀，5 月 8 日，德国签署无条件投降书。至此，日本陷入孤军作战之境，其残余海、空军不断被歼灭，海上交通被全面封锁，军工工业受到极其严重的打击，已经失去还击能力。

在反法西斯战争即将取得全面胜利之际，1945 年 4 月 25 日至 6 月 26 日，参加反法西斯联盟的二十六国在美国举行旧金山会议，创立联合国，中国成为联合国安理会五个常任理事国之一。

联合国创立后，盟军加紧了对日军的毁灭性打击。

中国战场上，人民战争以排山倒海之势，取得了抗日战争的节节胜利。

1945 年 8 月 6 日，美国第一颗原子弹投掷在日本广岛，全城于瞬间被毁，当场死伤者占该岛总人口的一半以上，其余的人则受到不同程度的核辐射。

8 日，苏联对日本宣战，一百多万苏联红军迅速攻入中国东北，给盘踞多年的日本关东军以毁灭性打击。

9 日，美国第二颗原子弹投掷在日本长崎。

15 日，日本天皇宣布无条件投降。

胜利了！

世界人民奋战六年的反法西斯战争胜利了！

中国人民坚持十四年的抗日战争胜利了！

陈嘉庚和南洋一千万华侨，先是全力支援祖国的抗战，接着又直接抗击入侵南洋的日寇；他们不惜宝贵的生命和财产，换得了今日的双重胜利，其欣喜欢跃是言语所无法形容的。

反法西斯的正义之战胜利了！一个新的时代开始了！

就在日本宣布投降后的两天，1945 年 8 月 17 日，荷属东印度爆发了"八月革命"，印度尼西亚人民的领袖苏加诺在群众大会上，宣布印度尼西亚脱离荷兰独立。

陈嘉庚被印尼人民震天的"默迪卡"（意为"独立"）的欢呼声所感动，他由郭应麟、林翠锦夫妇护送，悄悄从巴株来到玛琅。

9月20日，陈嘉庚在隐匿多年之后在玛琅公开露面了。侨胞们一听到消息，奔走相告，欣喜难名。爪哇各地的厦大、集美校友，更是争先恐后地涌来玛琅，拜望幸获安全的校主。各地的侨领则纷纷来电、来信慰问。到9月28日，吧城又一次来电，说世界红十字会和联合国派飞机到东南亚，航行于各大埠头，吧城已有飞机可乘往新加坡。陈嘉庚十分高兴，准备不日动身回新加坡。这可又急坏了郭应麟和林翠锦。

这一对恩爱夫妻，一个是集美毕业后留法的美术家，一个是早年集美师范的高才生，可是在日寇占领期间却被弄得囊空如洗。如今校主就要离开玛琅，他们想设宴送行都拿不出钱来。

这可怎么办呀？

最后，林翠锦不得已把一个心爱的雕花书橱悄悄卖掉，才给陈嘉庚准备了一餐丰盛的宴席。

席间，陈嘉庚举杯向三位恩人敬酒："感谢丹季啊，感谢应麟、翠锦！三年多来你们冒着生命危险掩护我，照顾我。我内心的感激非言语所能表述。俗话说，大恩不能言报，我只祝福你们三位身体健康，前程似锦。"

几句话把黄丹季、郭应麟、林翠锦说得热泪盈眶，他们齐声祝愿校主一路顺风，福寿康健！

第二天，陈嘉庚离开玛琅，乘汽车前往泗水。

泗水是东爪哇的首府，背山临海，战略地位十分重要。苏加诺宣布印尼独立并被选为共和国首任总统之后，泗水人民不顾英、荷殖民主义者的阻挠，不畏日本占领军的凶暴，手持自制的武器，包围了日本宪兵司令部，经过几天几夜的战斗，解除了日军的武装，于9月28日解放了泗水市。

陈嘉庚10月1日来到泗水时，印尼共和国的红白旗正高高飘扬在泗水上空。

当地华侨在胜利的日子里，欢欣雀跃地欢迎自己的领袖莅临。当天中午，在他动身赴吧城之前，泗水各界举行了盛大的欢送会，向这位伟大的华侨领袖致敬。

下午五时，在黄丹季、郭应麟、陈新盘、林昌平、黄奇策等人伴随下，陈嘉庚乘上侨领蔡钟长出资包租惠赠的头等包厢。由于时局尚处于动荡之中，治安情况堪虑，因此，他们登车后，就把车门关上。

列车开出约半小时，郭应麟忽然发现车厢门外有个人影。他开门出去一查，果然门外过道上站着一个印尼人。这印尼人身材高大，体格健壮，穿着一套西装，看起来有点身份。

郭应麟跨前一步，打起印尼语招呼："先生，你好。"

"你好！"印尼人应道。

"你的铺位是在前面一节车厢吗？"郭应麟问。

"不是。"印尼人答。

"那你怎么过夜呢？"

"我下一站就下车。"

郭应麟犯疑起来，从头到脚打量了一下这个印尼人，忽然感到他的西装腰部有点凸出，似乎带有武器，心中不禁一惊。

"先生，下一站下车也该找个座位，这样站在过道上太累了。"郭应麟镇定下来后劝道。

"不必了，先生，我站在这里就行了。"印尼人从容地对答。

郭应麟心中扑腾扑腾直跳，他退回包厢，关上车厢门，把情况跟黄丹季、陈新盘等人一说，大家都感到蹊跷，一致认为必须查个究竟。于是，留下林昌平陪伴陈嘉庚，其他四个壮汉一起来到过道，找那印尼人。

"先生们，你们好！"印尼人一见来了四个华人，先打起招呼。

"你好，先生。"黄丹季也向这个印尼人致意。

"先生，你下一站就下车吗？"陈新盘口气强硬地盘问。

印尼人一听那口气，显得有点惊讶，随即冷静地回答："是的。"

"为什么不去找个座位，偏要站在我们包厢门前？"陈新盘毫不客气地质问。

"噢！"印尼人脸上露出豪爽的笑容，"你们怀疑我，是吗？"他反问道。

一看印尼人那神态，黄丹季连忙凑上前，客气地说："请原谅，先生，我们是……"

"你们是护送陈嘉庚先生到雅加达（吧城）的，对吗？"印尼人接过黄丹季的话头，反问过来。

黄丹季等人一听，全都愣住了。

"我也是来护卫陈嘉庚先生的。"印尼人讲明了自己的目的。

"真的？"黄丹季等人惊喜交集。

"最高领袖苏加诺得知陈嘉庚先生要到雅加达，特地派我们沿途护卫，以防散兵、歹徒和不明情况的民众骚扰。下一站将有另一位警卫上车，请你们放心。"印尼人热情洋溢地说。

"谢谢你了，先生！"黄丹季紧握起印尼人的手。

"先生，请进包厢里坐吧！"陈新盘感到自己刚才过于唐突，连忙邀请他。

"不必了，我站在车厢门口，便于执行任务。"印尼人诚恳地应道。

"那真谢谢你了！"陈新盘、郭应麟、黄奇策三人纷纷与印尼人握手。

一夜平安无事。

10 月 2 日，陈嘉庚到达吧城，胜利后出狱的庄西言和吧城的侨胞已经在车站迎候。

陈嘉庚一下火车，立即快步奔向庄西言，两位生死与共的挚友紧紧拥抱，热泪禁不住簌簌地滴落下来，周围的侨胞们看了无不感动。当晚，陈嘉庚寄寓在庄西言家中，两位挚友开怀畅饮，促膝谈心……

"想不到我们都还活着啊，嘉庚兄。"庄西言激动得声音都有点发颤了。

"是啊，真想不到啊，西言兄。我让你受苦了。"陈嘉庚深感内疚地说。

"没什么。我一口咬定不知道，日本宪兵部也无奈我何，最后还得把我放了。"庄西言爽朗地应道。

"西言兄的恩德，我真不知该怎么报答。"陈嘉庚说着，心中充满感激之情。

"别那样讲了，"庄西言谦逊地说，"嘉庚兄的精神，感召着南洋全体侨胞。

这三年多来，爪哇华侨虽然遭受敌寇的残暴蹂躏，损失惨重，但爱国之心未曾或减，大家都坚信最后胜利一定属于我们。"

陈嘉庚一听，十分感动，当即建议："如今胜利来临，侨胞们更应互勉互助，以期早日恢复事业，我想用南侨总会名义，发一则通告，号召侨胞同心协力，共图奋进，不知西言兄意下如何？"

"好，好，"庄西言热情地响应道，"战后的南侨总会应继续发挥其团结组织侨胞的作用，这通告你就赶快拟发吧。"

"行。"陈嘉庚立即坐到办公桌前，提笔拟稿。

次日，南侨总会战后第一号《通告》，便从爪哇发出。

该《通告》在简述沦陷期间南洋各地人民和华侨遭受摧残，生命财产蒙受惨重损失之后，提出了大战胜利后南洋华侨进行斗争的总方针和总政策。

兹幸联军胜利，领土恢复。侨胞损失虽重，然经此困苦难关，追念前昔泛散，此后应有团结组织，亲爱互助，协力同心，俾于两三年内，光复前业，效力建国，实践侨民天职。至于沦陷期间，敌寇权威之下，或迫于压力，或困于生计，不得已在营业上与敌交易，不足为怪。若以此为罪，则许多人员为敌服务，政府将如何处置。唯有为虎作伥，任敌走狗，谄媚无耻，利己害人者，此辈虽可恶，然谅极少数，政府必有相当之处置。除此以外，不可居心嫉忌，吹毛求疵，造作构陷，互相排挤。当知侨胞来此，多为谋利计，虽或有积货居奇，料属少数，而大多数人损失，当加百十倍。黄台之瓜，岂堪再摘。倘有获利侨胞，对于救济援助，捐输教育，尤须格外慷慨，因富成仁。至于侨胞惨被敌寇酷刑虐杀，迫取金钻，掠劫货物，应当要求严惩凶犯，及请退回，或求赔偿。各处侨领宜速组织调查委员会，呈请中外政府，务期达到目的，此为战后侨胞首要之任务也。此布。

第一号《通告》发出后，陈嘉庚在吧城满腔热情地接待了所有来访的华侨，

◆ 抗战胜利后，印尼、新加坡华侨纷纷集会，庆贺陈嘉庚安全返回新加坡

并在厦大、集美校友及吧城华侨分别举行的盛大欢送会上发表长篇演说，分析国际国内形势，号召侨众辨明是非，为建国大业做出更大贡献。

经过四天的紧张活动，陈嘉庚告别了庄西言和黄丹季、郭应麟等人，只身乘上临时班机，返回第二故乡新加坡。

陈嘉庚的安全归来，在新加坡和马来亚激起阵阵欢腾的热浪。人们纷纷涌到怡和轩俱乐部，以一睹这位敬爱领袖的风采为荣。刚刚复刊的《南洋商报》和《星洲日报》，则不断接到敬贺陈嘉庚安全归来的广告生意。"龙马精神""南侨福星""华侨领袖""当代伟人"等大幅祝词，一再出现在新、马的华文报刊上。

就在他返新加坡后半个月，经过充分准备，新加坡各界五百个社团，于10月21日在快乐世界体育馆，联合举行万众庆贺陈嘉庚安全归来大会。

这一天正午刚过，快乐世界体育馆便一片欢腾。门前，维持秩序的纠察队昂首挺胸，威风十足；门内，爱华乐队奏着高昂的音乐，激动人心。一群群参加大

陈嘉庚的故事
CHEN JIAGENG DE GUSHI

会的代表列队前来，步伐整齐；人民抗日军派来的一队代表，更是身穿戎装，气概非凡。

进入会场，各团体敬送的庆贺锦旗挂满左右两墙，映射出耀眼的光辉；侨胞们敬献的颂安花篮摆满主席台前，散发出可人的芬芳。主席台顶，悬挂着一幅大红布条，上贴十五个斗大的金字"欢迎领袖陈嘉庚先生安全归来大会"；另一条写着"伟大领袖，伟大群众，伟大行列"的金字横幅，则悬挂在主席台正对面的墙上。

下午二时正，大会在震天的鞭炮声中开始。大会主席、新加坡中华总商会会长连瀛洲首先致辞。他在简述筹备过程之后，说道：

"陈老先生像一座泰山，游山的人是说不尽他的崇高和伟大；同样地我们要说明陈老先生的伟大，也感觉到说不详细。现在我只好说一说陈老先生的美德，和我们对陈老先生的希望。"

他概括陈嘉庚主要的美德有四点：一、真诚；二、严正；三、勇敢；四、廉洁。

他提出对陈嘉庚的希望有三条：一、沟通国际信息；二、协助国内建设；三、关切当地事务。

连瀛洲致辞后，各界代表相继上台发言，词简意诚，由衷表达了对陈嘉庚的拥护和敬仰，听者无不动容。

第二天，1945 年 10 月 22 日，新加坡《南洋商报》以大量篇幅，详细报道了这次大会的盛况。

「山城重庆举行盛大的陈嘉庚安全庆祝大会，在全国各党派祝词当中最闪亮的是毛泽东的条幅：华侨旗帜　民族光辉。」

为国
写光

于右任

纪念册

嘉庚先生安全庆祝大

抗战胜利后的陪都重庆，轰动世界的国共谈判的热潮刚刚过去，海外忽然传来天大的喜讯——失踪三年零八个月的南侨总会主席陈嘉庚平安回到新加坡。

新的欢腾热潮又在山城重庆掀起。虽然陈嘉庚没亲临重庆，山城的民众却齐声欢呼："陈嘉庚先生安全归来了！陈嘉庚先生安全归来了！"

欢腾的热潮一阵紧似一阵，到了11月18日，涌自不同方向的几股热潮竟汇集到一起，举行"陈嘉庚先生安全庆祝大会"。

这一天，深秋的重庆云开雾散，碧空万里，太阳刚刚升起，两辆小汽车就开到江苏会堂门前，从车上走下五个人：一个满身豪气，一个文质彬彬，一个精悍壮实，一个潇洒雅俊，最后是一位身材瘦小的老人，蓄留着一把美须，面容清癯，双目炯炯。他们兴高采烈地走进会堂，立即被延请到贵宾室，大家尚未坐定，

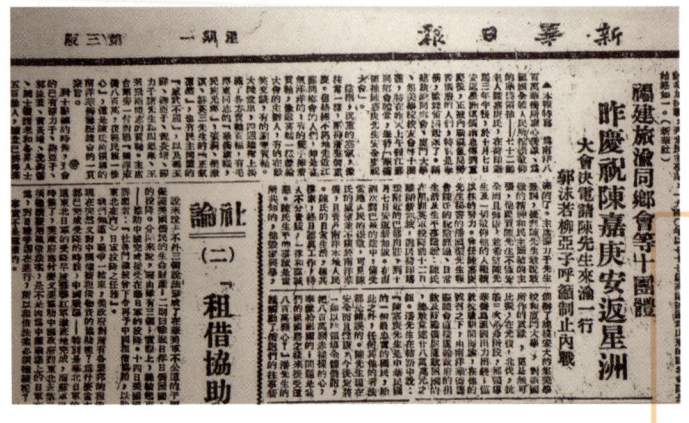

◆ 1945 年 11 月 19 日《新华日报》报道重庆"陈嘉庚先生安全庆祝大会"实况

那位潇洒雅俊的中年人便开言道："今天沈钧老和诸位都来了，我这个大会主席可当不起啊。"

"别客气了，别客气了，我们的大才子。"大家异口同声地劝道。

这位被称为大才子的中年人，便是名扬海内外的郭沫若。当时他才五十三岁，虽才华盖世，但辈分稍低，因此才诚恳地谦辞。现在看大家仍要他当主席，连忙再说道："诸位不论是资历还是声望，都比我高。就说沈钧老吧，乃前清进士，留日学者，辛亥革命的宿将，反对军阀的先锋，为抗战救亡立下了不朽的功勋，真是德高望重，沈钧老来当大会主席，无论如何比我合适。"

那位被郭沫若称为沈钧老的，就是著名的爱国七君子之首，当时担任中国民主同盟副主席的沈钧儒。他一听郭沫若把他推出来，立即谦辞道："不行不行，我乃是个平民，今天大会如此隆重，由我来主持怎么合适？"

"沈钧老如果谦辞不受，那就请邵力子先生来担任主席。"郭沫若说着，转向坐在身旁那位满身豪气，老而不衰的先生。

"哎，我们的大才子，怎么点到我头上来了。"邵力子一边推辞，一边指着坐在对面一位精悍壮实的老先生，说，"黄炎培先生乃前清举人，革命元老，当世著名的教育家，又是陈嘉庚先生的挚友，今天大会是庆祝陈嘉庚先生安全归来的大会，他来当主席再合适不过了。"

黄炎培一听邵力子推给他，立即给顶了回去："我看还是邵力子先生最为合适。"

"对，对。"郭沫若赶紧接着说，"邵力子先生既是前清举人，又担任过上海大学代校长，并曾就读于莫斯科中山大学；北伐以来，历任总司令部随营秘书长，甘肃、陕西两省主席，中央宣传部长，驻苏大使，参政会秘书长，乃当朝要员中最具有真才实学者。今天庆祝大会如此隆重，非邵力子先生来当主席就压不住阵啊。"

"郭沫若先生说得有理，"沈钧儒附和道，"我同意由邵力子先生来担任今天的大会主席。"

这时，那位文质彬彬坐在一旁的老先生也开口了："仲辉兄不必推辞了。"（邵力子字仲辉）

"好啦，好啦！"郭沫若高兴得拍起手来，"连柳亚子先生也同意了，全体一致通过。"

原来那位文质彬彬的老先生就是精于旧体诗词的著名诗人、国民党内的风云人物柳亚子，他曾与邵力子共创"南社"，是邵力子的久年知交，他一表态，大家立即随着郭沫若鼓掌叫好。

"什么事这么高兴啊？"贵宾室门口传来浓重的陕腔话音。

大家转头一看，原来是国民党元老、现任中央监察院院长的于右任。

"啊，是于院长，我们正在推选今天的大会主席。"郭沫若一边起身让座，一边答说。

"选上谁了？"于右任坐定后又问。

"选上仲辉兄。"柳亚子抢先答道。

"我赞成，我赞成。"

于右任正说着，大会两名职员，一个手捧一本尺半宽的折式签名册，一个手捧文房四宝，一起走进门来。他俩向于右任鞠了个躬，其中一人说："同人们一知道于右任院长亲临大会，十分高兴，大家推举我俩前来，请求于院长赐墨。"

于右任工于书法，是当时国内有名的书法大师，大会职员当然不会放过这个机会。

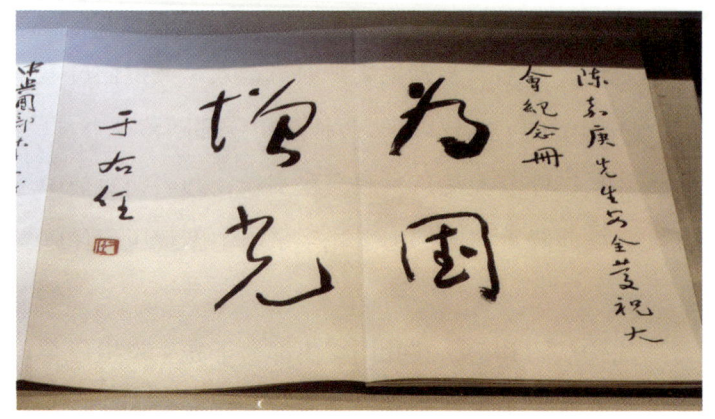

◆ 重庆"陈嘉庚先生安全庆祝大会"签名册

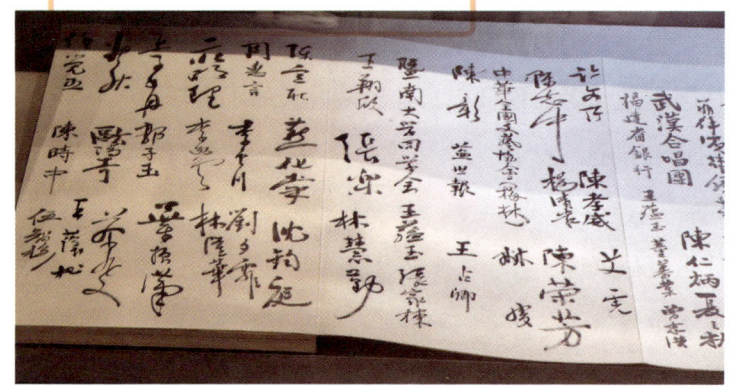

　　"这主意真好。"郭沫若和柳亚子齐声赞同，"有了于院长的翰墨，今后这纪念册必将价值连城。"

　　于右任听郭沫若、柳亚子这么一讲，不禁喜形于色，他在客套两句之后，慨然应允道："老夫无非喜欢舞文弄墨，诸位既然不嫌弃，那我就只好从命了。"

大会职员一听，连忙将文房四宝摆在桌上，注水研墨。

于右任提起狼毫，蘸满墨汁，即将挥笔，忽又停住，转向大家问道："我就写'为国争光'四个字好不好？"

"争光？"柳亚子晃着脑袋，显然在推敲这两个字。

"对，争光，赞颂嘉庚先生为我中国争取到巨大的光荣。"于右任解释说。

"争光？"大家听后，也嚼起字来了。

"怎么样，不妥吗？"于右任问道。

贵宾室一阵沉默。

少顷，柳亚子开口了："这'争'字意思虽好，但容易引起曲解，似乎嘉庚先生在争些什么，弄不好还会使人以为嘉庚先生好争好斗。"

"唔！"于右任觉得他讲得有理，便说，"那么我就另改一句。"

"为国争光，意思很好，我看全句无须另改，"邵力子发表意见，"只要把这个'争'字改好就可以了。"

"对。"柳亚子表示赞同，但一时却想不出改什么字好。

大家正在苦思，郭沫若忽地站起来，朗声说道："有了。"

"怎么改？"大家一起朝向这位才子。

"争取的'争'，改为增加的'增'，为国增添光彩。"郭沫若随口说道。

"好，好！毕竟是我们的大才子。"大家齐声赞道。

"那我就落笔了。"于右任说着，高兴地提起笔来，饱蘸浓墨，在纪念册首页上先写下一行题头："陈嘉庚先生安全庆祝大会纪念册"，接着挥毫书写"为国增光"四个大字，最后在左下方题写落款"于右任"三字。那苍劲的笔力，那温润的风姿，饱含着对爱国老人的崇敬之情，尚未搁笔，便博得了一阵热烈的喝彩声……

正当他们在贵宾室里咬文嚼字、挥毫题书之时，一批批来自不同方向的知名人士和各界代表已经陆续进场了。

其中有：

著名教育家陶行知，著名经济学家许涤新，著名社会学家邓初民，著名文学家吴研因，著名导演金山，中国棋王谢逊；

中国共产党人潘梓年、张兆汉，中国民主同盟领导人罗隆基、李公朴，妇女运动领袖史良；

华侨联谊会代表庄明理，西南运输办事处主任龚学遂，外号"雷大炮"的参政员雷震，外号"天下无人敢"的参议员何公敢，原集美学校校长叶采真，原武汉合唱团团长夏之秋，后来任国民党福建教育厅长的梁披云，后来任国民党厦门市长的李怡垦，著名教授孙起孟，留德学者蔡吉生；

著名侨领陈肇基、潘国渠、王雨亭、黄树芬、林庆年、陈荣芳、余超英、曾纪华、刘梧桐、林珠光等；厦大校友林绍豪，周廷洛、陈大燮、余青松等；集美校友陈维黑、李立民、郑景瑛、陈乃昌等共五百多人。

加上于右任、邵力子、沈钧儒、黄炎培、郭沫若、柳亚子，真可谓集陪都重庆之精英于一堂矣！

但是，尽管来了这么多高官名士，会场上最引人注目的，却是挂在会堂中的国、共两党领袖所送的祝词条幅。

尤其是中共中央主席毛泽东送来的一幅单条，上面题书八个大字：

华侨旗帜 民族光辉

陈嘉庚先生安全庆祝大会，就在与会者观赏祝词的热烈气氛中宣布开始。

大会主席邵力子首先致辞，他在介绍大会筹备经过之后，赞颂陈嘉庚说："陈嘉庚先生一生就是兴实业、办教育，勤劳国事，言人之所不敢言，为人之所不敢为。"

黄炎培接着发言，他说："发了财的人，而肯全部拿出来贡献给社会的，只有陈嘉庚先生。"

郭沫若在一片热烈的掌声中被推出来讲话，他先代表文协庆贺陈老先生安全归来，接着诚挚而又激昂地说道："陈嘉庚先生是诚实公正的人，能为老百姓多说几句诚实公正的话。我们人民要求安居乐业。水够深，火够热，我们决不容许再使水加深，再使火加热。陈先生现在是在庆幸他个人的安全吗？不错。但我想他更多时候是在忧虑全国人民的安全呢。我以良心来庆祝他的健康，同时庆祝中国人民自己免掉内战的健康。"

海外侨胞代表潘国渠也被推上讲台了。他在祝贺陈嘉庚先生安全之后，提出一个令人深思的问题："南洋一千万华侨的心预备贡献给祖国，祖国如何来接受他们的心呢？"

最后，大会通过了给陈嘉庚的致敬电。

陈嘉庚先生赐鉴：暴敌投降，公莅星岛，消息传来，万众骄欢。顷由十团体发起庆祝大会，本月十八日举行，贺词满壁，到者盈门。会上公决，奉电致敬，祝公康强，为国宣力，和平永奠，端赖老成，盼赋归欤，群情所企，海天万里，无任神驰，谨电奉闻，诸维垂察。陈嘉庚安全庆祝大会公叩。

贺电第二天便送到新加坡南侨总会，主任秘书李铁民拆开一读，激动万分，他兴冲冲地拿着这封贺电，奔上三楼，捧到陈嘉庚面前。

"嘉庚先生，你看。"李铁民边说还边喘着气呢。

陈嘉庚一字字认真读过贺电，便皱起眉头，陷入沉思。

李铁民不禁一愣。如此重大的喜讯，嘉庚先生怎么反而不高兴呢？他忍不住开口说道："嘉庚先生，重庆的庆祝大会虽然只由十个团体发起，但其热烈的程度，看来不亚于新加坡的欢迎大会啊。"

"谅必是那样。"陈嘉庚答道。

"那你对这庆祝大会……"

"我当不起啊，铁民。"

"这是大家的一片心意嘛。"

"是啊，"陈嘉庚缓缓地站起身，边踱步边说，"正因为重庆的朋友们如此热烈，如此高兴，我对当前国内的时局，才更感到担心。"

"当前时局不是有所好转了吗？"李铁民恭谨地问，"特别是国共两党签订了，《双十协定》，国内已经展现出和平建国的前景。"

"你还是这样看法吗，铁民？"陈嘉庚反问道。

"是的。"李铁民应说，"《双十协定》是人民经过斗争得来的成果。蒋介石已经承认国共两党避免内战以共同建设新中国是全国人民的愿望，接受了和平团结的方针，并承诺要还政于民。"

"还政于民？"陈嘉庚摇了摇头，"在北伐成功的时候，我对蒋介石十分敬重，所以对国民政府的支持不遗余力；后来在南洋虽听说国民政府腐败无能，依然未改初衷。及至回国慰劳视察，才看清蒋介石面目，要他还政于民，绝不可能。"

李铁民对陈嘉庚这一席话，似乎还不尽赞同："不过，抗战胜利后，人民力量壮大了，他想消灭共产党，恐怕也消灭不了。"

"他当然消灭不了。"陈嘉庚说，"共产党那样廉明清正，那样受到人民拥护，现在八路军、新四军和抗日游击队，总数已达百万，这是强大的力量。但蒋介石绝不会死心，何况他手中掌有四五百万军队。依我看，内战是绝对避免不了的。蒋介石签署《双十协定》无非是缓兵之计。"

"内战绝对避免不了？"李铁民对陈嘉庚这一论断尚存疑虑。

"对，内战绝对避免不了。"陈嘉庚再次肯定自己的看法，"正因如此，所以近日来我对祖国的前途，真是忧心如焚。现在必须提醒人们，不要过于乐观，以免内战爆发时大失所望，以至对祖国的前途丧失信心。"

"唔！"李铁民听后，点了点头，但思绪一时尚未理清。

陈嘉庚看出了这一点，便继续说道："铁民，我们南侨总会肩负着领导南洋一千万华侨的责任，对时局必须有正确的认识和判断。最近香港《华商报》请我题词，我昨晚已经写好了，你看。"说着，从抽屉里拿出一张稿笺，递给李铁民。

李铁民接过一看，只见上面写着四句短句。

> 还政于民，谋皮于虎。
> 蜀道崎岖，忧心如捣。

陈嘉庚显然已经做好充分思想准备，要迎接一场新的、严酷的斗争！

「陈嘉庚犀利地用"还政于民，谋皮于虎"解剖国民党，通电美国总统"不再援助蒋政府"发动内战。国民党挑唆的"反陈"乌云又一次铺天盖地扑来……」

第三十九章
高举和平民主大旗

　　自从在爪哇发出战后第一号《通告》开始，陈嘉庚就向全世界宣告：南侨总会又恢复工作了。回到新加坡之后，他又接连发出调查华侨生命财产损失的第二号《通告》，组织回国卫生考察团的第三号《通告》，征文编辑《大战与南侨》的第四号《通告》。与此同时，他还主持调解了新加坡的劳资纠纷，促进战后生产的恢复；印行了《住屋与卫生》的小册子，发表了《中国与安南》《我国行的问题》《我之华侨团结观》等文章。这些行动，对南洋华侨社会都产生了积极的影响。

　　1945 年在欢庆胜利和繁忙工作中度过，新的一年来临了。元旦一过，陈嘉庚便对洋洋三十余万言的《南侨回忆录》进行修改、补充和润色，定稿付印。对陈嘉庚来说，这部巨著行将出版是多么令人振奋的一桩大事啊。他怀着激动的心情，为《南侨回忆录》写了一篇弁言，在阐明撰写动机和概述全书内容之后，指出：

此次世界空前未有大战后，各国政体必多改革，民主力量必大发展，决不容野心独裁盘踞误国……

此次胜利国诸大领袖，均有伟大善愿，欲措世界各国于长期和平之前途。然欲达此目的，必须鉴察既往，揣度未来，以公平道义为根据，消除不平及无理之旧状态，方能熄灭战争之导火线，而达到弭兵之期望……

要之，本书虽属事实之记载，然其性质颇有关于社会风化，立身人格；对于轻金钱，重义务，诚信果毅，嫉恶好善，爱乡爱国诸点，尤所服膺向往，而自愧未能达其万一，深愿与国人共勉之也。

陈嘉庚在这里总结了自己的思想，展望了战后的局势，提出了国际关系的准则；决心高举和平民主大旗，在反侵略斗争取得胜利的基础上，领导南洋华侨继续前进。

◆ 1923 年，陈嘉庚出资创办《南洋商报》。该报不仅服务于华侨工商业和教育事业，还提倡改革旧制度、抨击封建思想，成为当时倡导南洋新文化思潮的先锋

◆ 1946年，陈嘉庚发起创办《南侨日报》，并在创刊号上发表《告读者》阐明办报宗旨："其目的在团结华侨，促进祖国之和平民主。"

就在这时，国内广大民众要求"还政于民"的斗争，经全国民主力量共同努力，取得了新的进展。

1946年1月10日，标志着民主进程新阶段的中国政治协商会议，在重庆隆重开幕。参加者有中国国民党、中国共产党、中国民主同盟、中国青年党的代表和无党派人士。蒋介石在致辞时宣布国共两党关于停止敌对行动已达成协议，停火命令立即颁发；宣称政府已在采取适当措施，以保障言论、出版、集会、结社各种自由；承认一切政党的合法地位；提倡地方自治及民主选举；释放除汉奸以外的一切政治犯；并说明政治协商会议的任务是促使国民大会如期召开，民主立宪早日完成；最后还表示："凡会议决定有利于建国与增进人民福利及有利于国家民主化者，我和我的政府无不采纳。"

经历二十一天的反复协商，中国政治协商会议通过了《关于政府组织问题的协议》《和平建国纲领》《关于国民大会的协议》《关于宪法草案问题的协议》《关于军事问题的协议》等五项议案。

国内政局出现如此良好的转机，怎能叫海外侨胞不欢欣鼓舞啊！

但是，对如此重大的喜讯，陈嘉庚却仍持保留的态度。他在给菲律宾《华侨导报》成立五周年纪念题词时，再次写道：

还政于民，谋皮于虎。

蜀道如天，忧心如捣。

形势的发展，果不出陈嘉庚之所料。

政治协商会议一闭幕，国民党发动内战的准备更加紧了。打着"调解"旗子的美国军事顾问团，把抗战期间退居大后方保存实力的国民党军队，大批大批地运到沿海和东北地区，抢夺胜利果实。

6月中旬，国民党当局在完成战争准备后，立刻撕毁停战协定和政协协议，悍然向解放区发动全面进攻。

内战终于爆发了。刚刚摆脱战争苦难的中国人民重新跌入战争的苦难深渊。

关于中国爆发内战，美国新闻署和国民党当局组织了一个持续不断的、规模巨大的宣传活动，说这是中央政府为维护和平统一迫不得已采取的坚决措施。某些西方通讯社和国民党在海内外所有的党报、党刊、准党报、准党刊，更是连篇累牍地歪曲政协会议闭幕以来一系列严重事件的真相，极力渲染中共如何抗命，国民党中央如何忍让，最后是如何迫不得已才采取军事行动的，等等。这对正统观念很深的南洋华侨，不能不产生重大的影响。

正当国民党人在美、英两国政府支持下大喊大叫之际，突然平地一声雷，南侨总会主席陈嘉庚，于9月7日给美国总统等领导人发了一份通电，并送交各通讯社发表。

华盛顿白宫杜鲁门总统，参众两议院议长，南京马歇尔特使，司徒雷登大使鉴：

中国人民一向信奉孙中山先生革命遗教，主张建立民主国家，不幸军阀内讧，加以日本乘隙而入，以借款军火，助长中国分裂，卒致有世界大战的惨祸。日本此种损人利己之企图，征服世界之野心，最后仍遭失败，可见上帝有灵，报应不爽。查蒋政府执政二十年，腐败专断，狡诈无信，远君子而亲小人，其所任用官吏，如孔、宋内戚及吴铁城、陈

立夫、蒋鼎文、陈仪等，贪污营私，声名狼藉；以致民生痛苦，法纪荡然，为中外人士所咸知，贵国政府尤瞭若指掌。抑蒋政府要人，就本人多次接触，深知其昏庸老朽，头脑顽固，断不足与言改革。贵国传统政策，对各国人民，公允友爱，不事侵略，信誉昭然；今乃一反其道，竟多方援助贪污独裁之蒋政府，以助长中国内战。本人曾亲访延安中共辖地，民主政治已见实施，与国民党辖区，有天壤之别；且中共获民众拥护，根深蒂固，不但国民党军队不能加以剿灭，即任何外来金钱武器压迫，亦不能使其软化。职是之故，本人代表南洋华侨，特向贵国吁请顾全国际信誉，以日本为前车之鉴，勿再深信武力可灭公理，奸谋可欺上帝；务望迅速改变对华政策，撤回驻华海陆空军及一切武器，不再援助蒋政府，以使中国内战得以终止，人民痛苦可以减少。则贵国将为全世界爱好和平之人民所拥护，而上帝必佑贵国矣。

南洋华侨筹赈祖国难民总会主席　陈嘉庚

这份电报震动了全中国，震动了全世界，更震动了南洋的华人社会。

尽管美国商务部长华莱士对这份电报立即予以响应，尽管在欧洲会议中有人提出美军不宜再驻中国，尽管苏联领袖斯大林在接见英国记者时强调驻华美军须速撤出，但一些侨胞对这份电报仍感到惊愕不已。

趁着某些侨胞尚在惊愕之时，马来亚吉打市的国民党人首先出手。一封以吉打中华总商会和福建会馆联名的反对"陈电"公开信，投交各报发表，掀起了"反陈"浪潮。

紧接着，马六甲中华总商会为反对"陈电"，召开了该埠各注册社团代表大会。虽然民众学校和建筑工会的代表退出会场以示抗议，大会还是通过了否认"陈电"的议案，并发出了一份致美国总统杜鲁门的公开电文，"以正视听"。

接下来的是柔佛中华总商会的"反陈"快邮代电，吉隆坡二十六个侨团的"反陈"快邮代电，婆罗洲诗巫各社团代表大会"反陈"的通电，槟城六侨团的"反陈"快邮代电，还有巴生、芙蓉、西彭……

这些快邮代电，纷纷指责陈嘉庚"盗用南侨总会主席名义""颠倒是非""亵渎领袖""攻击祖国政府""违反华侨公意""做中共尾巴""危害国家民族"，等等。新加坡所谓的九十一个社团联名签发的通电，更是请求美国政府继续援助国民党政府，并提出要撤销南侨总会，以免继续被陈嘉庚所盗用。

星马的舆论界这时也敲起了"反陈"的锣鼓。二十来家华文报刊，除新加坡的《民主周刊》、槟城的《现代日报》《商业日报》继续拥护陈嘉庚外，其余的几乎全都骂起陈嘉庚来。就连陈嘉庚在 1924 年创办的《南洋商报》，因为股权的变化也站到陈嘉庚的对立面，连续不断地对陈嘉庚进行攻击。

在"反陈"巨涛猛然袭来之时，马来亚厦大、集美校友会首先挺身出来护卫校主，勇敢地挡住那滔天的恶浪。

接着，新加坡厦、集两校校友在厦大校友会所举行了盛大的集会，发出了感人肺腑的《新加坡厦大集美校友会为拥护陈嘉庚校主最近通电的宣言》：

> 我们的校主陈嘉庚先生，最近为了减少人民的痛苦，通电美国大总统杜鲁门，呼吁美国迅速改变对华政策，以使中国内战得以终止，中国的和平可以早一点实现。
>
> 这是现阶段中国人民最迫切的一个要求，是当前最正确的一个民意，这不但可以代表南洋华侨共同的意见，而且可以代表中国人民大众衷心的愿望。
>
> 根据这个伟大的主张，陈嘉庚先生不但是南洋华侨的领袖，而且是中国人民的领袖，因为他的话便是中国人民所要说而说不出的话，他的主张便是中国人民所要主张而不敢主张的一个伟大的主张。
>
> 陈嘉庚先生就是中国老百姓的代言人。
>
> 陈嘉庚先生一向就是这样的一个陈嘉庚先生。他不只是我们校友们的"毁家兴学"的校主。他过去揭发了汉奸卖国求荣的阴谋，赶走了鱼肉百姓的恶吏；他现在又为了实现祖国的和平，减少人民的痛苦，出来大声疾呼，正本清源地要求美国改变对华政策。所以，他过去曾经是抗

战的为国除奸的民族战士，曾经是澄清吏治的开路先锋，现在他又是重建新中国一位决不可少的伟大的人民的代表者！

我们拥护他过去许许多多的为国为民的莫大功绩，我们更拥护他现在这个针对中国现实，为四万万五千万在水深火热当中的同胞请命的伟大而正确的通电。

侨胞们，这是辨别是非的时候了，这个通电便是南洋华侨的试金石。陈嘉庚先生这一个伟大而正确的主张，如果得到侨胞的热烈支持，热烈拥护，便说明了南洋华侨是有"是非之心"的，这是南洋华侨之光；反之，便是南洋华侨之耻。

我们南洋华侨素以能够主持正义、辨别是非为国人所尊重，现在正是我们发挥这个被人尊重的特性的一个好机会，我们更应该热烈拥护这位可以代表南洋华侨这一特性的正义老人陈嘉庚先生。

起来吧，侨胞们，请大家一致拥护陈嘉庚先生伟大而正确的通电！请大家热烈拥护这位一切为公、不怕权贵、但问是非、不计利害的正义老人。

"说得好，陈嘉庚先生的通电伟大而又正确！"

"对，行动起来，拥护陈嘉庚先生的通电！"

从新加坡到槟榔屿，侨众们喊出了震天的呼号。

一场"拥陈"对"反陈"的斗争，便在全马来亚激烈地展开。

在第一个发难"反陈"的吉打市，"拥陈"者首先揭发出某些人冒用福建会馆名义、偷盖福建会馆公章的卑劣行径。接着，新加坡通电"反陈"的九十一个侨团，第二天便有三十二个声明退出；剩下五十九个署名侨团中，小同乡会馆、小俱乐部以及氏族公会、祠堂占了一大部分，甚至还有一些如"乐闲俱乐部""清风别墅""昙花镜影社"等奇异古怪的所谓侨团也署上了大名，真是令人喷饭。还有吉隆坡、诗巫等地，也纷纷揭发出一些劣拙的"反陈"把戏。

随着"反陈"丑剧、滑稽剧接连被披露，广大侨众更是义愤填膺，因而反击起来愈觉意气风发。

9月24日，槟城一百零二个侨团召开了拥护陈嘉庚正义主张大会。中国民主同盟槟城分部代表庄明理，中国民主同盟南方总支部代表胡一声，码头工友代表许家亮，陈嘉庚女婿李天游以及陈启先、黄适安、叶苔痕等先后在大会上作了精彩的发言，会议开得十分热烈。

继槟城之后，新加坡由中国民主同盟分部、厦大同学会、集美校友会、妇女联合会、星洲总工会华工委员会、星洲教师公会、店员总会、新民主青年团等九个团体联合发起，于9月27日借中华总商会举行了拥护陈嘉庚先生正义主张的大会。全坡会馆中势力最大的福建会馆，同业公会中财力最强的树胶公会，以及农、工、商、学、妇女、青年、文化各界二百一十六个社团的代表参加了大会，代表着新加坡百分之八十以上有组织的侨胞。新任的中华总商会会长李光前、前任副会长陈六使、董事洪永安、黄奕欢及民盟南方总支部负责人胡愈之等均出席。在新加坡抗敌动员总会担任过总务主任的黄奕欢首先代表主席团致辞，赞颂陈嘉庚

◆ 《南侨日报》社长胡愈之（右）与总经理张楚琨（左）合影

◆ 1946年，陈嘉庚在新加坡旧跑马场群众大会上发表演说，反对美国支持国民党政府打内战

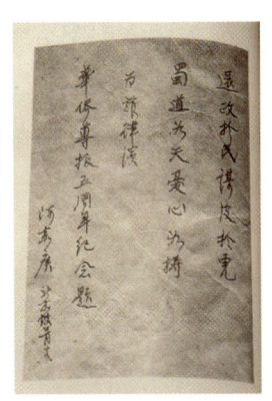

◆ 抗战胜利后，陈嘉庚对国民党独裁政权不抱幻想，该题词表达了他对祖国前途的忧虑

◆ 各界社团纷纷集会支持陈嘉庚

的通电是为国为民。李光前接着发表演说，对近来专肆攻击陈嘉庚的行动表示遗憾，同时认为中国今天的大局只许团结不容分裂。其他发言的代表一致热烈拥护陈嘉庚和平民主的主张和反对内战独裁的伟论。大会通过了"拥陈"宣言，推派出前往怡和轩向陈嘉庚呈送致敬信的代表，最后发起组织"新加坡华侨各界促进祖国和平民主联合会"。

新加坡的"拥陈"大会在南洋侨胞中产生了巨大的影响，接着，吡叻一百七十四个侨团，雪兰莪一百零一个侨团，柔佛四万余侨众，森美兰三十三个社团，还有马六甲各社团，相继召开了拥护陈嘉庚通电的大会。曼谷七十一个侨团更联名发出向陈嘉庚的致敬电，和致美国总统杜鲁门电，要求美军撤离中国；并派三名代表携带电文前往美国公使馆，请美国驻泰国公使转送给美国政府。

声势浩大的拥护陈嘉庚通电运动在南洋各地掀起来了。菲律宾、马来亚、爪哇、苏门答腊等地近二十个商埠的侨胞，或集会，或具函，或联名，或通电，向陈嘉庚致敬。就连远在祖国的中国民主同盟总部，也由张澜、沈钧儒、张君劢、黄炎培、梁漱溟、罗隆基、章伯钧、张申府、张东荪等九人联名，写了一封情挚谊深的致敬信，寄到新加坡给陈嘉庚。

但是，星马的报刊和舆论工具，大部分仍然掌握在"反陈"派手中。为了争取更多的南洋华侨加入和平民主运动，失去《南洋商报》的陈嘉庚，决定创办一份崭新的大型日报。

他经与胡愈之、李铁民、张楚琨等人商议后，自己

陈嘉庚的故事
CHEN JIAGENG DE GUSHI

◆ 陈嘉庚为《南侨日报》撰稿

◆ 陈嘉庚巡视南侨日报社，旁为督印李铁民

出资十一万元，并由李光前、张楚琨、高云览、王源兴、陈岳书、黄联山、刘玉水，以及长子陈济民、胞侄共存等人参股，组成董事会。然后由李铁民、张楚琨将歇业收盘的《新民主日报》承顶下来，廉价购入一台优质的二手卷筒机及相关设备，完成社址的创设。

与此同时，胡愈之邀集了胡伟夫、洪丝丝等星马报界名流，和吴柳斯、张明仑等印尼文化界的进步朋友，前来参加这初创的民主事业，组织起一支精干高强的编辑队伍。

1946年11月21日，这份定名为《南侨日报》的大型报纸正式出报了。创刊号第一版上，刊载着陈嘉庚的《告读者》和胡愈之的《创刊词》。

该报每天出八大版，以促进和平民主和华侨爱国团结为宗旨，以报道国内政情和战局为重点，同时努力为广大侨胞的切身利益服务，形成一种别开生面的办报风格，受到了进步侨众的热烈欢迎。一些持不同观点的人士和中间群众为了了解国内情况和经济商情，也常常购报阅读。

作为南洋华侨"民主号手"的《南侨日报》，就这样吹响了民主大进军的号角。

「尼赫鲁赞颂陈嘉庚是南洋华人的伟大领袖，全世界民族解放运动的战友。当荷兰殖民者对印尼卷土重来的危难关头，陈嘉庚坚决站在争取民族独立的印尼人民一边。」

向白思華質問三點

（二）二十七年三月廿七日南僑日報載）南馬來亞英軍總司令白思華中將，近發表馬來亞戰役敗績之協助英政府參加抗戰租借軍資不但未能延宕，且謠喘本埠華僑信賴不下。南僑總會主席陳嘉庚先生，特上書英陸軍部，關心祖國學者，挺以引起華僑信賴不下。南僑總會主席陳嘉庚先生，特上書英陸軍部日南白思華中將致海峽時報駐倫敦記者之書面意見，答覆陳氏之詰詢，各情遂見同報。茲將白中將所答，仍認為不滿，爰致函海峽時報，請其轉同白中將詰詢，如白中將不願修正報則我華人必採取適當步驟，加以對付。茲錄原函如次：

白思華大鑒：頃讀本年三月二十四日貴報登載自思華中將致貴報編敘通訊社之書面。因對於鄙人抗戰所作所為，殊不安。鄙人以為貴報則態度公正，故不介意於報告，無可置答其中對於鄙人抗戰所作所為，殊不安。鄙人以為貴報則態度公正，多數係新聞報，爰致函本埠人幾尊所陳出言，何可置答

大战胜利后，陈嘉庚就高度关注国际上的反殖民主义斗争，并将这一斗争同维护祖国与华侨的权益结合起来。

1946 年初，他发表了《中国与安南》一文，在历述两千多年来中国与越南的密切关系后，极力反对法国殖民主义者重占越南，指出"最低限度亦当使之独立"。同时指出香港、澳门应归还中国。

接着，他又以南侨总会名义向全世界发出第八号《通告》，坚决反对苏、美、英三国签订的《雅尔塔协定》中有关胜利后大连商港国际化及苏联租用旅顺口为海军基地等条款，认为这些条款是新的殖民主义。

1946 年 3 月，印度国大党领袖尼赫鲁前来新加坡访问，并视察战后印度侨民的生活状况。陈嘉庚得悉后，立即以南侨总会名义组织了盛大的欢迎会。会上，他致辞说：

尼赫鲁先生非印度之大官，亦非印度之大富翁，而本会之欢迎者，亦不在乎是，而在乎先生之伟大人格。盖先生平生受尽艰难困苦，为印度民族求解放，为数万万人民谋幸福，早为全世界人类所同情，亦为我中华民族所敬仰也。

贵印度数万万民族，脱离苦海，而登衽席，有赖于先生之领导。我中华民族，亦希望有诚信伟大之领袖，出而拯救四万万人于水火之中。我中印的民族之外，希望他国亦有真正人道主义领袖出而合作，领导全世界人类均获大同平等之幸福。尼赫鲁先生除领导印度外，亦领导世界之数人中之一也。

这篇题为《领袖与诚信》的演讲词，表达了陈嘉庚对亚洲民族独立运动和世界人类进步事业的强烈感情和高度关注，尼赫鲁听后十分感动，当场赞颂陈嘉庚为南洋华人的伟大领袖，并称陈嘉庚为全世界民族解放运动的战友。

进入 1947 年，在南洋和平民主运动蓬勃发展的喜人形势下，千岛之国印度尼西亚却发生了荷兰殖民主义者残杀华侨、夺船劫货的严重事件。

日寇败降后的印度尼西亚，民族独立运动蓬勃发展。数百年来与印尼当地人民共同开发这片沃土的华侨，在民族独立运动中继续与当地人民并肩战斗，取得了初步的胜利。八月革命中宣布独立的印度尼西亚共和国，很快就获得国际上的承认。

但是，依靠榨取印尼人民脂膏而肥的荷兰殖民主义者，怎肯就此放弃这块领地。因此，印尼宣布独立后，荷兰不顾国际舆论的谴责，派出陆海空军，对印尼发动殖民战争，占领了许多要地，并重新对印尼人民进行残酷的剥削。与此同时，他们把阻碍其恢复战前经济特权的印尼华侨视为眼中钉、肉中刺，多次对华侨进行疯狂的迫害。

1947 年 1 月初，驻扎在苏门答腊首府巨港的荷军，突然宣布与印尼当局发生武装冲突，巨港上空一时枪炮齐鸣，炸弹纷飞。可奇怪的是，这些炸弹、枪弹并没有落在印尼军队的营地上，而是集中落在华侨聚居区。一天、两天、三天、四天、五天，连续五天集中的炮击、轰炸、扫射、焚烧，使巨港华侨市区陷入火海之中，暴徒又乘机进行劫杀。胼手胝足开发巨港的华侨来不及避匿，死的死，伤的伤，财产的损失更无法计算。

对华侨进行如此惨绝人寰的残杀之后，荷兰殖民当局尚不罢手。他们借口追查战争期间荷兰人丢失的大量货物，派出军舰在海面上巡逻，遇到船只便登船检查；查出船上装有苎麻、葛丝、橡胶等所谓荷人战前独有的货物，就硬说是被窃的荷兰人旧存财产，即刻予以劫夺没收；同时还颁布一项法令，独占印尼的进出口贸易。这些都严重损害了华侨的权益。

荷兰殖民当局的凶残暴行和海盗行径，引起了全南洋华人的极大愤慨。新加坡中华总商会立即召开侨团大会，组织了保侨会，公举李光前为代表到印尼与荷兰当局交涉。战后的李光前由于实业上的发展和政治上的成熟，在东南亚享有相当高的声誉。他到了印尼之后，荷兰人虽然也以礼相待，但对他提出的抗议和要求则完全置之不理。而国民党政府又是那样腐败无能，无力保护自己的侨民。印尼华侨不但白白流了那么多鲜血，而且继续处在朝不保夕的境地。东南亚的炎黄子孙，至此无法再忍受下去了。

在广大侨胞强烈要求下，1月29日，新加坡"拥陈""反陈"诸侨团不分彼此，联名函请一度被"反陈派"要求撤销的南侨总会出面召开侨民大会，公议对付办法。接着，2月3日，保侨会诸委员联袂来到怡和轩，拜见南侨总会主席陈嘉庚。

"嘉庚先生，荷兰殖民当局残杀巨港华侨，对我侨商夺船劫货，保侨会前往印尼交涉无效，为此特前来恳请南侨总会和嘉庚先生出面。"著名侨领、老国民党员周献瑞首先说明来意。

"前段时间，贵党报刊不是叫嚷要撤销南侨总会吗？"陈嘉庚反问。

"哎，那是极少数人的偏见。"周献瑞忙解释说，"这南侨总会撤销不得啊。我已经在《民主周刊》上登文阐明，嘉庚先生应该看到了吧。"

"已经拜读过了。"陈嘉庚应道，"既为国民，岂无良心。南洋国民党中，多几位像周献瑞先生这样的人就好喽。"

"嘉庚先生过誉了。"周献瑞一边谦辞，一边诚恳地请求，"目前印尼华侨被害，本侨团已联合一致，誓与荷兰当局斗争到底，但唯有嘉庚先生出面领导，斗争才能胜利啊。"

"请嘉庚先生出面来领导。"保侨会众委员齐声求道。

看大家言恳意诚，陈嘉庚十分感动，他点了点头："保护吾侨，义难坐视。现不知保侨会交涉情形如何？"

李光前一听岳丈问起，连忙详细报告前往印尼办理交涉的经过。当他讲到荷兰当局对我方要求置之不理时，陈嘉庚愤怒地说道："荷兰人显然欺侮我是海外孤儿，所以才敢这样傲慢无礼。"

"是啊，嘉庚先生你看该怎么办？"保侨团委员们问道。

"小小荷兰，如此蛮横；国民政府，如此无能。我们华侨唯有团结自救，坚决斗争，才不会任人鱼肉。"陈嘉庚坚定地回答，"我同意你们来信中的建议，由南侨总会出面召开侨民大会，公议对付办法。为了会前准备好解决方案，明天请通知巨港华侨代表和被劫船只的货主代表前来怡和轩，报告事件详情，好作定夺。"

"是。"周献瑞代表大家应道。

2月16日下午，天气阴沉，凄雨霏霏，寄居海外的孤儿，满腔热血，敌忾同仇，齐赴侨民大会会场，决心为受难同胞申冤，为货物船只被劫夺者声援，为华侨今后的生存而斗争。

大会一开始，南侨总会主席陈嘉庚上台致辞。他首先历述荷兰在大战中卑怯懦弱的行径：虽拥有海陆空军十数万人，但日寇未登陆便闻风奔逃，争先恐后；日军一登陆更是贪生怕死，屈膝投降，把印尼拱手献给侵略军。据此痛斥蕞尔小国荷兰，"竟敢当风狂走，重起殖民野心，鱼肉印尼，欺侮华侨，何不自量乃尔"！

这一说，把侨胞们的士气鼓起来了。接着，他逐条驳斥荷兰人的谬论，举出本坡新业公司被劫之橡胶在搬运时重新印上荷兰商标为例，愤怒指出其残杀巨港华侨完全是事先预谋，其夺船货完全是海盗行径。

最后，陈嘉庚号召侨胞们："荷兰当局侵夺华侨，独占利权，所得大约五六百万元。而现下荷兰来往南洋和中国的轮船四艘，客、货每月至少可收叻币

陈嘉庚的故事 CHEN JIAGENG DE GUSHI

二三百万元；来往南洋之间的轮船十余艘，每月也可收入二三百万元；合共有五六百万元。其他由欧、美来的巨轮尚未计及。如果全体南洋华侨一致行动起来，对荷兰实行经济抵制，其侵夺华侨之所得，还不足以抵偿它航运业一个月的损失，这样，荷兰殖民当局就非屈服不可。"

陈嘉庚说到这里，全场立即响起了暴风雨般的掌声，有的侨胞激动得流下了热泪。

真是我们华侨的英明领袖啊！想出了这么厉害的一招。于是，大会接受了陈嘉庚提出的方案，当场作出决议：

<blockquote>
再由保侨会于一星期内继续交涉，逾期不能解决，全南洋华侨立即对荷兰实行经济绝交，并通电国内外，请赐声援。
</blockquote>

荷兰殖民当局这下可慌了手脚。荷印总督樊穆克连忙派出三个荷人代表，由一个华人"顾问"陪同，前来新加坡找陈嘉庚，以荷印二百五十万华侨的生命财产相威胁，"奉劝"陈嘉庚和南侨总会不要插手干预。

陈嘉庚当即严词拒绝，并警告他们："荷兰殖民主义终必会被印尼人民驱逐出去。"

在大义凛然的陈嘉庚面前，荷兰殖民当局自知理亏，最后不得不赔偿损失，并公开道歉。南洋华侨这次对荷兰殖民当局的斗争终于取得了胜利。

南侨总会主席陈嘉庚领导全侨，结成坚强的国民外交，迫使荷兰殖民当局屈服，不但维护了华侨的正当权益，而且大大鼓舞了印尼人民反对殖民主义的斗争。

但是，殖民主义者总是不愿退出历史舞台，他们仍然把当地人民和华侨视为草芥，千方百计维护自己的"尊贵形象"，以利于他们重新统治这些领地。

1948年初，投降日军的原马来亚英军司令白思华，发表了一份《关于马来亚战役之报告书》，把华侨援英抗日的事迹一笔抹杀，并诬指华侨"趋炎附势""协助敌人多过于协助我等"，借此来推卸战败责任，美化英国殖民军队。

白思华报告书一发表，全马华侨顿时哗然。事关星马华侨的声誉，《南侨日报》

向白思華質問三點

◆ 陈嘉庚驳斥英国殖民军司令白思华对华人的诬蔑

首先发表社论，加以批判。接着，侨生界领袖林汉河爵士等均发表声明，加以驳斥。但白思华根本不予理睬。

这可惹怒了陈嘉庚。他以南侨总会主席名义，写了一份《为白思华报告书内关于华人事上英国陆军部备忘录》，列举亲自参加领导的华侨援英抗日的事实，抗议白思华报告书中对华侨的污蔑，要求白思华作"忠实的修正与道歉，以平息华人之愤慨"。

这份备忘录寄送伦敦并由《南侨日报》全文刊登后，引起了英国朝野的重视。白思华迫于压力，不得不通过新加坡英文报纸《海峡时报》发表书面谈话，承认陈嘉庚和侨生领袖的抗议"其内容乃千真万确"，但又狡辩他的报告书是属于军事方面的；陈嘉庚备忘录中所列事实，乃属于民事方面的。不肯修改，不肯道歉。

陈嘉庚甚为气愤，义正词严地对白思华提出三点质问，最后警告："如白思华中将不愿修正报告书，且承认错误，则我华人必采取适当步骤，加以对付。"白思华至此不敢再抗拒，只得公开承认错误，并向华侨道歉。

这是陈嘉庚反对殖民主义者的又一动人事迹。

陈嘉庚的故事 CHEN JIAGENG DE GUSHI

「陈嘉庚反对国民党发动内战，陈说："蒋亦必终归失败。"夏衍：周恩来先生交代，到了新加坡一定要代他向嘉庚先生问安！」

第四十一章
英明预见，国民党军队必败

肆拾壹

不知有什么政治背景，也不知出于什么动机和目的，正当陈嘉庚领导南洋华侨激烈反对国民党当局发动内战之时，抗战期间担任国民政府陕西省主席的蒋鼎文，突然在美国发表谈话，称蒋介石、毛泽东、陈嘉庚三人为当今中国的伟大人物，希望这三个人合作云云。

尽管蒋鼎文的名气没那么大，名声没那么好，而且在陈嘉庚致杜鲁门的通电中被公开点名痛骂，但他毕竟还算是个国民党要员。正因如此，他这一谈话就不能不引起国际舆论的注意。特别是陈嘉庚对这谈话的反应，更是新加坡各报刊记者们所追逐的新闻。

但自从星华舆论界闹过"反陈"后，陈嘉庚对那些党报、准党报真是深恶痛绝。新加坡唯一能接近陈嘉庚的媒体，当然只有《南侨日报》。于是，1947年2月间的一天，《南侨日报》的记者便到怡和轩，向陈嘉庚叩询对蒋鼎文的谈话有何感想。

陈嘉庚答：

> 人生的一大病在于不自知，我虽年老尚有自知之明，安敢与蒋、毛二公相提并论？第人之品性往往不同，二公所能者，我则绝不能；而我所能者，二公均能之，唯肯行与否耳。我自信所能者仅为"诚信公忠"四字，其他军事政治则全不谙。蒋委员长与我绝对相反，我知之最深。若毛主席与蒋委员长，更大不相同。其为人言信行果，经纬才干，我国无出其右者，此亦我所知也。至谓蒋、毛合作，便可使国事安定，持此说者，其眼光思想，可谓十分简单。缘蒋、毛二人存心各不同，思想互相参差，意见甚于水火。我早断定协商无结果，内战难避免，虽有美国最新式武器之援助，大量物资之供给，蒋亦必终归失败，岂待今日而后知耶。

1947年2月，从远离祖国的南洋华侨的角度来看，国内内战战场上中共的处境是十分艰危的。国民党虽然没有实现其半年内消灭解放军和解放区的预谋，但抢占了许多城市和要地，现正集结兵力，准备大规模进攻中共的心脏陕甘宁解放区，延安显然处于危急之中。南洋的国民党人对此兴高采烈，广大的进步侨众为此十分担心。陈嘉庚却不顾一切，在评蒋鼎文的谈话中，比给杜鲁门的通电更进一步，断言"蒋亦必终归失败"，这对广大南洋侨胞起到了很大的鼓舞作用。

但是，形势毕竟是严峻的。

陈嘉庚这篇谈话发表不到一个月，延安被胡宗南指挥的国民党军攻陷了。南洋的党报、准党报抓住这个机会，大吹大播。进步侨众的心中一时布满了阴云，不少人情绪低落，悲观失望。

就在延安沦陷后的一天晚上，《南侨日报》社社长胡愈之，领着一位戴眼镜、高个子的中年人，来到怡和轩三楼陈嘉庚的寓室门前。

"笃笃笃！"胡愈之在门上敲了三下。

"请进。"房内传来陈嘉庚的声音。

胡愈之推开房门，陪着那位中年人走了进去。

正在案头疾书的陈嘉庚停下笔，抬起头来端详那中年人，脸上随之现出亲切的笑容。

"你是夏衍先生，对吗？"陈嘉庚站起身问道。

"正是，嘉庚先生记性真好。"夏衍欣喜地应着。

"什么时候到新加坡的？"陈嘉庚边问边与夏衍紧紧握手。

"前两天到的。"夏衍恭谨地回答。

"好啊，又来一员猛将啰，请坐吧！"

胡愈之、夏衍坐定后，陈嘉庚便高兴地说起来了："桂林一别，倏忽七载，当时你们那《救亡日报》办得确实是好。同人们不受薪金，不拿稿费，每日工作十数小时，人人兴高采烈，当时我表面上没说什么，心中却很感动啊！"

"嘉庚先生过奖了。"夏衍谦恭地应道。

"怎么样，《救亡日报》现在还办吗？"陈嘉庚关切地问。

"不办了。胜利后我就回到上海，经常在上海、南京两地跑跑。"夏衍答。

"在南京有没有见过周恩来先生？这一年多来真难为了他呀。"陈嘉庚满怀敬意地说。

"在南京时常见到周恩来先生。"夏衍应道，"我动身赴香港之前，周恩来先生还交代，如果到了新加坡，一定要代他向嘉庚先生问安。"

"哦！"陈嘉庚颇受感动，他盯着这位不速之客，问，"你临走时，周先生还说些什么？"

"他把国内形势分析给我听，要我和同志们坚定胜利的信心。"夏衍答道。

"他是怎么说的？"

"他说，党中央在抗战胜利后就预计到国民党必将发动内战，但和谈又不能不谈。"夏衍详细介绍道，"现在蒋介石依仗他手中的军队和美国的军事援助，悍然推翻政协决议，向解放区发动全面进攻，大有不可一世之概。但他民心丧尽，士气低落，经济十分困难。我党则人心归向，士气高涨，经济也有办法。军事上，在彼强我弱的情况下，我党则采取运动战的方针，暂时放弃若干城市、若干地方，以集中优势兵力，各个歼灭敌军，保证每个具体战役的胜利。这样，随着时间的推移，对方的兵力便越来越弱，我方的兵力便越来越强，不需很久，我们就可以在整体上转变为优势。"

"对，说得有理。"陈嘉庚频频点头，"看来这延安之失陷，也是主动放弃的。"

"正是。"夏衍接着说道，"去年解放军共放弃城市一百多座，但歼灭了国民党军三十万人。今年来单在山东莱芜战斗中，就一次歼敌六万余人，生俘第二绥靖区副司令李仙洲，收复城市十三座。这说明延安之暂时放弃，并不影响整个战局。"

"不过……"陈嘉庚沉吟片刻，说，"最近有些侨胞因延安之失陷而感到沮丧，这很需要通过剖析形势加以引导。"

"对。"坐在一旁的胡愈之插话，"《南侨日报》正准备这样做。"

陈嘉庚："夏衍先生情况熟悉，可要多出点力啊。"

夏衍："当然，当然。"

"愈之先生，"陈嘉庚转向胡愈之，征询道，"夏衍先生难得来新加坡，我看就请他到《南侨日报》社任职好吗？"

"好啊。同人们建议聘任夏先生当主笔，我正准备提请嘉庚先生批准。"胡愈之答。

"可以，就当主笔。"陈嘉庚说着，转问夏衍，"夏衍先生愿意屈就吗？"

"感谢嘉庚先生的关爱。"夏衍当即承诺，"我一定尽心尽力。"

次日，夏衍便到《南侨日报》社就任，协助胡愈之主持笔政，其撰写的社论和"星期杂话""每日话题"，笔调尖锐，深入浅出，风靡一时。接着，主持编纂《大战与南侨》的洪丝丝完成任务后，也回到报社主持《南侨晚报》的编辑工作。南侨报社一时人才济济，事业兴隆，很快就发展成为星马华文第一大报。

有了这么一批精兵强将，陈嘉庚领导的南洋华侨爱国运动，更是轰轰烈烈地开展起来了。他自己则不断发表文章和谈话，继3月16日就台湾"二二八"事件发表《半斤八两》一文之后，又于4月30日发表《美借款与我国纸币》。5月28日，在出席星洲华侨各界促进祖国和平民主联合会执委会议时，他致电南京国民参政会，怒斥国民党当局残杀反对内战的爱国学生，吁请参政会响应爱国学生的正义要求，恢复言论自由，切实保障人权。6月9日更发出《南侨总会第十五号通告》，宣布独裁政府的罪状。

这时，国内战场已经发生了重大变化。

到1947年12月，国民党军被迫全线转入守势，人民解放战争历史性的转折已经到来，它标志着中国革命将迅速走向全国胜利。

国内局势的急剧发展给予广大侨胞以极大的鼓舞。《南侨日报》几乎天天都在头版头条用最醒目的大字标题报道国内传来的捷报。

海外侨胞百多年来梦寐以求的，就是祖国的和平、民主、独立、富强啊！华侨先烈们抛头颅、洒热血，华侨先贤们捐巨款、献力量，都是为了祖国的民主独立，繁荣富强啊！现在，这一夙愿即将实现，这叫广大侨胞怎能不欢欣鼓舞啊！

陈嘉庚同广大侨胞一样，为人民解放战争的胜利而欢呼。12月下旬，他的次子陈厥祥在搭乘万福士轮由香港赴汕头途中被海盗绑票，下落不明，全家人忧心如焚，但他依然没有因之影响自己的公务。1948年1月2日，他为《南侨日报》撰写的《新岁献辞》发表了。这篇代表南洋华侨意愿、表达陈嘉庚心声的文章开头写道：

今岁为民国纪元三十七年，实为我国历史上巨大变革之年，或亦竟为中华民族大革命胜利成功之年。

我中华民族立国垂数千年，今日我国幅员广亘，人口之众庶，国际地位之重要，国际关系之复杂，实为旷古以来所稀有。然而独夫专政，卖国丧权，一党独裁，营私舞弊，贪污横行，上下争利，凭借外力，残杀同胞，虎狼当道，饿殍盈野；内战惨祸之烈，实亦开史所未有之先例。

接着，他在文章中愤怒斥责蒋介石为巩固独裁，不惜再与美国订结丧权辱国之商约及航空条约，将全国国防秘密、交通主权、工商优惠、经济命脉，拱手奉送外人，使中国成为菲律宾第二；然后对蒋介石手下嫡系和旁系的军政要员，一一点名批判；对蒋政权的财政经济破产情况，作了精辟透彻的分析；最后回顾一年半来的人民解放战争，展望了祖国的光明前景，兴奋地说道："我国地大物博民众，内外恶势力铲除以后，复兴建国，突飞猛进，转危为安，转弱为强，转贫为富，指顾间事。"

《新岁献辞》的发表，大大刺痛了国民党当局。时隔不久，一篇题为《陈嘉庚可以休矣》的社论，便由《南洋商报》抛出。该社论打出护卫党国的旗号，诬蔑陈嘉庚是被人利用做傀儡，战前战后已判若两人；攻击陈嘉庚点名批判"党政军首长要员二十余人"是"以下流的举动，图一时之快意"；嘲笑陈嘉庚对中共"说好话，捧捧场，也许有朝一日，真的'革命军事胜利，民主政府成立'，共党少不了要备虚位以待陈氏晋京拜命"。最后则道："陈氏可以休矣！"

1948 年一年内，陈嘉庚除了取得对马来亚前英军总司令白思华斗争的胜利之外，仍以强烈的爱憎和充沛的精力，接连发表了《祖国光明在望》《蒋介石的最大错误》《中国内战何日告终》《国共决无和平可言》《再论中国内战前途》《徐州大会战与全局决定性》《南侨报的任务与中国前途》等文章和讲话，并发出《南侨总会第十六号通告》，否认伪国大所选的总统、所立的伪宪法，同时撰著《民俗非论集》，反对封建陋习，提倡科学文明，通过这些活动，继续推动南洋华侨革命运动的发展。

「决定中国命运的辽沈、淮海、平津三大战役取得伟大胜利！毛泽东电邀陈嘉庚回国共襄建国大计。陈嘉庚对毛泽东说：南洋华侨都盼望民主联合政府早日成立！」

1949 年 1 月 20 日，当国内淮海战役胜利结束、平津战役急速展开之际，在某地紧张工作的中共党员方方接到党中央拍来的一封电报。

> 方、潘：子文电悉。兹附去主席致陈嘉庚电，望即设法送到，并将我们所提议的各党派各界共同召集及中央统战部戌恩电所归纳各项意见的要求附去，邀请其在二月间经港来解放区。如因交通阻梗，不能到达，亦设法办到他肯列名参加筹备，结果如何盼复。
>
> 中央　一月二十日

电报立即转给潘汉年审阅。方方与潘汉年两人经研究之后，一位特使立即被派往新加坡，并在到达新加坡的当晚见到了陈嘉庚。

"陈嘉庚先生，这是毛主席给您的电报。"中共特使一见面，便递上毛泽东主席致陈嘉庚电。

"啊，毛主席来电！"陈嘉庚接过电文，欣喜难名，当即恭谨拜读。

嘉庚先生：

中国人民解放斗争日益接近全国胜利。召开新的政治协商会议，建立民主联合政府，团结全国人民及海外侨胞力量，完成中国人民独立解放事业，亟待各民主党派及各界领袖共同商讨。先生南侨颈望，人望所归，谨请命驾北来，参加会议。肃电欢迎，并祈赐复。

毛泽东　一月二十日

多少年啊多少载，一颗心紧紧连着祖国的兴衰；多少年啊多少载，直盼人民的胜利早日到来。如今中国人民解放事业即将完成，新的政治协商会议即将召开，毛泽东主席亲自来电相邀，这怎不叫人喜出望外！

多少年啊多少载，家乡的山水一直萦绕在胸怀；多少年啊多少载，海外游子一直盼望着归来。如今恶势力即将被清除干净，压在头顶的三座大山即将被推翻，祖国的繁荣富强指日可待，这怎不叫人乐满心怀！

陈嘉庚手捧着电文，脸上绽开了从未有过的笑容。

"陈嘉庚先生，您同意了？"中共特使激动地问道。

"我一定回国敬贺。"陈嘉庚答道。

关键问题解决了。中共特使为此行的顺利而感到振奋，他随即将中央统战部来电的要点，及中共中央代表与民主人士代表1948年11月25日在哈尔滨达成的关于召开新政协的协议，呈送给陈嘉庚。

陈嘉庚一边认真阅读，一边频频点头，阅毕笑道："这样召开新政协很好。不过，我准备待到春暖花开时才回国。"

"嘉庚先生，"中共特使急忙说，"毛主席的意见，是请嘉庚先生于二月间

经香港前往解放区，参加新政协的筹备会议。至于御寒之事，已经作了安排。"

"我回国庆贺就行了，新政协筹备会不一定参加喽。"陈嘉庚应道。

"新政协筹备会的任务是商讨建立新中国。嘉庚先生对人民解放事业如此深切关心，并作出如此伟大贡献，这筹备会一定要参加才好。"中共特使恳切地请求。

"我对政治是门外汉，参加会议贡献不了什么意见，现在年纪这么大了，回国向毛主席敬贺之后，我想到祖国各地去游历，不想再过问政治了。"陈嘉庚答道。

"嘉庚先生公忠谋国，为海内外人士所钦敬，新政协筹备会有陈老先生参加，定能获得更圆满的成果。"中共特使继续劝道。

"这样吧，"陈嘉庚婉转说道，"我先给毛主席复电，至于何时启程，容后再行商议，好吗？"

之后，陈嘉庚展纸握管，挥毫写下复电。

　　毛主席钧鉴：

　　革命大功将告成，我党胜利，严寒后决回国敬贺。蒙电邀参新政治协商会议，敢不如命。庚于政治确门外汉，国语又不通，冒名尸位，尤非素志，千祈原谅。

　　　　　　　　　　　　　　　　　　　　陈嘉庚

华人一年一度最盛大的新春佳节即将到来。槟城庄协成公司总经理庄明理，正以民盟槟城分部负责人的身份，忙着组织春节期间的欢庆胜利活动，忽然接到新加坡拍来一封电报，他拆开一看，原来是陈嘉庚先生的来电，说严寒过后准备回国，拟邀作伴，征询庄明理是否能抽出时间，一起启程。

嘉庚先生从不随便开口的呀，这回电邀伴行，定有重大使命！于是庄明理当即回电表示十分乐意伴行。

1949 年 4 月 21 日，毛泽东和朱德发布《向全国进军的命令》。人民解放军百万雄师当日便跨过长江天堑，于 23 日解放了国民党统治中心南京。

南洋的爱国华侨为南京的解放而欢腾，南侨总会办公处怡和轩更是天天车水马龙。人们或来庆贺胜利，或来探问战讯，一些在三年前反对过陈嘉庚通电的华侨上层人士，如今纷纷赞颂他有先见之明。

严寒已经过去了，陈嘉庚决定不日启程回国。新加坡各社团纷纷设宴欢送自己的领袖，福建会馆及怡和轩俱乐部更是联合举行盛大的欢送会。

合公谊私情，送先生归舟万里；
论勋劳物望，实中外在野一人。

潘国渠为欢送大会写的这副对联代表了侨胞们心意。

……余无所谓先见之明，只有辨明真伪与是非而已。欲辨明真伪是非，自己必须忠诚公正。

陈嘉庚在欢送会上说的这些话，更是激起了一阵阵雷鸣般的掌声。

1949 年 5 月 5 日，正值春暖花开时，陈嘉庚由庄明理陪伴，与前来送行的亲友李光前、陈六使等一一握别后，健步登上了开往中国的迦太基邮轮。

5 月 13 日，陈嘉庚抵达香港，受到香港同胞空前热烈的欢迎。

这时，长江以南的解放战争，犹如秋风扫落叶般迅猛发展。

陈嘉庚的故事
CHEN JIAGENG DE GUSHI

人民解放军以摧枯拉朽之势，继南京之后，一个月内又解放了武汉、九江、南昌、杭州等一百余座城市。到 5 月 27 日，全国最大的工商业城市上海也宣告解放。

在上海解放的次日早晨，陈嘉庚换乘捷盛轮离开香港北上。伴行者除庄明理外，还有在港的南洋侨领张殊明、王雨亭。

轮船在海上破浪前进。

由于华南一带尚在国民党军队控制之下，捷盛轮只能在远离海岸的公海中航行。

啊，大海茫茫啊茫茫大海！白天看不到陆地，夜里见不到标灯，船长和大副就靠着六分仪掌握轮船的航程。

一天，两天，三天，舟山群岛终于安全越过，长江口外的横沙已经遥遥在望。但是，上海依然不便停靠，捷盛轮继续朝北直上，日夜兼程。

啊！轮船啊轮船！你为什么走得这样慢呀，为什么不理解这位乘客的心情？严寒已经过去，阳春已经来临，自己虽然不敢冒名尸位，但多么想早日到达新中国的心脏北平！

四天，五天，六天，每小时速率十海里的捷盛轮，终于来到大沽口了，站在客舱前走廊的陈嘉庚匆匆抓起望远镜。

那是港口……那是码头……那是房屋……那是山坡……

望远镜一放下，轮船已进入海河河口，映入眼帘的是两岸的北国景色。

广袤无垠的大地上，长着稀疏的麦子；宽阔笔直的河道上，卷着浊黄的波浪。但是，不论在田野、在山坡、在屋顶、在岸边，到处都可以看到红旗招展。战争刚刚结束，人们便已经积极投入生产……

这就是希望，这就是力量！

陈嘉庚激情满怀时，捷盛轮已经驶抵天津港。

陈嘉庚、庄明理等人在天津只宿一夜，6 月 4 日上午便在专程来津迎接的胡愈之、连贯等陪同下，乘上党中央特派的专列火车，于十一时半到达北平，当晚寓于北京饭店。

6 月 15 日，人民政协筹备会议在北京中南海勤政殿开幕，出席者有参加筹备

◆ 1949 年 5 月 5 日，陈嘉庚
乘迦太基邮轮回国

◆ 陈嘉庚抵达北平，林伯渠、叶剑
英等两百多人到站欢迎

工作的二十三个单位的代表一百三十四人；其中常务委员二十一人，陈嘉庚为常委之一。人民政协筹备会议在常委的领导之下设立六个小组，分别担负下列各项任务：一、拟定参加新政协会议的单位及其代表名额；二、起草新政协的组织条例；三、起草共同纲领；四、拟订中华人民共和国政府方案；五、起草宣言；六、拟订国旗、国徽及国歌方案。

这是创建新的人民共和国的神圣任务，陈嘉庚跟全体代表一起，以极端负责的态度进行工作。但由于任务极为繁重，筹备会在拟定了参加新政协第一届全体代表大会的单位和名额之后，于 6 月 19 日闭幕；开国前一切筹备工作，继续由常务委员会和上述的六个小组分别担负起来。

6月22日，陈嘉庚由庄明理、张殊明伴行，乘火车离开北京，经天津赴东北三省进行考察。

人民政协筹备会常委经过三个月的努力，完成了全部筹备工作。

1949年9月21日，中国人民政治协商会议第一届全体代表大会在北平开幕；代表总数六百六十二人，包括各党派、区域、军队、团体和特邀等五个方面的代表。大会主席团八十九人，陈嘉庚为主席团成员之一。

9月27日，人民政协第一届全体会议通过了《中国人民政治协商会议组织法》和《中华人民共和国中央人民政府组织法》；决定北京为首都、五星红旗为国旗、《义勇军进行曲》为代国歌；29日通过了《中国人民协商会议共同纲领》。

10月1日下午二时，陈嘉庚参加了中央人民政府主席、副主席和委员共六十三人的就职典礼。典礼上，毛泽东主席发表公告，宣告中华人民共和国中央人民政府成立。下午三点，陈嘉庚跟毛泽东主席等齐集天安门，参加中华人民共和国开国大典。

当他在天安门城楼上，看到五星红旗冉冉升起，看到前所未见的雄壮阅兵和盛大的群众游行，心中的欢欣和激动难以言喻。

新中国诞生了！中国人民从此站起来了！

作为海外华侨的首席代表，陈嘉庚圆满完成了参加建立中华人民共和国的各项相关工作。

「从 1913 年开始，从集美出发，这根手杖伴随陈嘉庚飞越南洋诸岛，踏遍祖国大地，历经风雨岁月。在故乡海滨，陈嘉庚要建造鳌园，竖立集美解放纪念碑。」

第四十三章 「洞葛」有神

"洞葛"乃闽南方言，指的就是手杖；"有神"也是闽南土话，意思是"附有神灵，十分灵验"。

陈嘉庚自 1913 年创办集美学校开始，一根手杖便从不离身。他走到哪里，手杖就点到哪里；手杖点到哪里，哪里就事无不成。于是，陈嘉庚的"洞葛"渐渐地变成"有神"了。

关于陈嘉庚"洞葛"有神的故事，先是从南洋传过来的。

据说有一回，陈嘉庚到新加坡码头办完事，挂着手杖沿海边走了过来，正要拐进大街，忽然见到一个衣衫褴褛的华人跪在街旁乞讨。陈嘉庚走近一看，原来是福建同乡谢荣寿，在他身边的破草席里还裹着一具尸体。

陈嘉庚看到这情况，心中悲戚，连声叹气。那谢荣寿一见来了"财神爷"，立即哀声求道："嘉庚先生啊……可怜可怜我们兄弟吧！昨晚荣金仔吃了坏物，吐泻不止，今日一早就死去了……

◆ 手提"洞葛"的陈嘉庚，前往检查厦大扩建工程

现在无钱埋葬呀……嘉庚先生你好心好量，施舍施舍吧……免得荣金仔尸身给狗拖去吃呀……"

荣寿声悲情切，泪水滚滚，陈嘉庚听后眼眶不禁也有点湿了，另一只手慢慢地伸往口袋。

正当谢荣寿准备接钱的时候，陈嘉庚忽然用手杖末端钩着破草席，往上一掀。那具直挺挺躺在草席上的尸体似乎动了一动。

谢荣寿见了又赶紧继续哭诉："嘉庚先生你看，荣金仔死得多惨呀……你就施舍施舍吧……"

陈嘉庚听着谢荣寿的哭诉，瞪起眼睛，注视着那具尸体。忽然，他提起手杖，在尸体头上一点，大声喝道："起来！"

哎呀呀！这下可真神了。

那具"尸体"突然跳将起来，伏在地上连连磕头："嘉庚先生，下回我不敢了，下回我不敢了！"

谢荣寿也连忙跪在一旁请罪。

陈嘉庚并不就此了结。

陈嘉庚的故事
CHEN JIAGENG DE GUSHI

他把谢荣寿、谢荣金兄弟训斥一顿之后，亲自带他们到自己开设的胶厂里，边安排他们做工边教育他们，几年后两兄弟都成了家，后来据说还发了点财。

陈嘉庚的"洞葛"把死人点活的故事，就这样传开了。

到了陈嘉庚回国创办厦门大学、扩展集美学校时，又发生了和"洞葛"直接相关的事。

那时，集美二房角的乡亲为灌溉农田，须在村社北面挖一口大井，可是挖过来挖过去，总是塌方，拖延了半个多月尚未开成。大家无计可施，只好去请教刚从南洋回来的陈嘉庚。

陈嘉庚听乡亲报告后，就拄着手杖，来到开井的现场，他走过来，用手杖点几点；走过去，又用手杖点几点；最后走到一个土丘旁，认认真真地提起手杖环点一圈之后，说道："就在这里破土。"说罢，又忙他的事情去了。

二房角的乡亲照陈嘉庚手杖环点过的地方挖下去，一口大井果然很快就挖成了。

你看，陈嘉庚"洞葛"一指点，大井便开成了，那根"洞葛"还真有些神奇。

1949年10月，陈嘉庚参加开国大典之后，离开北京南下，途经天津、济南、徐州、开封、郑州、武汉、大冶、长沙、湘潭、南昌，于12月间回到家乡福建；然后在福建视察福州、莆田、泉州、同安、集美、厦门、漳州、龙岩等地；再取道广东到香港，由香港乘飞机返回新加坡。

一路上，他都随身带着那根"洞葛"。

1950年6月，陈嘉庚结束在新加坡的事务，到北京参加首届政协二次会议，于9月间回到集美和厦门，开始了归国定居后规模宏伟的建设家乡的事业。这时，他那根有神的"洞葛"变得更加"有神"了！

事情就先从鳌园纪念碑说起。

陈嘉庚之所以想建鳌园，主要受到济南广智院的启发。

1949年10月31日，当陈嘉庚南游来到济南时，应邀前往一所广智院。起先他还不以为意，但走进院内一看，只见里面的陈列品，除了古代文物、书画和飞禽走兽标本之外，还有一些有关卫生、交通、住屋、造林、河流、水利等模型，十分吸引人。其中不少对照性的图画，如旧的街道，路面狭窄，泥泞污秽，高低不平，行人赤足，一手拿鞋、一手提裤管；而现代化的马路，宽阔整洁，两边植树，道旁行人，路中行车；又如住屋、餐饮、寝具等，什么是不合卫生的，什么才合卫生，都分别陈列，使参观的人受到教育。陈嘉庚参观后，十分高兴，决心在集美建一所比广智院更广博、更动人、更具有艺术特色的博物大观，并把它列为归国定居后的头项建设。

地点就选在集美社东南角的鳌头屿，除博物大观之外，还决定建一座解放纪念碑。

当年的鳌头屿实际上是一堆叠在一起的海边礁石。屿上有一座小小的妈祖宫，因屡遭炮火，早已荒废；屿的内侧是一条沙堤，潮水退时与村社外缘相连；堤两旁则是村民埋葬小孩的无碑墓地。

1950年冬季里的一天，陈嘉庚趁着退潮，带着工匠陈坑生来到鳌头屿。他涉过沙堤，走到妈祖宫的废址上，把"洞葛"一挥，说："坑仔，我想在这里建一座集美解放纪念碑，碑下用青石、花岗石雕砌一座博物大观。"

◆ 陈嘉庚向华侨回国观光团介绍集美扩建计划

◆ 20世纪50年代，陈嘉庚在上弦场检查厦门大学的修建情况

"碑位落在哪里？"陈坑生问。

陈嘉庚攀上宫后那块全屿最高的礁石，用"洞葛"往脚下一点："就落在这块大礁石上。"

"准备建多高？"

陈嘉庚举起"洞葛"，仰头一指："十丈。"

"总范围多大？"

陈嘉庚面南而立，挥起"洞葛"指点着四周："左边沿着小屿砌平，前头到屿下那潭水窟，右边按左边长度落墙，后边把沙堤筑高修成通道。"

"好大一片嗬！"

"嗯，不小。你明天就用芦竹把这四周给我圈起来。"陈嘉庚交代。

"是。"陈坑生应道。

陈坑生原籍安溪县，新中国成立前因躲壮丁一路打工来到集美，住了下来。由于为人忠厚，做事勤谨，陈嘉庚回集美定居不到三个月，就看中了这个老实巴交的青年。现在他一交代下去，陈坑生便连夜砍了几大捆芦竹，第二天赤着脚下海滩，照陈嘉庚"洞葛"所指点的范围，把芦竹插了上去。

第三天，陈嘉庚穿着长筒雨靴，挂着"洞葛"又来了。

青翠的芦竹在海风中摇曳，礁石下的海滩上似乎现出了鳌园的景观。

行啊！陈嘉庚二话没说，就下令开工。

设计图装在他肚子里，谁也看不到，谁也猜不出；施工方案也装在他肚子里，工匠们照他交代的去做就成。

沙堤先被筑高成为运石的大路，以往荒凉的鳌头屿很快就被围成一处宽广的礁石园。

接着，他又组织晋江石雕师傅林江淮、惠安石雕师傅杨顺源，还有洪师、丙丁师、来富师等，带领一百来个石雕工人，日夜不停，赶琢古今历史人物故事的青石浮雕；赶打珍禽怪兽、奇花异草的石刻雕像；兼及学校上课、体育运动、饮食起居、卫生常识、工业生产、农渔劳动等石画石图。这样，整个博物大观以石雕成，不但能使参观者兼得各项知识和艺术享受，而且与书法题刻一样，也是万古不朽的。

鳌园的建筑工程就这样紧张而有秩序地进行着。

集当代书法大全的题刻，一幅幅嵌挂两壁；汇闽南雕艺大成的石像，一尊尊安放四周；而集美解放纪念碑的碑身，也已经垒了八九丈，足有八层楼高。

就在碑身即将封顶之时，年过八十的陈嘉庚老先生来检查砌碑工程了。

当年砌这种高碑，没有现代化的升降机和起重机，一块块大石都是工人们沿着环绕碑身的盘旋脚手架，一步步扛上去的。

陈嘉庚来到碑下，先仰头观察一番，待扛石的工人全部下来后，便提起手杖，踏上脚手架。

"嘉庚先生，你这是？"陪他前来的集美学校总务主任叶祖彬连忙问道。

"我上去看看。"陈嘉庚说。

"不行啊，这脚手架是用板皮钉的，扶手又那么细，上去太危险了。"叶祖彬劝道。

"是啊，嘉庚先生，"陈坑生也帮劝说，"这碑身太高了，上去太危险。"

"危险啥？我有'洞葛'！"陈嘉庚挥了一下手中的手杖，便踩上板皮，沿着盘旋的脚手架，一步步攀登而上。

叶祖彬、陈坑生两人没办法，只好一步步跟上去。陈坑生整年在工地，当然无所谓。苦了那位叶祖彬，他走呀，走呀，脚后肚不禁弹起三弦来，好不容易才熬到上面，当他直起身时，陈嘉庚已拄着手杖，站在脚手架顶的小平台上，俯首瞄察碑身砌垒的质量。

既然跟到顶上来了，就不能再当脓包。叶祖彬壮着胆子，慢慢移到陈嘉庚身旁，想随着老先生看看纪念碑砌得怎么样。他紧了紧裤腰带，然后微微一蹲，俯首一看，只觉得那纪念碑底就像深渊一般，变小了的工人、石料、担杠、绳索全都旋转起来……他连忙抓住陈坑生，不然，真要一头栽下去了。

陈嘉庚并未注意叶祖彬的狼狈相，他俯首检查一番之后，向陈坑生提了几点意见，便准备下去了。叶祖彬赶忙往旁边一站，让陈嘉庚先走。

笃……笃……笃……笃……

陈嘉庚用手杖点着板皮，一步一步往下踩。忽然，一根板皮边上的木刺钩了一下他的裤脚管，陈嘉庚身体顿时失去平衡，一个趔趄，便朝前倾扑下去。

陈坑生大吃一惊，猛然跨前一步，想把陈嘉庚拉住。

就在那一刹那间，陈嘉庚的手杖已经自然而然地顶在下一阶的板皮上，他的身躯即刻稳住了。

站在后面的叶祖彬吓得冷汗流遍了全身，下到碑脚后，禁不住埋怨："嘉庚先生，刚才太危险了，太危险了！"

"危险啥？"陈嘉庚挥了一下手中那根手杖，笑笑，"我有'洞葛'。"

自此之后，陈嘉庚的"洞葛"便越传越神了。

有一天上午，陈嘉庚从鳌园工地返回寓所，当时那一路都还是海滩，他拄着手杖，漫步走来，走着，走着，忽然灵机一动，立即把他的堂侄、集美建筑部主任陈仁杰和建筑师傅杨护法、陈坑生一起找来。

"伯父有什么事？"陈仁杰来到他跟前，躬身问道。

陈嘉庚挥着手杖，指着延平楼西侧的一片荆棘丛生的坡地说："我要在这里盖一幢十五层的高楼。"

"啊，十五层？"陈仁杰和杨护法、陈坑生都暗吃一惊，因为当时全福建最高的楼房才不过七层。

看他们三人愣在那里，陈嘉庚加重语气说："十五层，听清楚没有？"

"听清楚了，十五层。"三个人连忙齐声应道。

"好，你们看……"陈嘉庚提起手杖，在地上边画边说，"这是中间的凤头，高十五层；两边两片翼股，从十层泻到五层；两片翼股尾端卷起两球云朵，高七层；整幢楼就像金凤翼，懂吗？"

陈仁杰、杨护法和陈坑生相互看一眼，然后点了点头："懂了。"

陈嘉庚带他们走上坡地，用手杖把凤头、翼股、云朵的位置定好，并把相距的尺寸交代清楚，便下达命令："今天清场，明早放样，明天下午我来看。"说罢，拄着手杖拐回寓所去了。

清场是陈坑生负责的，他马上组织一批工人，连掘带挖，当天就把场地清好。

放样是杨护法负责的。他第二天大清早就拿着白灰和皮尺，按照陈嘉庚手杖指点的位置和交代的尺寸，撒放灰线。

◆ 陈嘉庚在延平故垒前举起"洞葛"

◆ 手拿"洞葛"的陈嘉庚和归侨学生合影

　　下午，陈嘉庚按时来检查了。他拄着手杖，用脚步度量长短，把各条灰线的位置和距离检查一番，当场作了一些修改后，立即下达新的命令："开工。"

　　就这样，没请建筑设计师，没请工程绘图员，就凭他那根"洞葛"的指点，巍峨壮观、八闽独一的南薰楼便盖起来了。

　　与南薰楼比邻的那座布局和谐、雄伟华丽的道南楼，同样是没有正规的设计图纸，只根据陈嘉庚"洞葛"的指指画画盖起来的。

　　还有，集美航专的克浪楼，集美水产的福东楼，集美中学的黎明楼，集美侨校的南侨楼，集美财经的诵诗楼，以及福南大礼堂、集美体育馆，等等，一共一百零七项建筑，也全是根据陈嘉庚"洞葛"的指点盖成的。

　　你说，他那根"洞葛"神不神？

　　可是，道南、南薰等大楼再"神"，也还比不上厦门大学那一大批新建筑。

　　新中国成立前的厦门大学，虽然陈嘉庚已经投下数百万大洋，建起了群贤、同安、集美、囊萤、映雪、生物、理化、白城、笃行、图书馆等楼及膳厅、操场等建筑物，但整个校园并没有像目前这样鳞次栉比，雄奇壮丽。

陈嘉庚的故事
CHEN JIAGENG DE GUSHI

1950 年冬，陈嘉庚归国定居后，为了适应建设新中国高等教育的需求，他一方面在集美学村大兴土木，一方面则在厦门大学大力拓展校园。

提着那根"洞葛"，带着族侄陈永定，陈嘉庚走遍五老峰和胡里山下，决定在原校址东侧、北侧数百亩的坡地上，新建一批校舍和一座大礼堂、一个大体育场。

厦门大学建筑部很快成立起来了，由陈永定负责。资金是大女婿李光前捐献的六百万元港币，并很快从海外汇到厦门。

照样没有请建筑设计师，所有的大楼广厦等新建筑群，全凭陈嘉庚那根"洞葛"的指点，划地放样，挖基开工。

为了解决砖瓦红料的问题，陈嘉庚挂着手杖，在厦门周近地区进行了一番考查，最后选定在石码严溪头设立厦集公司办事处，在那里建起十几座砖瓦厂。

为了解决建屋石料的问题，陈嘉庚挂着手杖，在厦大周近地区进行了一番考查，最后选定在西山、蜂巢山、琵琶山、"不见天"四处开石取料，六七百个打石工一起上场，叮叮当当，日夜不停。

就这样，五年时间，建起了成义楼、南安楼、南光楼、成智楼、成伟一、成伟二、芙蓉一、芙蓉二、芙蓉三、国光一、国光二、国光三、丰庭一、丰庭二、丰庭三等共十五幢大楼和五千座位、全省第一的建南大礼堂，可容两万观众的尚弦大体育场，以及竞丰大膳厅、西大膳厅、海水游泳池等大型建筑物。

神奇的是，这十五幢大楼和五项大型建筑的费用核结下来，只花了人民币二百五十六万二千元，按当时的平均汇率计算，刚刚好是六百万元港币。

账目一公布，从厦门到北京，从国内到海外，没有一个人相信。

这怎么可能呢？

就按当年最省的造价计算，最少也得五百万元人民币呀。

于是，全国侨联秘书长王源兴专程从北京来到厦门进行审核，结果一点也不差，就是只花了人民币二百五十六万二千元。

陈嘉庚那根"洞葛"，真是神奇无比啊！

陈嘉庚的"洞葛"，其实就是陈嘉庚伟大人格和他爱国爱乡精神的体现。正是这样的人格和精神感召着人们，它才显得那样"神"！

「华侨曾捐赠巨资修建铁路，但从清末直到民国，侨乡福建竟没有一寸铁路。党中央在陈嘉庚的信上批示：陈嘉庚来信，要修铁路。」

第四十四章

铁路上马和移山填海

　　"上马"一词，按照字面解释，是指"骑上马去"，仅属日常生活的事，没什么大不了的。但自中华人民共和国成立以来，"上马"却是用来比喻大工程建设或大工作项目被列入国家计划，并宣告开始运作。那可是关系到地区和单位发展的大事情。

　　陈嘉庚归国定居后，一方面大力兴建集美、厦大新校舍，另一方面则为福建铁路的"上马"而奔走呼号。

　　在家乡兴建铁路，既是福建全省人民多年来的梦想，也是福建华侨数十年来的愿望。清朝末年，清政府曾派闽人阁学陈宝琛到新加坡征集修筑铁路资金，南洋闽侨纷纷投资，很快就集资二百万元，这在当年是一笔相当可观的巨款。华侨们投资之后，本寄予极大的希望，岂料这笔巨款投下去，只修了一段从漳州到厦门岛对岸嵩屿的铁路，称漳厦铁路，长仅五十公里；而且火车开起来跟牛车的速度差不多，乘客的斗笠掉出车窗外，可以跳下车去捡，捡到之后再追上来还来得及爬上车。这样的火车有什么用？可是，即使是这样的火车，在当时也成了你争我夺的"大肥肉"。结果，营私舞弊，盗窃器材，什么名堂都有。两三年后，二百万大洋全部花光时，车头、车厢、器材也被盗卖一光。最后连路轨都被拆毁。自此，南洋华侨对投资修铁路便视如畏途，而历届政府也都无力再修筑，所以直到新中国成立前夕，福建仍然没有一寸铁路。

如今新中国成立了，堂堂的侨乡福建怎能没有铁路呢？作为华侨首席代表的陈嘉庚，首先站出来为福建争铁路了。

怎么个争法呢？

先是在 1950 年 6 月，陈嘉庚在参加全国政协首届二次会议期间，特地拜访了铁道部长滕代远，提出修筑福建铁路的建议，得到滕代远的支持。于是，他便将此事作为正式提案，提交大会审议，经多方努力，最后获得通过。

1951 年，中央铁道部派员到福建进行勘察，提出三条选线方案。福建省委即派副省长梁灵光和统战部部长张兆汉带着方案到集美，由梁灵光将西线、中线和东线的地形、地质、矿产、气候、水文、植被、人口、政区、经济等概况，及三个方案的优缺点，向陈嘉庚作了介绍。陈嘉庚听取后审阅了草图，指出三条线路以中线为最佳。意见汇报到中央，得到采纳。

方案虽然有了，但要动工兴建，还需解决很多问题，首先是筑路资金。陈嘉庚紧紧盯住，时常和铁道部联系，转眼一年过去了，却一直未见动静。

看来单找铁道部还不能解决问题。

陈嘉庚经再三考虑，于 1952 年 5 月专为此事向党中央写信，请求：

福建无铁路交通，如人身血脉麻痹，关系民生至为重大，困苦难以言喻，尤以闽西为甚。五反后国基更巩固，万祈主席迅令开办，不但造福闽民，亦适应海外数百万闽侨企盼。

党中央接信后，立即讨论，决定暂缓修建株洲到韶山的铁路，以保证福建铁路"上马"。

这是中央领导对福建的莫大照顾。

虽则如此，但因建国伊始，财力有限，中央计划先从通过浙赣线、靠近福建西北部的江西鹰潭为起点，把铁路修进闽北，以后再逐步延伸到厦门。

陈嘉庚获悉这情况，十分焦急，担心闽西、闽南通火车遥遥无期。他赶紧再找滕代远和主持华东六省工作的陈毅，征得他们的支持；然后于1952年12月5日再给中央呈上一函，再次恳求：

> 闽西南铁路，前年滕代远部长曾告庚，政府已有计划开办。兹闻五年内大建设，仅有筹及闽北，而闽北地广人稀，与台湾、南洋侨民亦乏关系。现人民生活最惨苦者，即为闽南。庚非无病呻吟，实出于万不得已。敬为闽西南人民请命，如何乞示。

这回问题解决了。

中央领导认真研究了陈嘉庚的来信，从侨乡建设和保卫海防出发，决定在第一个五年计划期间，把原拟议中的鹰潭至闽北的铁路往南延伸，从闽北穿过闽中、

◆ 由陈嘉庚提议、中央拨款兴建的鹰厦铁路全长694公里，于1957年1月建成通车，结束了福建没有出省铁路的历史，促进了经济的发展

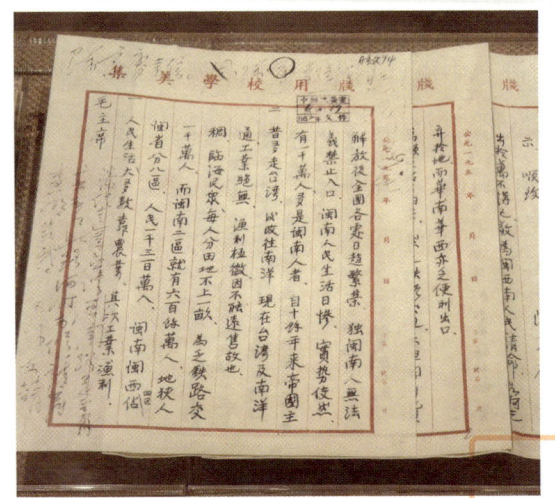
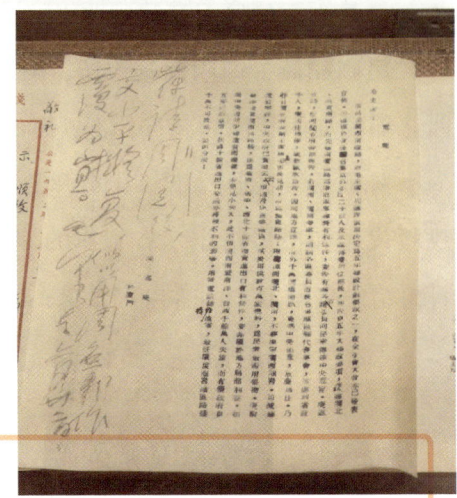

◆ 陈嘉庚吁请修筑福建铁路的信函

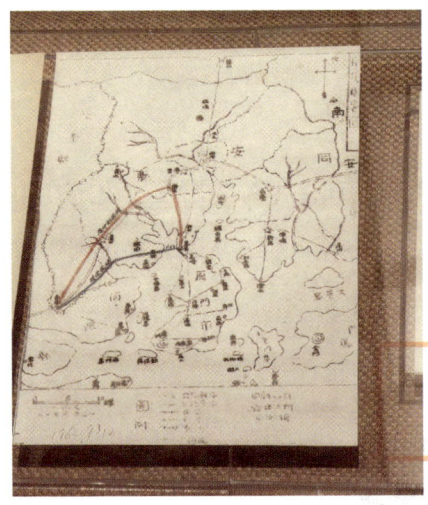

◆ 陈嘉庚建议鹰厦铁路改道的计划图

闽西和闽南，直修到祖国东南重镇厦门。

　　经过陈嘉庚不懈奔走呼号和积极争取，这条从福建通往祖国各地的鹰厦铁路，终于在 1955 年初开工修建，并在 1957 年如期通车到厦门，结束了福建没有铁路的历史。

　　修筑鹰厦铁路，陈嘉庚是积极争取；修筑厦门海堤，陈嘉庚更是参与设计。

　　他本事那么大？

是的。

　　厦门原是个四周皆海的岛屿。1950 年初，陈嘉庚参加开国大典后南游来到厦门，郑重地向厦门市委书记林一心、市长梁灵光建议修筑一条海堤，把厦门岛同福建大陆连接起来，并提出筑堤的总体方案：

　　　　地点：厦门岛北端的高崎到对岸的集美。
　　　　材料：就地开山取石，移山填海。
　　　　筑法：先抛毛石奠基，然后以条石砌堤。

　　"移山填海"，多大气魄！"移山填海"，多么豪迈！
　　"移山填海"，并非空想；就地取材，实实在在。
　　陈嘉庚在提出方案时还指出，筑建海堤的工程一上马，可以吸纳大批工人，解决因国民党封锁而造成的严重失业问题；海堤建成后，对保卫海防也具有重大意义。

　　这是一项宏大的工程。为慎重起见，当时常驻厦门的省领导，组织了一批学者和技术专家对陈嘉庚提出的方案进行了讨论。大家一致认为高集海峡是分别从金门、鼓浪屿涌来的两股海潮的接合线，涨潮时两股来自不同方向的大潮在这里缓缓地接合，退潮时则往原方向同时退去。这条接合线是厦门岛与周近陆地所有海峡中受潮水冲击影响最小的地方，距离又最短，是最理想的筑堤地点。而就地取材、移山填海，先抛毛石、后砌条石等，又都是最节省、最切实可行的做法。

　　你看，陈嘉庚这一总体设计是多么科学啊！

「公务员配给香烟，解放了还要坐轿子，陈嘉庚先生力主革除陋习。碑文文章、书法俱佳；落款几经修改，足显陈嘉庚爱国之热忱。」

1949 年 6 月，参加过新政协筹备会议后，陈嘉庚在庄明理、张殊明的陪伴下，来到沈阳，寓于招待所。

"陈嘉庚先生，请抽烟。"接待人员一见面就递上香烟。

"我不抽烟。"陈嘉庚答。

"庄先生，请抽烟。"接待人员递烟给庄明理。

"我也没抽。"庄明理答。

"张先生，请抽烟。"接待人员递烟给张殊明。

"我也没抽。"张殊明答。

"别客气嘛，抽呀，抽呀！"接待人员劝道。

"我们确实没抽烟，不是客气。"庄明理诚恳地辞谢。

"抽一根嘛，没关系。"接待人员硬把香烟塞到庄明理手中。

"我们确实都不会抽烟。"陈嘉庚沉下脸，严肃地说。

接待人员一愣，问道："你们华侨都不抽烟？"

"华侨也有抽烟的，但不像国内抽烟的人这么多。嘉庚先生和我们两个则都不抽烟。"庄明理答。

"哦，果真如此？"接待人员颇感惊讶。

陈嘉庚看他那神态，反问："你们公务人员都抽烟吗？"

"除女同志外，差不多都抽烟。"接待人员答。

"为什么都抽烟？"陈嘉庚也颇感惊讶。

"我们的烟是配给的，每人每月四两黄烟丝。"接待人员颇为自豪地说。

"啊，配给的？"陈嘉庚更感惊愕。

"我们实行供给制，"接待人员解释道，"衣服是公家发的，伙食是公家包的，除此以外，每月还配给一斤猪肉，四两黄烟丝。"

"这四两黄烟丝每人都有一份？"陈嘉庚惊奇地问。

"是。每人都有一份，不要钱的。"接待人员答。

"荒唐，荒唐！"陈嘉庚大摇其头，"岂有这样鼓励抽烟的？"

接着，陈嘉庚视察东北十大城市和内蒙古，走到哪里，哪里都以香烟待客，而且各处吸烟之风，较之抗战期间更盛。他回到北京参加全国政协首届代表大会时，便以华侨首席代表名义，提出一项《增加纸烟税率并停止公务人员配给案》，全文如下：

理由：纸烟一物，无益身体，有害健康。欧美诸国，严禁中等以下学校学生吸烟。牛津、剑桥大学，每逢运动竞赛期间，必提前十余日禁止运动员吸烟，其故可深思矣。本席今次回国所经各地，纸烟极度流行，政府公务人员且予配给。如论其害，实宜禁止，唯人民习惯，原难戒除，应采逐渐减吸，办法谨拟如下。

办法：（一）增加纸烟税率，寓禁于征，以使逐渐减吸或至戒除；（二）公务人员之配给应即停止，代之他物。

1950年八九月间，正当处暑季节，闽南一带，万里无云，烈日当空。

这一天，泉安汽车公司的一辆客车，载着三位身穿衬衫的乘客和二十来名解放军，从泉州开往南安。那三位乘客一位年近八旬，精神矍铄；一位年近半百，温文优雅；一位二十来岁，英气勃勃。

一路上，那位老人家沉默不语，他注视着车窗外，观赏着沿途景色。那位中年人和青年人则时而相视而笑，时而窃窃私语。而二十来位解放军则紧握枪杆，严肃认真。

路途平安无事，近午便到达南安洪濑。

洪濑汽车站早就挤满了人。李光前创办的南安芙蓉国光中学校长伍远资正在那里张罗，客车一停稳，他立即上前，拉开车门。车上那位老乘客拄着手杖，首先跨下车来。

伍远资连忙鞠了个躬："嘉庚先生，一路辛苦了！"

原来那老年乘客就是刚参加过全国政协首届二次会议，从北京回乡的陈嘉庚。

"不辛苦，不辛苦。"陈嘉庚应道。

接着，中年乘客、青年乘客和解放军同志也下车了。伍远资称那位中年乘客"陈村牧先生"，称那位青年乘客"陈永定先生"，并一一和他们握手，然后招呼道："请喝茶，请喝茶。"

"时间不早喽，快走吧！"陈嘉庚对忙于张罗的伍远资说。

"好，好！"伍远资边应着，边朝路旁树荫下一招手，喊道，"过来。"

话音刚落，二十几个轿夫抬着十几顶轿子快步来到客人们跟前。

"请上轿吧，嘉庚先生！"伍远资躬身说道。

陈嘉庚脸色顿时沉下来："都解放了，还要人抬人？"

"哎……哎……"伍远资赶忙解释，"从这里到芙蓉乡还有十几里路，天气这么热，路又不好走，不坐轿子怎么行？"

"你不行，我行。"陈嘉庚说着，挥起手杖，便朝前走去。

伍远资急得满头大汗。他想拦，又不敢拦，想劝，知道无用，只好抢上一步，在前头带路。陈村牧、陈永定和解放军同志随着紧紧跟上。

近午时分，天气燥热，走着走着，陈嘉庚的绸布衬衫已被汗水浸湿了，但他依然挥着手杖，健步向前。

走了一个多小时，芙蓉乡终于到了。陈嘉庚洗过脸，吃过饭，午觉也不睡，便到乡间巡视，并按大女婿李光前付托的六百万元港币额度，划定了扩建国光中学的范围，交代好各幢新楼的样式和大小，直忙到太阳下山，才回来就餐。

晚饭后，担任警卫的解放军同志洗过澡，来到国光中学宿舍休息，不禁闲聊起来。有的说："陈老先生这劲头，上前线打仗都行。"有的说："陈老先生这劲头，土匪见了，恐怕都吓得跑光了，还用得着我们警卫？"

南薰楼动工之后，陈嘉庚又想出一个新主意，决定在南薰楼前滨海处建一个全省最大的海水游泳池，长一百米。

某同志听到这消息，忙劝他说："嘉庚先生，标准游泳池是五十米，要建还是建五十米池为好。"

"什么标准游泳池只能五十米？笑话！一百米就不行？"他反问道。

"游泳与田径不一样，有些比赛项目是以五十米计算的，而且水球比赛也要在五十米池里合适。"这位同志答说。

"那我就建一个一百米长、五十米宽的游泳池，一百米以上的比赛项目直着游，五十米的比赛项目就横着游，这不就行了。"陈嘉庚说道。

"打水球呢？"这位同志问。

"就在深水区那一边横着打。"陈嘉庚答，"我还要按水球场的标准，在深水区竖一套水球门的柱子。"

那位同志没话说了。

过几天，陈嘉庚亲自带了几个工人，前来南楼前面的海滩上。他穿着雨靴，拄着手杖，对准方位后，便把手杖往滩涂上一插，从手杖位迈起脚步，顺着岸边，一步步走到延平楼西侧下端，叫个工人在他最后一步的脚印上钉下一根木桩，说："一百米。"

"一百米。"那工人一边应着，一边把木桩钉下去。

接着，陈嘉庚从木桩位起步，朝向海面一步步走下去，当他停住脚步时，又叫工人在他最后一步的脚印上钉下一根木桩，说："五十米。"

"五十米。"那工人边应边把木桩钉下去。

这根木桩钉牢后，陈嘉庚又用脚步量好另一边的一百米，叫工人钉下第三个

陈嘉庚的故事
CHEN JIAGENG DE GUSHI

木桩；然后从第三个木桩位用脚步量到手杖位，正好又是五十米，一点不差。

陈嘉庚舒了一口气，他拔起手杖，叫工人在手杖位钉下最后一根木桩，随即下令："就照这样给我砌个全省最大的标准游泳池。"

"是。"工人们齐声应道。

全省最大的游泳池砌成并注入海水之后，正遇集美学村要举行游泳比赛。各校体育教师兴高采烈地来到新落成的游泳池，安排比赛项目。他们打着皮尺一量，糟了！游泳池长一百零六米，宽五十四米，这怎么能作比赛场地呢？他们把修建工人找来质问，工人们感到很诧异，因为陈嘉庚脚步量的尺寸，一向十分准确，怎么这回一头多了六米、一头多了四米呢？

大家正百思不解，领班组长忽然想起："哎，那天嘉庚先生用脚步量长度时，手里好像没拿'洞葛'……"

"是啊，他把'洞葛'插在滩涂上当第一根木桩。"大家都想起来了。

"这就对啰！"领班组长说，"嘉庚先生自量长度之所以准确，是脚步配'洞葛'。这游泳池单用脚步，没配'洞葛'，所以不准呀。"

"哦，原来如此！"大家恍然大悟。

1952 年 5 月，陈嘉庚开始为集美解放纪念碑撰写碑文。

这写碑文与写通告、写文章可不一样。一来是石碑面积有限，碑文必须简练；二来这碑文一刻上高碑，就是千秋万代，供后世观赏。因此，他一提起笔便细加斟酌，反复推敲，写了又改，改了又写；加上正值校舍建设大忙时节，所以直到9 月间才定下稿来。

碑文定稿后，还需要写一行题书日期。这下可把陈嘉庚给难住了。

他小时候读的是旧学，熟谙各朝各代的年号。唐太宗年号贞观，宋太祖年号建隆，元成宗年号大德，明太祖年号洪武；到他出生的那一年，已是清穆宗的同治，他成亲的那一年，则是清德宗的光绪。辛亥革命后，年号改为中华民国。创办集美是民国二年，创办厦大是民国十年，抗战胜利则是民国三十四年。现在革命胜利，成立了中华人民共和国，首届政协会上决定改用世界通用的公历，那么，这年号怎么写呢？

陈嘉庚思来想去，反复考虑，最后提起笔来，写下了碑文、题书日期及自己的名字：

大中华人民共和国一九五二年九月十二日　　陈嘉庚　题

写完之后，陈嘉庚认真再顺过两遍。

"好，好！"他十分得意。看，既写明公历日期，又冠上当今年号，前头还加上个"大"字，这可说是最充分地体现了本人的心愿。

陈嘉庚在得意之余，马上研墨展纸。

这碑文不仅要亲自拟写，刻上石碑的字还要亲自书写才行啊！

他正了正身，调了调气，运出童年在学塾里习书颜真卿字帖的全副本领，握管挥翰，一字一字恭写起来；凡写过的字自己感到不满意的，就立即重写一遍，直到这碑文连同落款的二百八十五个字字字满意才停下笔。

这篇传世碑文很快就传出去了。

人们对那主文的简练、书写的工整咸表赞赏。但是对那落款的日期却议论纷纷。有人认为一九五二年的年号，只能标明是"公历"；有人感到那整条落款文句不太通顺；几位厦门党政领导则因"中华人民共和国"之前加上个"大"字而深感不安。他们知道，陈嘉庚这篇碑文是要镌刻在纪念碑的背面；而碑的正面，则是毛主席亲笔题写的"集美解放纪念碑"七个大字。这么重大的一件事，如果在落款"中华人民共和国"和日期之前加上个"大"字，恐怕会引起国际友人的误会。于是经过慎重研究之后，便由厦门市委一位领导同志出面，到集美拜访陈嘉庚。

"嘉庚先生，最近纪念碑的建造进展快吗？"市委领导同志关切地问。

"尚好，尚好。"陈嘉庚高兴地应道。

"还有什么需要市里帮助的吗？"

"没有，没有。"

"听说嘉庚先生已经亲笔写好了碑文，很快就要付刻了。"

"是啊，是啊，"陈嘉庚一边应着，一边打开大卷宗，把粘贴好的手书碑文摊在桌上，"请看。"

这位市委领导仔细阅读，碑文虽无标点，但断句清楚，内容丰富，观点明确，

陈嘉庚的故事
CHEN JIAGENG DE GUSHI

行文简朴；而书写虽比不上董必武、沈钧儒、邵力子、马叙伦等名家，但骨格刚毅，笔画饱满，不愧是一幅好字。

"好，写得好！"市委领导由衷赞道。

"多年没练字了，惭愧，惭愧。"陈嘉庚显然很高兴。

"功底深厚，何须再练。"市委领导同志笑道。

"这毛笔字不练就退步。就说落款这一行顶上这个'大'字，虽然笔画只有三画，不练还就写不好呢。这回我一共写了四个'大'字，才挑了这一个。"陈嘉庚认真地说。

"大……"市委领导同志接过他的话头，问道，"嘉庚先生，你在'中华人民共和国'上头还要加个'大'字？"

"是啊，"陈嘉庚答，"我中华民族历史悠久，国土广袤，人口庶众，物产丰富，如今革命又取得了如此伟大之胜利，新建立的人民共和国，当然是'大'中华人民共和国。"

"我们祖国确实伟大。不过，党中央和毛主席一再告诫我们要谦虚谨慎，因此，对内对外都只提中华人民共和国。嘉庚先生另在上头加个'大'字，是否妥当？"市委领导同志诚恳地说。

"这又有什么关系。全国没提的，我就不能提吗？"陈嘉庚反问。

"不是这个意思。"市委领导同志忙解释道，"问题是加上个'大'字，自称'大中华人民共和国'，好不好？"

"我看就好。"陈嘉庚立即给顶了回去，"自称大中华人民共和国，可以大长我们中国人的志气。"

"长志气主要靠我们的实际工作。"市委领导同志含蓄地劝道。

陈嘉庚一听，不禁有点恼火，他激动地说："长志气要靠实际工作，这我难道不懂吗？但自称大中华人民共和国，又有什么不好呢？小小的日本自称大日本帝国，在英伦三岛上的英国自称大不列颠帝国，我们为什么不能自称大中华人民共和国？"

市委领导同志被这一席饱含炽热爱国之情的话打动了，但朴素的爱国热情跟严肃的政治用语是不能混同的，他抑住内心的激动，继续劝道："嘉庚先生如此热爱新中国，令人感动敬佩。但自称大日本、大不列颠的时代已经过去了，要求大小民族、大小国家平等的浪潮已席卷全球。我们新中国刚刚才开始建设，即使我们今后强大起来，在国际生活中也还是会继续贯彻民族平等的原则。嘉庚先生在碑文落款上自称'大'中华人民共和国，会不会使人产生误解？"

这一席话，倒使陈嘉庚默然不语，认真思考了。

这位市委领导知道老人家的脾气，也不敢再说什么，房间里顿时陷入一片沉寂。

过了好一会儿，陈嘉庚先叹了口气，然后嘟嘟囔囔地说："好吧……好吧……这'大'字就不加了。"

市委领导同志一听，十分高兴，当即再问道："还有年号呢？"

"什么年号？"陈嘉庚反问。

"这一九五二年是属于公历的年序，是不是标'公历'或'公元'比较确切。"市委领导同志恳挚地建议。

"那'中华人民共和国'呢？"陈嘉庚瞪起了眼睛。

"'中华人民共和国'这七个字就改为'公元'二字，落款日期就写'公元一九五二年九月十二日'。"市委领导同志答。

"岂有此理！"陈嘉庚发火了，"连'中华人民共和国'都不要？嗨呃！"

"我不是这个意思……"市委领导同志忙解释道。

"不行。"陈嘉庚斩钉截铁地说，"不管怎样，'中华人民共和国'七个字一定要保留。"

这场谈话就这样结束了。

如今，誉满中外的鳌园名胜，其主建筑物集美解放纪念碑上所镌刻的碑文，落款日期就成了：

"中华人民共和国一九五二年九月十二日"。

「对不符合国家和人民利益的一些做法，陈嘉庚决不随波逐流。面对学习苏联的热潮，陈嘉庚头脑冷静，严肃批评其中部分不符国情的调整方案。」

第四十六章 铮铮直言，为国为民

　　新中国成立后，陈嘉庚先后担任中央人民政府委员、全国政协常委、华东行政委员会副主席和全国人大常委；1954 年后又当选为全国政协副主席和全国侨联主席。党和政府按照他的职位，在北京安排一座四合院的房屋供他长期使用；并在实行工资制后评定他为行政三级（毛泽东主席为一级、一般省主席为五级），每月基本工资四百四十元，加上地区津贴共五百四十元。当年有这么多的收入，尽可以享受一番。

　　陈嘉庚却极端节俭，他限定自己的伙食费为每月十五元，交代炊事员严格掌握不得超过；将每月节省下来的五百余元，全数投入集美学村的建设。在集美，他先住在航校的小楼，后迁到早年的旧居；穿的是旧衣服，用的是旧家具；粗茶淡饭，无烟无酒；一袭旧蚊帐破了再破，补了再补；一件棉背心已多处绽露出棉絮还舍不得丢掉；身边没有亲眷，过着苦行僧式的生活。

◆ 陈嘉庚一直关注祖国的领土完整，多次呼吁台湾回归。图为 1956 年 7 月陈嘉庚在北京台籍归侨座谈会上号召华侨为统一祖国的伟大事业积极努力

　　他之所以这样做，是希望在自己有生之年，能为祖国的富强和人民的幸福多发挥点作用。

　　因此，对新中国成立后他认为不符合国家和人民利益的一些做法，陈嘉庚都大胆积极地提出意见，从不人云亦云、随波逐流。

　　1951 年到 1954 年，在学习苏联的热潮中，全国所有大、专院校，按照苏联高等教育"专业化"的模式，进行一场史无前例的大规模"院系调整"。

　　陈嘉庚创办的厦门大学和集美各校首当其冲。

　　1951 年，拥有雄厚师资实力的厦大工学院航空系首先被调整出校。接着，闻名海内外的中国第一个海洋学系——厦门大学海洋系被调出厦大。1953 年，由集美航校和厦大航海专修科合并组成的福建航海专科学校被调出集美；厦大工学院土木、电机、机械三个系及土木专修科则被撤销；法学院的法律系和商学院的企业管理系也随之被取消。1954 年，水平领先全国的厦大教育学系，以及会计学系、统计学系、财政金融学系、国际贸易学系，都不容许留在厦大；而集美财经学校和集美师范学校则不容许留在集美。

　　以上厦大十二学系、集美三所专科学校被撤销后，统统被归并到其他专业院

◆ 为新中国的政权建设投下神圣
而庄严的一票

校。在被撤销归并过程中，除全体教师、学生被迁出外，各系、各校的全部仪器、设备及图书，也悉数装箱运走。原拥有文、理、工、法、商五大学院，二十个学系的厦门大学，被"调整"得只剩下中文、外文、历史、数学、物理、化学、生物、经济八个系；学院这一级建制全被撤销。

厦门大学和集美各专科学校自创办以来，经三十余年的努力，已经形成科学、独特的办学体系；培养出来的毕业生遍及世界各地，在海内外都享有盛誉。如今却被"调整"成这般模样。陈嘉庚认为这不符合国家和人民的利益，因此表示反对。

中央有关部门对陈嘉庚的不同意见，用"集中人才""避免浪费"等理由加以解释。

陈嘉庚对这些解释持保留态度。1955 年 8 月他到东北视察时，特地到并纳福建航专的大连海运学院考查，结果发现"其校舍构造简陋，每平方米造价估计尚不值四十元，据称竟达二百元之巨。且重要部分如科学馆、图书馆、体育馆、礼堂等，均无一有。就经费言，以每月经费摊算于学生人数，每生每月占二百一十元，亦为闻所未闻"。[1]

福建航专在 1953 年被归并前，"有学生一百八十余名，教职员六十人，每月

---

[1] 引自陈嘉庚1956年1月9日《致上海市人民政府及有关部门函》（文稿藏于集美校委会）。

经费仅需万元左右，平均每生每月不过六十元。且有实习船一艘，月费千元左右。而该学院乃无一船的设备。"当时，高教部、交通部严令福建航专归并到大连海运学院，理由是："一、节省分设数校的浪费；二、集中教学可以精简人才，收充分的效率。"①

陈嘉庚经前后对比，"以今日所得结果，较之未合并以前，乃适得其反"。于是，9月初他返回北京时，立即写信给全国人大常委会，要求查究。

12月，陈嘉庚接到人大常委会复信，夹转交通部函件。交通部函件承认对该学院失察，但又辩称经费开支过大是由于三校合并时多余人员全包下来，现有教职员达四百五十人之多，冗员占去一半以上。

事实并非如此。

大连海运学院是由上海航院和福建航专迁往大连，与东北海运学院合并组成的。福建航专在被归并前，已将多余人员自行安置。陈嘉庚8月间视察该学院时，院领导也明确地报告教职员为二百人。现在交通部的复函却将责任推给被合并的院校。这不能不使人感到愤慨。

于是陈嘉庚在1956年1月9日致函上海市人民政府及有关部门，详述视察大连海运学院经过，查询上海航务学院被归并前的情况。信中严肃指出：

> 现在全国航海专业，只此一校，应该一切措施适合精简节约的标准化。不意其浪费情形严重至此，则其成绩亦属有限，用特函述经过情形如此，请查明见复，以便核实，予以批判，俾能革除种种弊端。②

这是陈嘉庚为了新中国教育事业的健康发展，首次严肃提出的批评意见。

---

①② 引自陈嘉庚1956年1月9日《致上海市人民政府及有关部门函》（文稿藏于集美校委会）。

「新加坡是他历经磨难、努力奋斗、开拓拼搏、创造辉煌的第二故乡。赢得自治的新加坡举行大选，李光耀获胜。陈嘉庚欣喜地在电文中称不相识的李光耀为"同志"。」

陈嘉庚自 1890 年出洋到新加坡，直至 1950 年才重返祖国定居，其间曾因探亲、办学和慰劳视察短暂回国几次，在新加坡住了将近六十个年头。

在新加坡，他经过几番磨难，创立了庞大的企业王国。

在新加坡，他通过不懈努力，兴办了不朽的教育事业。

在新加坡，他领导全南洋一千万华侨，投身于反法西斯的历史洪流。

在新加坡，他顶住狂涛恶浪，为新中国的诞生坚持奋斗。

他在新加坡度过了一生中最辉煌的岁月！

他的夫人、子侄、儿媳、女婿，以及内孙、外孙、曾孙共约百人，几乎都在新加坡。

他有生以来最亲密的亲戚、朋友和部属，也绝大部分在新加坡和马来亚……

虽然回到祖国和家乡定居，但陈嘉庚一直怀念着第二故乡；而新加坡民众也时常思念着这位好领袖，数次风传陈嘉庚即将南返。

1955 年八九月间，陈嘉庚将回新加坡的消息再次盛传，9 月 27 日、29 日，新加坡《创造报》连续刊登一篇特讯，正标题是"陈嘉庚先生将南返"。27 日的副标题是"登岸问题传已获当局正式批准，此来可能为中马贸易铺平大道"。29 日的副标题是"南大开学与嘉庚南返正成巧合，一般人预测此来可能为了南大"。

文中有一段写道：

陈先生是在新加坡起家的，向视新加坡为第二故乡，难道他远在秋风正起的祖国，真的遗忘了新加坡吗？于是有人相信，如果陈嘉庚南返成为事实，他最重要的动机，还是因为可能留恋着新加坡的亲友和新加坡的风光；也许要回来追忆青年时代的奋斗痕迹；可能重温一下壮年时代的一页光荣的成功史。每一个人到了晚年时都会有这种想法的，他又怎能例外。

正当外传陈嘉庚先生有意返声中，南洋大学开学已定为明春；文、理、商三学院，图书馆、教职员及学生宿舍等工程，全部将于年底竣工。同时，南大当局已聘得三院院长及各系主任，而且收捐工作也将加紧进行。神经过敏的人有时会把南大的事，联想到陈嘉庚的身上去，以为陈嘉庚依然有左右南大的力量。

这种看法，其实也不能说完全没有道理，因为有两个重要因素是不容忽略的：第一个因素是南大主席陈六使和今日星马一帮胶业巨子，过去都是陈嘉庚的亲信和旧部属，虽然两者之间已由重洋分离，但是他们对陈嘉庚先生的言论，自始至终都是一样尊敬与听从的，绝没有因时间的伸展而动摇了过去的信心。第二个因素是陈先生本人在马来亚创业之后，曾先后回国达五次之多，而且都是以办教育为大前提，结果集美学校和厦门大学等，都是他一手创设的。海外华侨实业界起家，而热心为祖国兴学而立德、立功者，确实唯有首推陈嘉庚先生了。

关于陈嘉庚先生南返的问题，一般人都感到非常有兴趣。陈氏在新加坡侨居已达六十年之久，目前虽然身在祖国，但是在南洋华侨社会里仍然具有极高的声望。

如果陈嘉庚返星成为事实，出现在人们的眼前，便不难想象到飞机场上，必然人山人海，各界侨胞都争着去欢迎他。

文中提到的南洋大学董事会主席陈六使，是陈嘉庚最亲密的同乡族亲。

1897 年，陈六使诞生于家乡集美，同胞兄弟七人，陈六使排行第六，家庭十分贫苦。少年时代，陈六使和七弟曾免费就读于集美小学；十九岁时南来新加坡，在陈嘉庚的橡胶厂里当粗工，割树采胶、运送胶乳、熏烤生胶、压轧胶片，最多只是在胶片过磅时记记数码。但他秉性异常聪敏，进取心极强，很快得到陈嘉庚的赏识，被上调到公司办理业务，数年之间便掌握了经营橡胶生意的基本经验。

1924 年，雄心勃勃的陈六使和三兄陈文确联合创办了益和树胶公司，自任总经理，由于苦心经营，讲求信誉，数年内便成为新马橡胶业后起之秀，并安然渡过世界性的经济危机。到抗日战争爆发时，"益和"已经是驰名欧美的橡胶业权威之一，胶园、胶厂遍布马来亚、印尼、泰国等地。陈六使也被选为新加坡橡胶

◆ 陈嘉庚和陈六使（左一）合影

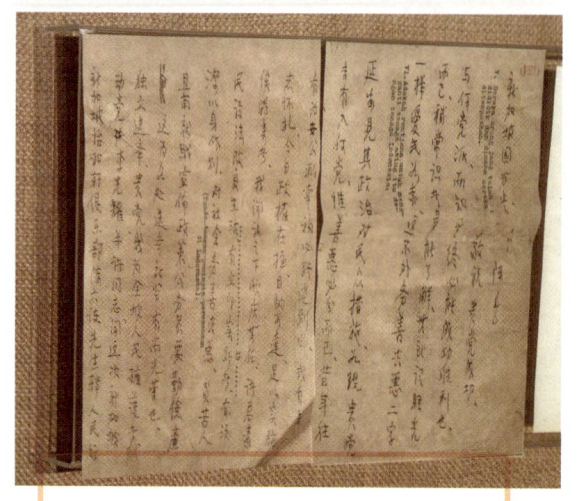

◆ 陈嘉庚祝贺新加坡人民行动党大选获胜电文手稿

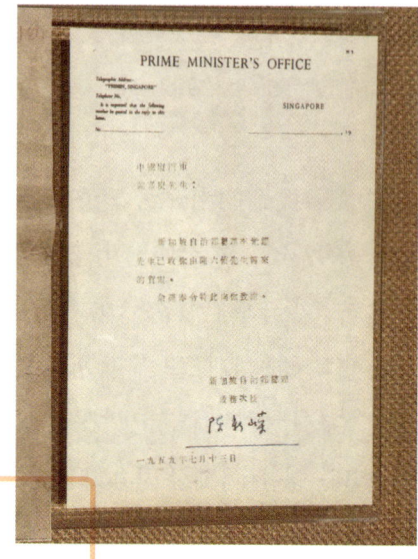

◆ 李光耀嘱令政务次长给陈嘉庚的复函

同业公会的副主席。

虽然发了家，但陈六使对族兄陈嘉庚一直怀着无比深厚的感恩和敬仰之情。陈嘉庚不论是企业遇到困难、办学需要经费，或是领导抗日救亡运动，他都不遗余力地给予支持。日军南侵，狮城危急，他遵照陈嘉庚的嘱咐，汇出七百万元到福建，这笔款项后来成为创办集友银行的基本金。新中国成立后，他又捐献巨款，供陈嘉庚兴建集美新校舍之用，以报答家乡对他的养育之恩。

20 世纪 50 年代，陈六使的事业如日中天，财源广进，富甲一方。他生性慷慨，仗义疏财，不少遇到困难的亲戚朋友、同宗同乡或工商界友人，都曾受过他的恩惠。

为了培养更多的人才，1953 年 1 月，陈六使秉承陈嘉庚的"兴学"伟志，倡议在新加坡创办一所华文大学，起名"南洋大学"，自己首先认捐五百万元。这一倡议得到新、马华人社会的热烈支持。

在布满荆棘的创校道路上，以陈六使为首的南洋大学筹备组意志坚定，不屈

陈嘉庚的故事 CHEN JIAGENG DE GUSHI

不挠，克服了许多难以想象的困难，终于获准注册，并组成董事会和教学机构。

如今，南洋大学即将开学，人们在赞扬陈六使的同时，不由得感念起陈嘉庚，总盼望他能在这个时候前来新加坡，有的人甚至希望他能前来为南洋大学开学典礼剪彩。

但盛传的消息没有成为事实，热切的盼望也没有实现。

陈嘉庚并没有南返。

关山阻隔，天各一方。陈嘉庚虽然没能返回新加坡同亲友与民众互叙衷情，但他的心和新加坡人民仍息息相通。

1955年4月，新加坡举行第一次大选，选民人数由1948年的二万五千人增加到三十万人，标志着当地民族解放运动的新胜利。大选中，劳工阵线获得多数议席，该阵线领袖马绍尔出任首席部长。

高度关注第二故乡的陈嘉庚，对新加坡人民争取公民权所取得的胜利感到欢欣鼓舞。1956年10月，他在北京接见新加坡工商贸易考察团时，亲切地对他们说：

> 过去在殖民政府统治下的新加坡人民，除了英籍民外，其余的都被当作外国人看待，即使已在新加坡居住数十年，也享受不到丝毫的公民权利。虽然如此，但他们仍然热心公益慈善福利事业，对当地社会尽其应尽的责任。现在你们新加坡即将自治独立，你们既已把新加坡作为永久居留的家乡，就要争取成为新加坡的公民，效忠新加坡，并要比过去在殖民主义统治下的我们一辈，更加努力为你们的新国家效力。

到了1959年5月30日，经过人民的不懈斗争，获得自治后的新加坡举行了更大规模的大选。获得选举权的选民增加到五十九万六千余人。选举结果，以李光耀为首的人民行动党赢得了压倒性的胜利，在立法议院五十一个总议席中获得四十三席。

陈嘉庚得到消息后欣喜难名。他对李光耀并不熟悉，只是在大选前读过人民行动党的《竞选纲领》，并了解过该党的一些情况，对他们的主张十分赞同。因此在得知该党大选获胜的消息时，立即于7月9日拍发一封贺电给李光耀。

新加坡怡和轩俱乐部陈六使先生转人民行动党李光耀并诸同志：

闻这次新加坡独立选举，贵党几为全坡人民拥护者，这为各处选举所罕有而光荣也。且甫就职宣布政策，公务员要勤俭廉洁，以身作则，对社会务善去恶，贫苦人民设法改良生活，有立即实行者，有须俟将来者，我闻讯之下欣庆无任。诸君素志怀抱，今日政权在握，目的可达，足以实施有为，公私幸福必能达到也。我自来未有入何党，唯善恶必分而已。昔年往延安见其政治及对民众措施，如现贵党一样爱民如子。这不外务善去恶二字而已，稍有常识者多能了解，无所谓眼光与何党派，而知其终必能成功胜利也。

敬祝贵党成功！

新加坡国万岁！

陈嘉庚

李光耀接到贺电，嘱令自治邦总理政务次长给陈嘉庚复上一信。

中国厦门市　陈嘉庚先生：

新加坡自治邦总理李光耀先生已收到你由陈六使先生转来的贺电。

余谨奉令特此向你致谢。

新加坡自治邦总理
政务次长
陈新嵘（华文签字）
一九五九年七月十三日

李光耀和人民行动党执政后，领导新加坡人民，战胜了一连串的艰难和风险，在七百平方公里的国土上，营造出一个经济发展、文明进步、祥和安康的社会，使小小的新加坡共和国，成为国际大家庭中的重要一员。

陈嘉庚对第二故乡的关切和期望，如今都已经实现。

「1961 年 8 月 12 日零时 15 分，陈嘉庚逝世。陈嘉庚的崇高品德、伟大精神在全球华人世界形成巨大的凝聚力和向心力……」

第四十八章

一代伟人，万世流芳

陈嘉庚 1958 年 1 月在北京已被检查出患有鳞状上皮癌，肿块长在右眼眉上和眼眶上壁，经医院精心治疗，病情时而好转，时而复发。到 1960 年 2 月，因并发脑血管痉挛，头痛加剧，并伴有点状眼出血。中央卫生部约请有关各科专家进行会诊，发现癌细胞已转移扩散，专家们采取了得力的治疗措施，将病情控制住。

1961 年 3 月，陈嘉庚又多次发生脑血管痉挛。在中央领导亲自关怀下，卫生部组织了专门医疗小组，经过多方努力，病情渐有好转。可是到了 6 月 23 日，陈嘉庚突然发生严重脑出血，病情急剧恶化，虽经抢救脱险，终因全身机能已趋衰竭，于 8 月 12 日零时十五分在北京医院逝世。

1961 年 8 月 12 日早晨，北京中央人民广播电台在哀乐声中，播发了陈嘉庚逝世的讣告。

迅捷的电波把这份讣告传遍五洲四海……

从新疆、内蒙古到广东、福建；从香港、澳门到台湾；从欧洲、澳洲到南美、北美；从新加坡、马来亚到印尼、越南……中国人民和世界各地的华人、华侨、进步人士，同声哀悼！

8月15日上午，中国首都各界举行新中国诞生以来最隆重的公祭。公祭结束后，覆盖着一面中华人民共和国国旗的灵柩缓缓送上汽车，运到北京火车站，抬上开往厦门的专列灵车……

紧接着，陈嘉庚的第二故乡新加坡各界数百个社团，联合举行万众追悼陈嘉庚大会。大会主席台正中，矗立着陈嘉庚的巨幅坐像，高达两丈，宽达一丈五。巨幅坐像上首的巨幅横匾题写着四个四尺见方的大字"万世流芳"，两旁则悬挂着一副悼联：

前半生兴学，后半生纾难；
是一代正气，亦一代完人。

◆ 陈嘉庚在上海治病时眺望黄浦江景色

◆ 新加坡著名华人企业家、族亲陈文确专程回家乡探望陈嘉庚

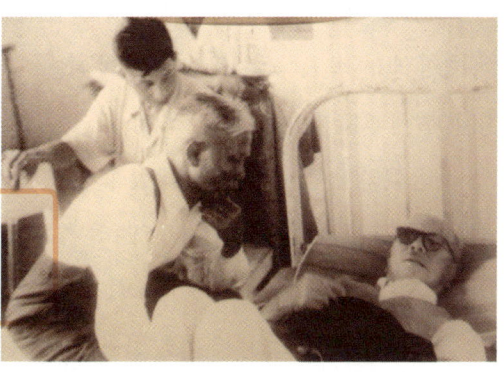

◆ 世界各地华侨华人及友好人士
集会悼念陈嘉庚

◆ 厦门鳌园陈嘉庚之墓

大会在深切悼念这位对南洋华侨社会作出巨大贡献的一代伟人之后，宣布设立新加坡陈嘉庚奖学金。

与此同时，吉隆坡、马六甲、槟榔屿、雅加达、万隆、玛琅、曼谷、仰光、河内等地的华人华侨，以及中国国内二十几个城市的归侨、侨眷、各界代表，也相继举行了隆重的追悼活动。

运载陈嘉庚灵柩的专列火车在 8 月 15 日离开北京后，一路接受沿线的天津、山东、江苏、上海、浙江、江西等省、市党政领导和归国华侨及群众代表的祭奠，历经一百二十三个小时，于 8 月 20 日下午抵达厦门集美。

陈嘉庚的灵柩由长达数里的送殡队伍护送到鳌园，安葬在集美解放纪念碑前的礁石之中。

陈嘉庚是东西方文明碰撞融合的结晶，是一位富有独特光辉和传奇色彩的人物。

这位跨世纪的人物一生中从事的活动，涉及政治、经济、教育、科学、文化、卫生、建筑、医药等诸多领域。

由于吸取中华传统道德的精髓，他一身正气。

由于勤奋学习中西文化和科学，他学识渊博。

由于受到家国深重苦难的激发，他满怀爱心。

由于自小持之以恒的身体锻炼，他体魄强健。

纵观陈嘉庚的一生，他所从事的各项事业，其成就和贡献都是惊人的。

在经济领域，他经营过商业、工业、种植业、航运业、外贸业、地产业、金融业。全盛时期他的工厂达三十余所，商行、商店一百余家，树胶园、黄梨园一万余英亩，地皮房产一百余万平方英尺，职员工人达数万名。他的工厂包括生胶、熟米、黄梨、冰糖、制药、皮革、糕饼、糖果、硕莪、火锅、砖瓦、牙膏、洗发水、化妆品、罐头食品和熟胶品制造等十数类。其中熟胶品制造厂的产品包括汽车、单车和人力车的各式轮胎，以及靴、鞋、球、帽、雨衣、水管、玩具、医疗器具和各种日用品。陈嘉庚公司生产的数百种"钟标"产品，行销南洋、中国和世界各地，成为当年的名牌货，深受人们喜爱。在20世纪20年代的南洋和中国，没有企业家可与之相比。

在教育方面，他创办了集美小学、幼稚园、女子小学、中学、师范、水产、航海、商科、农林等校；创办了厦门大学；倡办了新加坡南洋华侨中学和道南、崇福、爱同、南侨师范、水产航海诸校。他不但创设了包括学前教育、初级教育、中等教育、高等教育在内的完整的教学系列，而且这些学校涵盖了普通教育、师范教育、专业教育和社会成人教育几个大类。其规模之大，水准之高，在中国教育史上和海外华文教育史上都是空前的。

在政治方面，他在辛亥革命前加入中国同盟会，在辛亥革命后领导新加坡福建保安会和山东惨祸筹赈会。抗日战争一爆发，他当选为南侨总会主席，成为全南洋各属一千万华侨的总领袖；抗战胜利后又领导南洋华侨，为维护侨胞权益、为人民解放事业进行了艰苦的斗争。中华人民共和国成立前后，他作为海外华侨首席代表，参加了筹建新中国的各项准备工作，出任中央人民政府委员、华东行政委员会副主席、全国人大常委、全国政协副主席、全国侨联主席。这在世界华侨中，可谓独一无二。

在文化方面，他创办的《南洋商报》和《南侨日报》，对促进华侨社会的进步都起过巨大的作用。他创建的厦门华侨博物院和包括集美解放纪念碑在内的鳌园，都是具有深远影响的文化设施；特别是集美解放纪念碑，已经成为一座历史性的丰碑。

在公益事业方面，陈嘉庚不但自己慷慨解囊，而且亲自领导了六次大规模的公益募捐活动：第一次是1917年的天津水灾筹赈会；第二次是1918年的广东水灾筹赈会；第三次是1924年周济闽、粤二省灾民；第四次是1925年筹助新加坡婴儿保育会；第五次是1928年的山东惨祸筹赈会；第六次是1934年赈济河水山大火灾灾民。他的慈善捐款，虽然无法与他的教育捐款相比，但总数也达一百万元叻币，这在当年也是一笔巨款啊！

在个人著述方面，他正式汇编出版有《南侨回忆录》《陈嘉庚言论集》《新中国观感集》等三部著作；还有大量的文章、书信、演说词和亲拟的通告、章程、启事等，总共一百余万字。这些著述记述了自身的奋斗经历和南洋华侨的抗日、爱国运动，其中有不少至理名言，现已成为南洋华侨史的重要历史文献和人们宝贵的精神财富。

在中国近、现代史和世界华侨史上，涌现出数十名伟大的人物，但他们大多是在一个或两个领域里作出自己的贡献。

像陈嘉庚这样在诸多领域里都有如此突出的成就和巨大的贡献，请问能找出几个？

如今，当人们走进环境优美、景色瑰丽的集美学村、厦大校园和新加坡华侨中学，看到那中西合璧、风格独特的雄伟建筑物，见到那数以万计朝气蓬勃的莘莘学子，都禁不住发出由衷的赞叹。

那里就是陈嘉庚事迹的"陈列馆"，就是陈嘉庚留给世人的遗产！

◆ 作为儿孙满堂、资财万贯的一家之主，陈嘉庚对于子女和财产问题有着独特的见解。早在 1918 年陈嘉庚即决定不将财产遗给儿孙，体现了他非凡的人生观和爱子观。图为陈嘉庚和家人在一起

陈嘉庚最奇特之处，还不是他在诸多领域都有巨大的成就和贡献，而是他的精神力量。这精神力量表现在三个方面，即英明预见、道德勇气和献身精神。

关于他的道德勇气和献身精神，前面的故事已经讲述过，这里着重就"英明预见"方面，作如下补充：

陈嘉庚在企业经营上的英明预见，表现在他具有敏锐的眼光。

他在 1906 年就看出橡胶业的发展前景，指出"20 世纪是橡胶的世纪"，集中力量投入巨资加以开拓，因之成为"星马橡胶业之父"。他在自己的橡胶企业中，培养出李光前、陈六使、陈文确、刘玉水等数十名优秀人才，使近百年来的星马橡胶业一直牢牢掌握在华人企业家手中。

对橡胶以外的其他行业，他也都是预见先机。一战前开设黄梨、熟米、制药、制革等厂，一战中经营航运业，都是这样。新加坡黄奕欢先生说得好："嘉庚先生所经营的这许多事业，不是为人于初为少为之时，便是为人于不敢为或未曾为

---

① 引自黄奕欢《我所知道的陈嘉庚先生的生平》（载于 1961 年 9 月印行的《新加坡各界追悼陈嘉庚先生大会专刊》第 4-7 页）。

◆ 陈嘉庚基金为新加坡华人慈善教育组织。1982年正式注册成立。前身是新加坡中华总商会发起成立的"陈嘉庚奖学金基金"。基金的两项常务活动是颁发"陈嘉庚高级学位奖学金"及"陈嘉庚青少年发明奖"

◆ 1987年"陈嘉庚青少年发明奖"颁奖典礼

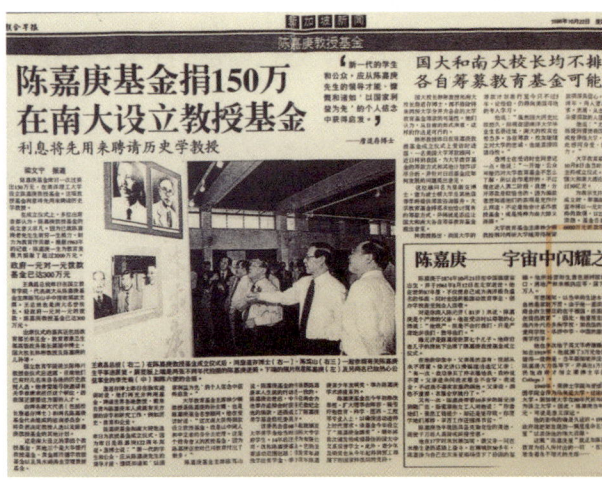

◆ 1996年，陈嘉庚基金捐款150万在南洋理工大学设立教授基金

之日；在新加坡与马来亚甚至整个东南亚来说，他的确有先见，他的确是先导，而予后来以深远的影响。"[1]

陈嘉庚在教育、科学上的英明预见，表现在他具有超前的眼光。

20世纪初年，他就提出：

"教育为立国之本。"

"教育不振则实业不兴。"

"改进国家社会舍教育莫为功。"

"国家之富强全在乎国民；国民之发展全在乎教育"等著名论断。

20年代初，他在创办厦门大学时，更进而对科学进行论述，指出：

"何谓根本？科学是也。"

"今日之世界，一科学全盛之世界也。"

在《厦门大学校旨》中，他阐述"注重科学研究，造就科学人才"的重要性，提出"一方面研究学术，以求科学之发展；一方面阐扬文化，以促进社会之改进；使我国与世界各强国居同等之地位"的办学方针，其实质就是用科学和教育来振兴国家。

八十多年后，"科教兴国"的方针，开始成为中国和许多发展中国家的基本国策，由此可见陈嘉庚当年的远见卓识。

陈嘉庚在政治上的英明预见，表现得尤为突出。

中国共产党与陈嘉庚素无来往，在抗战初期力量还很小。陈嘉庚通过到延安七天的考察访问，便看出中国共产党得到人民的拥护，认定"实力尚微"的共产党必将迅速发展壮大，成为左右中国政局的重要力量。

抗战胜利后，国民党在军事、经济上都占据绝对优势，并得到美国的支持；而共产党则处于劣势。当蒋介石悍然发动内战时，陈嘉庚却断定国民党必败，共产党必胜。

这些预见当时曾被一般人认为是"过分偏激""受人蒙骗""自毁历史""胆大包天"，等等。但事态的发展，却不断证明陈嘉庚的正确。

到了1959年7月，新加坡人民行动党刚刚在大选中获胜，还没有任何政绩表

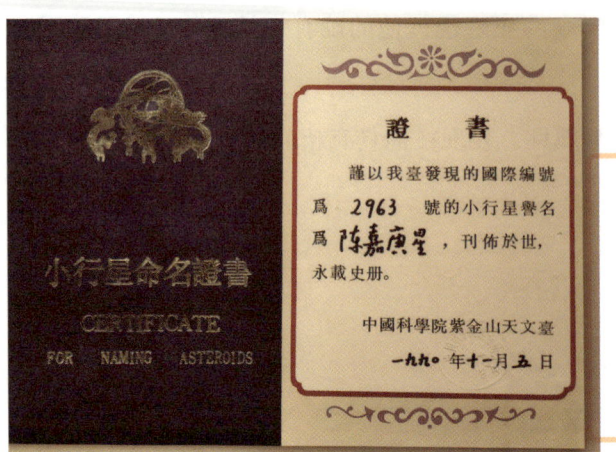

◆ 1990 年 3 月 11 日，国际小行星中心将中国科学院紫金山天文台发现的第 2963 号小行星命名为"陈嘉庚星"

◆ 新培育成功的石斛花被命名为"陈嘉庚花"（Andren Peh 提供图片）

现，陈嘉庚就看出该党必将为人民造福。他在 7 月 9 日致李光耀的贺电中，称他们为"同志"，并由衷地喊出"新加坡国万岁！"这在事后又被历史所印证。

陈嘉庚的英明预见、道德勇气和献身精神，感人至深。因此在他逝世后数十年间，海内外对他一直交相赞誉，不因时间的推移而稍减。

1988 年，继新加坡陈嘉庚基金之后，由陈嘉庚胞侄陈共存筹措资金、中国科学院等单位及有关人士组成的陈嘉庚基金会在北京宣告成立。该基金会的宗旨是：

发扬陈嘉庚先生为民族、为社会兴办教育的精神，通过"陈嘉庚奖"激励广大科技人员积极进取，攀登科学技术高峰，为振兴中华贡献力量。基金会共设数学、物理、化学、生命、农业、医药、地球、信息、技术等九个科学奖，至今评选出九届，有力地促进了中国科学技术事业的发展。

1990年3月，国际小行星中心决定，将国际第2963号小行星命名为"陈嘉庚星"，并公告称："此星以纪念著名中国教育家陈嘉庚(1874—1961)而荣誉命名。"

陈嘉庚先生毕生倾资办学，对中国教育事业的发展作出了光辉贡献。在"陈嘉庚奖第三次颁奖暨'陈嘉庚星'命名大会"上，中共中央政治局常委、书记处书记李瑞环发表热情洋溢的讲话，赞颂陈嘉庚"对中华民族充满了深情挚爱，为中华民族的振兴作出了终身奉献。"

到了1994年10月，福建省暨厦门市隆重举行陈嘉庚诞生一百二十周年纪念活动，并按照陈嘉庚的遗愿，与国家交通部、农业部合作，将改革开放以来得到蓬勃发展的集美航海、水产、师范、财经、体育、轻工等专业院校联合起来，创办了集美大学。

海外华人、华侨和港澳同胞、台湾同胞，受陈嘉庚精神的感召，热心公益、兴办教育更是蔚然成风。

1947年，在刘侯武的推动下，星马潮帮侨领合力创办了潮州大学。

1953年，新加坡陈六使领头创办了南洋大学。

而最著名的是陈嘉庚大女婿李光前于1952年创立的"李氏基金"，他不但创办了国光中学和光华学校；而且捐助巨款支持南洋大学、马来亚大学、厦门大学和其他许多学校；据不完全统计，至1993年已捐出相当于十亿元人民币用于教育事业。

中国改革开放以来，海外华人与港、台、澳同胞再次掀起回国兴学热潮。

印尼的李尚大、李陆大昆仲，香港的李嘉诚、包玉刚都在故乡创办大学。邵逸夫、霍英东则接连不断捐巨资支持中国的教育事业和体育事业。

还有厦大校友丁政曾、蔡悦诗伉俪，集美校友庄重文等，都捐巨资帮助母校建设。

其他为发展中国教育事业而捐资或设立基金的海外人士，更是数不胜数。

1992 年 8 月，为了"弘扬陈嘉庚精神，凝聚各界精英，服务社会，造福人群"，陈嘉庚国际学会在香港宣告成立。

学会在《成立宣言》上向全世界宣告：

"陈嘉庚先生一生不为自我求安乐，但愿造福人群，先生高贵品德，举世崇仰。陈嘉庚精神已跨越了国界，超脱了政治范畴，成为人类文明的宝贵财富。"

陈嘉庚国际学会成立后，积极开展各项活动，把陈嘉庚的名字和事迹进一步介绍到西方，努力使陈嘉庚的精神和理念更广泛地在世界各地传播。

陈嘉庚，

华侨旗帜，民族光辉！

陈嘉庚，

精神永在，万古流芳！

图书在版编目（CIP）数据

陈嘉庚的故事／洪永宏著.--厦门：鹭江出版社，
2002（2024.11重印）

ISBN 978-7-80671-119-4

I.陈...II.洪...III. 陈嘉庚（1874—1961）-
生平事迹-青少年读物 IV. B828.8

中国版本图书馆CIP数据核字（2002）第105993号

出 版 人 雷　戎
责任编辑 杨柳青
装帧设计 黄　丹
美术编辑 朱　懿

CHENJIAGENG DE GUSHI

陈嘉庚的故事

洪永宏　著

出版发行：鹭江出版社

地　　址：厦门市湖明路 22 号	邮政编码：361004
印　　刷：福州印团网印刷有限公司	联系电话：0591-87881810

地　　址：福州市仓山区建新镇十字亭路 4 号

开　　本：700mm×1000mm　1/16

插　　页：4

印　　张：25.75

字　　数：390 千字

版　　次：2002 年 11 月第 1 版　　2024 年 11 月第 2 次印刷

书　　号：ISBN 978-7-80671-119-4

定　　价：68.00 元

如发现印装质量问题，请寄承印厂调换。